CHINA ARCHITECTURAL HERITAGE

中国建筑文化遗产 27

纪念中国营造学社成立90周年

声明

《中国建筑文化遗产》丛书是在国家文物局指导下，于2011年7月开始出版的。本丛书立足于建筑文化传承与城市建筑文博设计创意的结合，从当代建筑遗产或称20世纪建筑遗产入手，以科学的态度分析、评介中国传统建筑及当代20世纪建筑遗产所取得的辉煌成就及对后世的启示，以历史的眼光及时将当代优秀建筑作品甄选为新的文化遗产，以文化启蒙者的社会职责向公众展示建筑文化遗产的艺术魅力与社会文化价值，并将中国建筑文化传播到世界各地。本丛书期待着各界朋友惠赐大作，并将支付稿酬，现特向各界郑重约稿。具体要求如下。

1.注重学术与技术、思想性与文化启蒙性的建筑文化创意类内容，欢迎治学严谨、立意新颖、文风兼顾学术性与可读性、涉及建筑文化遗产学科各领域的研究考察报告、作品赏析、问题讨论等各类文章，且来稿须未曾在任何报章、刊物、书籍或其他正式出版物以及新媒体发表。

2.来稿请提供电子文本（Word版），以6000~12000字为限，要求著录完整、文章配图规范，配图以30幅为限，图片分辨率不低于300 dpi，须单独打包，不可插在文档中，每幅图均须配图注说明。部分前辈专家手稿，编委会可安排专人录入。

3.论文须体例规范，并提供标题、摘要、关键词的英文翻译。

4.来稿请附作者真实姓名、学术简历及本人照片、通讯信址、电话、电子邮箱，以便联络，发表署名听便。

5.投稿人对来稿的真实性及著作权归属负责，来稿文章不得侵犯任何第三方的知识产权，否则由投稿人承担全部责任。依照《中华人民共和国著作权法》的有关规定，本丛书可对来稿做文字修改、删节、转载、使用等。

6.来稿一经录用，本编委会与作者享有同等的著作权。来稿的专有使用权归《中国建筑文化遗产》编委会所有：编委会有权以纸质期刊及书籍、电子期刊、光盘版、APP终端、微信等其他方式出版刊登来稿，未经《中国建筑文化遗产》编委会同意，该论文的任何部分不得转载他处。

7.投稿邮箱：cah-mm@foxmail.com（邮件名称请注明“投稿”）。

《中国建筑文化遗产》编委会　2020年8月

目 录

中国建筑文化遗产

27

纪念中国营造学社成立九十周年

单霁翔　名誉主编
金　磊　主　编

天津大学出版社

图书在版编目（CIP）数据

纪念中国营造学社成立九十周年 / 金磊主编. -- 天津：天津大学出版社, 2020.11
（中国建筑文化遗产；27）
ISBN 978-7-5618-6825-6

Ⅰ.①纪… Ⅱ.①金… Ⅲ.①建筑设计—研究机构—中国—民国—文集 Ⅳ.①TU-242

中国版本图书馆CIP数据核字(2020)第222900号

Jinian Zhongguo Yingzao Xueshe Chengli Jiushi Zhounian

策划编辑　韩振平
责任编辑　郭　颖
装帧设计　董秋岑

出版发行　天津大学出版社
地　　址　天津市卫津路92号天津大学内（邮编：300072）
电　　话　022-27403647
网　　址　publish.tju.edu.cn
印　　刷　北京华联印刷有限公司
经　　销　全国各地新华书店
开　　本　235mm×305mm
印　　张　13
字　　数　444千
版　　次　2020年11月第1版
印　　次　2020年11月第1次
定　　价　96.00元

CONTENTS

目 录

CONTENTS

封面图片：奉国寺大雄殿航拍（CAH朱有恒，2020年10月3日）

奉国寺1000年、故宫600年、中国营造学社90年：正释放遗产精神魅力

金磊

2020年虽然是全球大疫之年，但却迎来遗产保护一个个庆典日：集辽代木构建筑、雕塑、彩绘、壁画、碑刻等于一体的1961年全国重点文保单位奉国寺恰逢1000岁生日；伴随着“丹宸永固：紫禁城建成六百年”特展的开幕，故宫600年的厚重文化徐徐展开；很是巧合，今年还是朱启钤（1872—1964年）创立中国营造学社90周年，它的意义不仅在于传承朱启钤的建筑遗产保护精神，更为守住城市文化根脉，在念天地之悠悠时，打造建筑与文博人敬畏的“高光之地”。

于全球疫情的严峻时刻，5月22日第十三届全国人大三次会议在京开幕，《政府工作报告》建设语境现新词，即“两新一重”，表达了国家优选项目，不留后遗症，让投资发挥效益的决心。据国务院发展研究中心媒体统计，在各省（区、市）代表175份45万字会议简报中，有6万字涉及疫情，在疫情防控工作取得重大战略成果的背后也折射出地方政府治理应急能力的不足与公共卫生制度的短板。这让我想到，疫情防控该如何彰显深厚的国家文化底蕴?这不仅是因为“协和万邦”乃中华民族传统之美德，更在于应纳入国家安全体系的“文化应急管理”不可缺失。恰如6月3日在第二届中国科学文化论坛上，中国科协名誉主席韩启德院士所言，“此次疫情让我们进一步找到问题和短板所在，它检视了我国科学文化建设中的问题……”，他特别倡导了“求真、唯实、创新、批判、包容”的科学精神。由此联想到，2019年5月在天津大学冯骥才文学艺术研究院举办的“冰河・凌汛・激流・漩涡——冯骥才记述五十年国际学术研讨会”上，他做“行动的知识分子”的情怀与担当，酷似战疫下“变危机为转机”的每位艰难但坚韧的发力者。

每年6月的第二个星期六是中国“文化与自然遗产日”，今年活动主题是“文物赋彩全面小康”。中国自加入《世界遗产公约》以来，已经成功申报世遗55项（文化遗产37项、自然遗产14项、自然与文化双遗产4项），世遗总数等三“数”居世界第一。据统计截至目前（2020年因疫情尚未评选），全球有193个国家加入《世界遗产公约》，1121个项目列入《世界遗产名录》，其中文化遗产869项、自然遗产213项、自然与文化双遗产39项。用文字筑一座城，1987年入选世界文化遗产的故宫确有话说：从这里的宫阙之间可寻觅到从未中断的中华文明，雄伟壮丽的建筑中渗透着精巧至极的营造技艺，从皇室私有到对外开放，珍存着1862690件（套）可移动文物，占全国珍贵文物总量的四成以上，仅故宫就藏有“样式雷”建筑档案万余幅，按设计阶段分为糙样、糙底样、底样、细底样、进呈图样等，堪称世界上最重要的文化艺术宝库。这让人联想到2015年故宫博物院90年院庆系列展之一“光影百年——故宫老照片特展”，对其“鉴往知来”的内涵，如时任故宫博物院院长单霁翔所说：“摄影术以非凡的纪实功能，伴随社会动荡进入中国，进而风靡朝野，故宫因此留下了数万件旧藏照片，成为特藏文献中最形象、最生动且蕴储极富的一个门类。”这恰恰是用图像铭记历史沧桑、看见岁月留痕之文化根脉的价值，让故宫文化遗产闪耀至今且与生活相通，《经济观察报》（2019年4月15日）为单院长总结出“活化”故宫的运营宝典。

600年故宫的奥秘受到太多人的关注，2020年“世界读书日”前后，有三本书应特别推荐：其一，祝勇的《故宫六百年》，人民文学出版社和快手APP的直播发布会在线人数创1800万记录，正如祝勇感慨，写不尽的故宫，要以空间带动时间；其二，与故宫有三重“缘”的阎崇年，继2012年64讲《大故宫》出版三部曲后，时隔8年他再携新作《大故宫六百年风云史》面世，他从情缘、地缘、学缘三个方面讲述，读历史就是读人生；其三，单霁翔丰富的文博著作中，今年4月推出的《我是故宫“看门人”》，全书共八个章节，主要回答观众长期以来关注的三个问题：故宫博物院这7年来有何改变，为什么要这样改变，怎样做到了这些改变。也许单霁翔院长让故宫博物院“活化”并以此带领中国文博界“活化”的经验这里难以讲清楚，但至少可肯定他的做法（包括对20世纪建筑遗产的推动）已超越文化遗产的DNA只为怀旧的范畴，他希望遗产真正“活起来”，但提醒万不可使其沦为道具和流量竞品。

6月13日辽宁全省“文化与自然遗产日”主场设在锦州义县奉国寺，单霁翔会长应邀为活动“云致辞”，他寄语，“2020年奉国寺将迎来建成千年的盛典；锦州要抓住奉国寺等文化资源传承与利用的机遇，积极推动‘文化城市’建设”，从而让遗产带动文旅并绽放其潜能与创意。

2020年9月

Fengguo Temple with a History of 1000 Years, the Forbidden City 600 Years, the Society for the Study of Chinese Architecture 90 Years: Releasing the Spiritual Charm of Heritage

Jin Lei

Despite the global pandemic, the year 2020 will mark the 1,000th birthday of Fennguo Temple and the 600th birthday of the Forbidden City, and see the Society for the Study of Chinese Architecture celebrate its 90th founding anniversary.

In face of the grave global epidemic, the third session of the 13th National People's Congress opened in Beijing on May 22. The new wording "Priority will be given to new infrastructure and new urbanization initiatives and major projects" in the Government Work Report demonstrates China's determination to advance optimal projects while curbing all problems to seek benefits from investment. According to media statistics from the Development Research Center of the State Council, in the 175 conference briefings totaling 450,000-Chinese characters from the representatives of various provinces (autonomous regions, municipalities), 60,000 characters were related to the epidemic, reflecting the inadequate emergency response capabilities of the government and the weaknesses of the public health system. This makes me think about how to demonstrate the profound national cultural tradition in the prevention and control of the epidemic. This is not only because "to make all live together peacefully" is a traditional virtue of the Chinese nation, but also because the cultural emergency management that should be incorporated into the national security system is indispensable.

On building a city with words, the Forbidden City selected in the World Cultural Heritage List in 1987 speaks a lot: The uninterrupted Chinese civilization can be found among the palaces here, and exquisite construction skills show in the majestic buildings. The Forbidden City used to be reserved exclusively for the royal family and now it is open to the outside world. It is home to 1,862,690 pieces (sets) of movable cultural relics, accounting for more than 40% of the nationwide precious cultural relics. The Forbidden City alone collects more than 10,000 pieces of Yangshilei archives which are divided into rough patterns, rough background patterns, background patterns, fine background patterns, presented patterns, etc. It can be regarded as the most important cultural and artistic treasure house in the world. This is reminiscent of the "The Hundred Years of Light and Shadow: A Special Exhibition of Old Photographs of the Palace Museum" in 2015, one of the series of exhibitions marking the 90th founding anniversary of the Palace Museum. The exhibition helps people foresee the future by reviewing the past. On this point, Shan Jixiang, the then director of the Palace Museum, said, "Photography with its extraordinary documentary function entered China in the midst of social unrest, and then became popular among the government and the public."

On June 13, Liaoning Province's themed activity "Cultural and Natural Heritage Day" was held at Fengguo Temple in Yixian County, Jinzhou. For the event Shan Jixiang was invited to give a speech online. He said, "The year 2020 will mark the 1,000th birthday of Fengguo Temple and Jinzhou should seize the opportunity of inheriting and utilizing the cultural resources like Fengguo Temple, and proactively promote the construction of a cultural city, so as to bring out the potential and creativity of cultural heritage.

September. 2020

辽宁义县广胜寺塔及周边（塔建于1107年，全国第七批重点文物保护单位）（金磊摄，2020年8月6日）

Cultural Inheritance and Development Seen from the Four Perspectives of Architecture, Urban Planning, Cultural Heritage Protection and Museums

从建筑、城市规划、文遗保护和博物馆四个视角，看文化的传承与发展

单霁翔*（Shan Jixiang）

提要：在过去的一万年中，人类已经从渔猎时代走出，开始向往更加辽阔的生存空间，不断地探索宇宙的奥秘。我想我们还会长久地、脚踏实地地生活在地球这颗蓝色星球上，生活在城市中。过去的几十年，我们经历了历史上从来没有发生过的剧变，尤其是短短20年间我们的人居环境在不断地发生着剧烈的变化，我们也在不断地适应。

关键词：国土，城市新境，景观意境，建筑情境，艺文心境，创意画境

Abstract: Over the past 10,000 years, humans initially lived on fishing and hunting and then came to yearn for a larger living space. We have been exploring the mysteries of the universe. I think we will live for a long time on this blue planet and in the city. Over the past few decades, we have experienced drastic changes never seen before. In particular over the past two decades human living environment has been undergoing huge changes and we are also constantly adapting to the environment.

Keywords: Land, New Urban Environment, Artistic Conception about the Landscape, Architectural Context, Mood of the Artists and Intelligentsia, Scenarios in Creative Thinking

时间确实过得很快，如果说我们的地球约有 46 亿年历史的话，人类在这颗蓝色星球上已经生活了 300 多万年。在漫长的历史长河中，人类的发展一直是比较缓慢的。在过去的一万年中，我们已经从渔猎时代走出，开始向往更加辽阔的生存空间，不断地探索宇宙的奥秘。我想我们还会长久地、脚踏实地地生活在这颗蓝色星球上，生活在城市中。过去的几十年，我们经历了历史上从来没有发生过的剧变，尤其是短短 20 年间我们的人居环境在不断地发生着剧烈的变化，我们也在不断地适应。

我居住的北京城，如果说 1975 年的时候还在三环路以内进行建设，到了 2002 年这张大饼就已经摊开了，现在大家已经知道北京市的建设速度了。我是 2002 年从北京市规划委员会调到国家文物局工作的。我长期做城市规划工作，又在北京市文物局和国家文物局工作了 13 年，退休前又到了故宫博物院，我想把这四个专业——建筑、城市规划、文化遗产保护和博物馆融会贯通起来，谈一点体会。分六个层面：一是国土；二是城市；三是区域；四是建筑；五是室内设计；六是文化艺术。

* 中国文物学会会长、故宫博物院原院长。

浙江大遗址保护良渚论坛（2009年6月11日）

浙江余杭良渚博物院展览陈列（2009年6月11日）

一、国土

过去文物保护是独立的、单体的、专业性的工作。但今天慢慢把思路放开，我们开始从国土空间层面研究5000年文明传承下来的内容。最初大运河申报世界遗产涉及24个城市，随着申报范围扩大到京杭大运河，扩大到隋唐大运河，这些节点城市中有是一个洛阳。过去西安到罗马是沙漠丝绸之路，既然到了西安自然也牵扯到洛阳，因为西安和洛阳是汉代两京、唐代两都，它们是不可分割的一对城市，于是将沙漠丝绸之路的东起点延伸到了洛阳，把大运河串联了起来。到了杭州还没有到海，于是又把宁波、绍兴这一段加入了大运河申报世界遗产，这样一举成功。

通过将大运河连接到海上丝绸之路，中华大地上形成了这样一个见证人类迁徙、商品贸易、文化交流的大型的网状的文化遗产带。茶马古道、万里茶道、中东铁路等文化线路横亘在我们的国土上，使得我们对文化遗产、城市建设、社会发展的贡献不断地呈现出来，包括沙漠绿洲、佛教丝绸之路、草原丝绸之路、海上丝绸之路等。

2009年浙江良渚古城遗址申报世界遗产成功。过去一直有人在质疑：中国是3000年文明，何谈5000年。良渚古城遗址以距今4300~5300年的历史和包括13道水利工程在内的庞大的古代工程系统实证了古国的概念和文明的诞生。

世界遗产运动开展的时间并不长，第二次世界大战以后，很多国家开始关注自己的文化和自然遗产，特别是在它们受到威胁的时候人类会举全国之力和全世界之力进行拯救。大家知道埃及遗址因为水库建设要沉入水底，30多个国家共同努力把它抬到了高地，今天仍然能够见到。这些遗产不是一个国家和地区独有的，而是人类共同的遗产，这个理念一经诞生很快成为共识，于是几年后（1972年）就诞生了《保护世界文化和自然遗产公约》。我国是1985年加入《保护世界文化和自然遗产公约》的，1987年有了第一批世界遗产，比如长城、周口店北京人遗址、秦始皇陵兵马俑、故宫、敦煌莫高窟和泰山。这些遗产进入《世界遗产名录》后，马上成为世界级的文化旅游目的地，引发了很多城市和地区的申遗热，特别是1997年两座小城——平遥和丽江成为世界遗产之后，我们手里就有了一个长长的预备名单，都在积极地申报世界遗产。2004年在苏州召开了世界遗产大会，这个大会开得很成功，但是大会的一项规定对我们国家很不利：国家无论大小，每个国家每年只能申报一项文化遗产。作为具有5000年文明历史和丰富文化遗产资源的国家，和我们临近的老挝、吉尔吉斯斯坦这样的国家享受同等待遇，对我们很不利，但它无疑是有正确性的，其目的就是要平衡文化多样性，帮助那些还没有世界遗产的国家也能进入世界遗产大家庭。但是我们应该怎么办？在城市化加速进程中，我们的工作都带有抢救性质，我们的国土文化需求空前高涨，我们不断地和国际组织沟通。于是，开始对艰苦卓绝的每年申报世界遗产的行动，不敢有丝毫怠慢。每年大约有130个国家的项目申报世界遗产，但是国际古迹遗址理事会砍一半，世界遗产大会砍一半，每年仅不到30项能成功，所以我们必须付出极大的努力。

2005年澳门历史城区，2006年殷墟，2007年开平碉楼与村落，2008年福建土楼，2009年五台山，2010年登封天地建筑群，2010年西湖文化景观，2012年元上都遗址，2013年哈里梯田，2014年大运河和丝绸之路（丝绸之路是跨国申报，中国、吉尔吉斯斯坦和哈萨克斯坦三国共同申报，用的是吉尔吉斯斯坦的名额），2017年鼓浪屿，2018年泉州（没有成功）。没有一个国家年年申报，更没有一个国家年年成功，所以中国一跃成为拥有世界遗产最多的国家。但最多不是最重要的，最重要的是在这个过程中我们抢救了更多的文化遗产，使其融入了现今人们的生活。

举两个例子。五台山提出申遗，我们到现场一看，20多个地点全需要整治。中间的小镇，居然汇集了上千个小门脸，各种小饭馆、小茶馆、洗脚屋，僧人怎么念经？要申报世界遗产，这种状况是不行的。我们达成共识，当地也付出极大的努力，将所有的旅游设施后退5公里，建游客服务中心，深山藏古刹的意境自然就回来了。西湖没有伴随大规模的整治拆迁，但这个过程极其壮烈。西湖是在蓬勃发展的大城市中心区的大面积区域遗产，其特色是三面山一面城，三面山不能出现一栋新建筑，做得到吗？特别是2005、2006年杭州是全国房价最高的城市之一。但它坚守住了，10年申遗路。大家今天到杭州看，无论是游西湖还是漫步苏堤、白堤，看不到任何一座不和谐的建筑，西湖成功了。

杭州的经济社会发展受影响了吗？没有。伴随着申遗的过程，杭州坚定不移地从西湖时代走向了钱塘江时代，气势磅礴地建了新的杭州城。这就实现了梁思成先生说的，保护老城，兴建新城。杭州成功了，这就是文化的力量。

杭州成功以后，杭州市委市政府第一个动作就是为西湖世界遗产建立了监测管理中心，让它能够得到长久的保护。在这个过程中，我们传统的文物保护理念受到了冲击，我们获得了很多新的认识。比如在保护的内容方面，过去泰山保护的是摩崖石刻，但今天保护遗产我们知道石刻和山体不可分割，摩崖石刻的内容和泰山文化不可分割，于是我们就将泰山整体作为一个项目申报，世界没有这样的先例。过去文化遗产分文化和自然遗产，居然有一个文化和自然双遗产在中国诞生了。从那以后，庐山、青城山、峨眉山、武夷山、黄山等全部进入了世界遗产名录，这就是中国的气派，中国从文物保护走向文化遗产保护带来的不同凡响的意境。

过去保护的文物是静态的，如古遗址、古墓葬、万里长城，它们失去了最初的功能，只能作为被观赏的对象。但文化遗产保护实践告诉我们，不仅要保护人们生产其中、生活其中的区域，还要保护动态的文化遗产，文化遗产不意味着死气沉沉。于是人们生活在其中的历史街区、江南水乡、传统村落、民族村寨，今天也变成了受保护的对象；还有人们生产在其中的地点，比如茶园、盐田、枣树林成为全国重点文物保护单位。袁隆平先生问，他做了 30 多年的水稻田能不能成为保护单位？他给国务院写了信，我就去了。那个地方很远，在湘西，37 年做杂交水稻田的设施呈现眼前，我们报请国务院将其作为全国重点文物保护单位，但袁先生不饶我，说我写了报告，还要给他揭牌，我又去了一趟，揭牌杂交水稻发源地。

过去文物保护局限于一个点，一个面，比如一座桥，一个塔，一个古建筑群，一片历史街区和一座历史城市，但今天文化遗产保护有更广阔的空间，包括保护人们进行文化交流、商品贸易的文化线路。于是，600 年的戴村坝，以及永兴岛、茶马古道、中东铁路等 800 处地点都得到了保护。

过去进行文物保护，保护的是古代的文物，后来重视保护近代的文物，保护的时间线次次往后退，1911 年前的就可以作为保护对象，后来是 50 年前的，今天我们知道文物保护在时间上不能设限，昨天火星探测的东西今天就要好好保护。兰州给黄河铁桥这座古桥过了 100 岁的生日，这座古桥即成为全国重点文物保护单位。今天大庆第一口油井，大寨梯田、村庄，卫星发射中心和核武器研发基地都成了保护对象，包括克拉玛依最后留下的一个井架，还有女排的训练基地，都应该被保护起来。

过去进行文物保护，保护的是宫殿建筑、寺庙建筑、纪念性建筑，今天我们要保护人们生活的那些房子、工作的那些工厂，它们虽然普普通通，但却是人们的乡愁、人们的记忆最可靠的载体。今天除了传统民居，张謇先生的纱厂、江南造船厂、长春第一汽车制造厂等，都得到了保护。

过去进行文物保护，保护的是物质要素，今天的文化遗产保护还要保护非物质要素，于是这些年大量的非物质要素和文化，如羌族的笛子、哈尼族的耕作技术、汉族的过年习俗、傣族的泼水节等，以及很多人们生活中记忆深刻的老字号都得到了保护。

当我们从文物保护走向文化遗产保护的时候，我们的视野扩大了，我们的理念得到了更新，我觉得最重要的是两个方面的理念。一是时代传承性，二是公众参与性。时代传承性就是表明这些历史文化遗存不是一代人的，而是每一代人都有保护的责任，我们可以享用，我们的子孙后代也有享用的权利，应该为他们多留余地。公众参与性就是告诉我们今天文化遗产已经进入千家万户了，人们居住的街道、购物的商店都可能是我们的保护对象。所以，文化遗产保护不再是政府的专利，不再是文物部门的专利，它是亿万民众共同的事业，我们应该把更多的文物保护的知情权、参与权、监督权和受益权交给亿万民众，他们都有这样的权利，这就是我们在这个过程中得到的体会。

二、城市新境

几十年建设取得了辉煌的成就，同时也出现了一些问题。比如：千城一面；现代塔楼已成为越来越多城市的标准照；从很多城市的公共建筑看不出地域文化。我从网上搜了几十栋办公楼，分不清哪栋是西部的，哪栋是东部的，哪栋是南方的，哪栋是北方的。

我们应如何对待城市？很多城市建设大广场、大绿地、大水面，但却缺少人文关怀。比如，有云南的一张照片（卡片机照出来的），可以看出来这个广场很大，但缺少什么呢？缺少的就是魏小安老师说的人的活动。广场是为了什么而建的呢？为什么人们不来广场上活动？他说，这是为市政府配套建设的广场，离居住区很远。这片大绿地数来数去只有五棵树，能够给城市提供多少绿荫和力量？这个大水面，这么大，短边 350 米，市委书记都可以组织一次市民游泳大赛，1000 个泳道一起往政府游。他不知道我开玩笑，想来想去说不好组织，因为底下有喷头。

我们每个城市都应该有自己的性格和自己的追求，有自己的特色。我把城市景观分了很多类，比如历史类文化景观、乡村类文化景观、山水类文化景观、园林类文化景观、宗教类文化景观、生产类文化景观等，不能大城小城一个样，城里城外一个样。不同城市应展现不同的特色，应该有不同的文化追求。生产类文化景观，比如芒康盐井。我原来不知道这个地方，后来北京大学的一位教授给我写了封信，说云南要建水库，将把世界上唯一的一个盐井（即历史上藏族和纳西族争夺盐的地方）淹没。我就去了和云南的朋友沟通，最后放弃了建设这个水库，使芒康盐井得到了保护。这里生产红盐的是藏族的老百姓，对面生产白盐的是纳西族的老百姓。这里是西藏唯一的天主教堂所在地，这里纳西族的老百姓信的是藏传佛教，将来这块一定是世界遗产。

故宫博物院铜艺馆

故宫博物院木艺馆

还有遗址类文化景观，我们很多城市通过考古发掘和保护使其得以呈现。城市类文化景观，表现为不同城市有不同城市特色和不同城市活动。总之每个城市应该有不同的文化景观，不应该千篇一律。我们的文化设施和旅游设施应该顺应并强化其文化景观的特色。

比如北京有条 7.8 千米长的中轴线，几十年来城市发生了很大的变化，但中轴线还在，今天要申报世界遗产。中轴线中间最大的一块就是我们的故宫了，对于故宫来说，要保护它的完整性，要使其周围不受大体量建筑和高层建筑的影响，我们画了保护范围和控制地带。我有幸参与了故宫的保护行动。1996 年，我在北京市文物局当局长的时候，我们看到筒子河和城墙中间有很多杂乱无章的房子，两岸居然有 4500 多根排污管，脏乱不堪，我们就喊出口号，把一个壮美的紫禁城（故宫的旧称）交给 21 世纪，经过 3 年奋斗，筒子河碧波荡漾了，现在无论是春夏秋冬都是这样。总是有人拿着像机拍照，把美丽的景色传到世界各地。

2002 年我到故宫博物院工作，这里有世界规模最大的古代宫殿建筑群，这里是全世界中国文物藏品最丰富的地方，也是全世界来访量最大的博物馆。你说宏大，但大部分区域没有开放；你说藏品丰富，但 99% 的藏品藏在库房里，拿出展示的不到 1%；你说游客观众多，但是我看到他们大多数只是跟着导游的小旗子盲目往前走，看看皇帝坐在什么地方，躺在什么地方，在什么地方大婚，导游请他们看看珍宝馆、钟表馆、御花园，喝点吃点，出去吃饭，下午就去天坛了，就是到此一游，他们感受不到这里的魅力。

我们不缺文化遗产，我们缺的是人文关怀。当时我和旅游局的局长请示，我说能不能把 5A 景区换成 4A 景区，他说故宫要带这个头问题比较大，我说只好我们来努力了。我的前任郑欣淼先生上任第一年就启动了维修保护工程，用了 18 年时间把故宫所有的古建筑修好了。过去的武英殿修好了是陶瓷馆，西部的慈宁宫修好了是雕塑馆。建筑花园经国家批复修复后，成了文化场所。中正殿也修好了，成为故宫研究院藏传佛教文物陈列展览的地方。

要扩大开放就要进行环境整治，全体员工下定决心进行了为期 3 年的艰苦卓绝的环境整治，包括室内 10 项、室外 12 项内容。

我们清理了散落在各个房间中、没有归档的文物 5 万多件，我们将其归档以后进行妥善保管，腾出了很多空间。我们对过去卸下的门窗、堆着的门窗（它们也是古建筑中重要的组成部分，应该妥善保管）进行了修缮。当时 200 多间房子里都堆着这些大箱子，紫檀、樟木、皮革的，但箱子里什么都没有，就是因为当时建地下库房，把箱子里的文物拿出来，箱子留在了原处。这些箱子也是重要的文物，为此我们建立了 30 个大型的箱子库房，腾出了 200 多间房子。还有堆积的门帘、毯子等东西，都是古人用的东西，它当然也是文物，我们对其进行修复和除菌，专门建库保存，把每一间房子整理干净。

还有一个展览结束，展具一推，把模特一挡，就是仓库，10 年、20 年没有人进去，我们又进行了清理，腾出了很多空间。还有很多过去舍不得扔的使用过的器件，我们在庭院办了一个“骡马大会”，有需要的部门登记领走，都不需要的我们处理掉，腾出了很多的房间。还有多年没有进去人的房间，进去以后很多的尘土，很多屋子堆积着杂物，我们清理干净了。总之，经过 3 年艰苦卓绝的环境整治，终于使 9371 间故宫的房子间间都干净了。

相比于室内整治，室外整治更艰苦。对屋子外面堆的杂物，通道里堆的杂物，我们都进行了清理。慈宁宫东广场，原先

在北京饭店顶楼拍中轴线（刘锦标摄于2011年）

一片狼藉，经过修缮整治，今天已成为观众非常喜欢的花园，春天在这里展示牡丹，秋天展示菊花。过去大部分区域都不开放，所以杂草没膝，老员工有经验，说进去时一定要大喊两声，让小动物先跑，否则会踩了它们。今天我们都清理干净了。地上干干净净，屋顶上也要干净。过去故宫的瓦上长了很多草，虽然生态环境很好，但不利于保护，所以我们下决心解决这个问题。如果只是拔掉草，两场雨下来草就会重新长出来，所以斩草要除根，为此我们艰苦地干了两年，终于可以对社会宣布，故宫博物院 1200 栋古建筑上没有一根草。

更麻烦的是市政管道，17 种各种管线，穿越我们的内金水河、红墙，占据我们的空间，经过门的时候还拐个弯，至少有六处这样的地方，非常尴尬，既不能挖墙根埋在地下，又不能举在半空。为了解决这个老大难的问题，我们进行了一年半的设计，又经过一年半的报批，终于得到批复，同意我们在远离古建筑的地方，在地下几米、十几米的地方，使管线躲过文化遗产，延伸几千米，将 17 种管线全部入地。它们不再破坏我们的古建筑，也不用穿越河道和红墙了。

接着我们开始拆除临时建筑，几十年来故宫积累了 135 栋临时建筑，其中就有不少彩钢房，一旦着火非常危险。我们先把午门下面的宣教部的彩钢房拆了，我们行政处 600 人吃饭的大食堂拆掉了，我们 13 排彩钢房办公区拆掉了，宫廷部的库房区拆掉了，预算处、审计处三个部门办公的地方都拆掉了。南三所是皇太子生活的地方，但这里被 7 栋花房围了一圈，花房我们也拆掉了，人们才第一次看到南三所是什么样。

经过艰苦卓绝的 3 年整治，我们实现了目标。我们终于实现了一个愿景:人们进入故宫博物院看到的只有古代建筑，没有任何一栋影响安全、影响环境的现代建筑。2013 年，我们喊出一个口号，要把一个壮美的紫禁城完整地交给下一个 600 年（紫禁城是在永乐皇帝手中建的，2020 年是紫禁城 600 岁生日），我们没有失言，我们实现了目标。

人们进入文化旅游地自然会关注自己的脚下和身边。故宫 1971 年重新开放的时候，铺了沥青、水泥地面。时间长了坑坑洼洼，我们的广场用的都是水泥砖，无论是端门还是太和门的前广场都是这样的。绿地都用铁栏杆和绿篱笆围住，绿地养护得很不好。还有高高低低的井盖和灯柱，与环境很不协调，经过两年半的时间才得到改善。现在故宫博物院所有的道路、广场铺的都是传统的建材（砖和石材），几千米长的铁栏杆全部拆掉了，绿地养护得非常好。过去人们走在我们的东筒子，水泥地面、沥青地面，管道、井盖坑坑洼洼，今天我们把 1750 个井盖做平，把所有的地面改造以后，所有的地方平平整整，人们再也没有脚下之忧了。

我们还把三百盏灯杆改成了宫灯，白天是景观，晚上是照明。通过不懈的努力使文化旅游目的地真正成为绿地、蓝天、红墙、黄瓦呈现美景的地方。

每年我们通过这样的方式扩大开放，2004 年故宫开放的面积超过了 50%，达到了 52%，2015 年达到了 65%，2016 年达到了 76%，现在已经达到了 80%。过去人们参观太和殿，只能往北走，高大的宫殿，宽阔的广场，一棵树都没有，太多的观众问过我，为什么紫禁城里没有树。我只好告诉他们，一直往前走到了最北边的御花园就有树林了。我们知道太和殿两侧各有一个门，西面是右翼门，只是没有开过，今天我们开放了两边的环境，举办丰富多彩的展览，这样人们走过了右翼门就能看到 18 棵树，通过左翼门就可以走向广阔的东部区。人们才发现太和殿两边有这么丰富的展览，这样第二次第三次来，他们就不一定往前走了，两面看景区和展览就散开了。

今天我们迎接来自国内外的观众，我想每一个观众走进故宫博物院都会感受到世界上规模最大的宫殿建筑群被修缮保护得如此壮美，如此有尊严，如此健康，他们会感动于中国对世界文化遗产保护所做出的贡献。

观众数量也在不断增长，去年国家文物局公布的数量是 1933 万人次，这是买票的观众，我们还接待了大量不买票的观众，如外国代表团，特别是免费向中小学生开放后，每年要接待 60 万中小学生，实际数量达到了 2000 万。我最自豪的是观众中过去年轻人的比例不到 30%，今天超过了 50%，35 岁以下的年轻人开始喜欢这座古老的紫禁城。

三、景观意境

这些年在旧城改造、危旧房改造的口号下，很多历史街区被推倒在地。很多还可以利用，甚至应该保护起来的建筑被推倒了。很多地方建的房子冷冰冰，缺乏人性，为什么说缺乏人性呢？六层建筑如果没有电梯对于老人、孩子就很痛苦了，为了增加容积率，居然下面举起一个半层，上面一个复式，这样一栋没有电梯的八层建筑绝对没有未来。很多地方的文化遗产地出现了环境污染，如杂乱无章的房子对于古遗址的破坏，不可持续的旅游行为缺乏管理，破坏真实性的古建筑修缮（居然用水泥来修缮古城墙），这些都破坏了文化景观，需要改变。公共设施今天叫作城市家具，残疾人沿着一条通道走下去，不骨折也会头破血流，这就是缺少人文关怀。马路修得很宽，但马路中间的电线杆没有移走，无论是驾车还是骑车都像考驾照一样，这也是缺少人文关怀。

福建福州市三坊七巷历史街区文物保护规划评审会（2006年12月28日）

今天我们要保护更多的历史街区和历史城市，我们保护的目的就是要建设和谐的环境，使孩子们有健康成长的环境，使年轻人在这里能够学习和施展才华，使老年人在退休以后能够享受快乐的时光，使街道充满活力，充满乡愁，这样才是一个好的街区。那些非物质遗产传承人在这里能够传承他们的艺术。所以，我们希望更多的历史街区能够被保护起来建成社区博物馆。

福建三坊七巷历史街区（2009年7月18日）

三坊七巷，当时房地产开发已经拆了一坊两巷，我们加以制止，把其中九处作为全国重点文物保护单位，每处周围设立了大片的文化保护地带。开发商无法进行开发，他们退去以后我们建立了社区博物馆，社区民众充满自信，在自己祖居的地方把这些街道和庭院一个个恢复起来。这些街道里面的历史人物，这些历史事件，通过展示变得鲜活起来。今天福州的三坊七巷像成都的宽窄巷一样，成为市民最喜欢的“打卡地”，也成为福州旅游首选的参观地。

过去我们到杭州，从萧山机场一下来，高速公路两侧都是小洋楼，小洋楼上都举着一个天线。后来我访问这些地区，当地人说之前这个地区的房屋和村庄也像乌镇和南浔一样很漂亮，但是被拆掉了，所以我想南方也应该有生态博物馆。我们选择了安吉，这里有非常好的生态环境，它有100多万亩（注：1亩≈666.7平方米，下同）的大竹海，有10多万亩的白茶园。是走近代工业化的道路还是生态保护的道路，经过激烈的讨论，最后达成共识，建立中国南方第一个生态博物馆。在保护这些古代遗址的同时，村民们自发地在自己的故土上传承自己的传统文化，19个村庄各具特色，分别展示他们的造纸文化，他们的竹文化，他们的制茶的文化，使来自世界各地的游客感受到这些美丽村庄的人们的幸福生活。他们有很多的文化活动，比如用竹子制的乐器给游客演奏，组织采茶、

在“雄安设计论坛”上发表主旨演讲（2020年8月10日）

沙溪古镇运河（2007年4月28日）

滑雪和节庆活动，使安吉的绿水青山真正成为金山银山。我们为这座生态博物馆揭牌，也向全国推广生态博物馆的理念。社区博物馆和生态博物馆都是新型博物馆，都是老百姓在自己的故土，在自己的村庄保护自己的文化。 我们有很多这样的农业遗产开始受到了保护。

再就是工业遗产。首钢要熄火，熄火前我们去调研，写了全国政协提案，熄火前一星期再写了全国政协提案，希望超过6平方千米的首钢园区不要分割搞房地产开发，而要建成一个大型的工业遗产公园。这个提案得到了当时全国政协主席贾庆林的批示，于是北京市筹建了首钢工业遗产公园，将28根大烟囱全部保护起来，再过20年，年轻人可能不知道什么是烟囱了，还有那些高楼和景观都被完整地保护下来，但它不是一个死气沉沉的工业遗产公园，而是有大量的文创企业入驻，通过各种文化展示、文化活动，使其充满活力。水池下面就是一个水下博物馆，冬奥会组委会入驻，这里成了一个运动员训练的场所和老百姓参加雪上活动的场所。今天这个公园正在建设，将来“古代北京看故宫，20世纪北京去首钢”，首钢的参观者和游客一定不会少于故宫博物院。

再就是遗址，比如北京是五朝古都，有很多的遗址，我们在城市建设中注意把它们变成公园，如元大都公园、圆明园遗址公园。很多城市都有遗址，比如南京从东吴一直到民国的遗址密密麻麻，但这些遗址上是什么？ 30年前建的金陵饭店，今天已经难以找到了。这都是古都的核心区，于是我们开始了遗址的保护，继吉林吉安、辽宁桓仁遗址公园成功申报了世界遗产，殷墟博物馆成功申报了世界遗产后，我们开始有了更大的追求，将目光转向了西安。

西安大明宫有220年的使用历史，当时是中国的政治中心，荒废于唐朝末年。20世纪40年代黄河决口，河南黄泛区的老百姓走西口，到了西安城下没本钱进城，看到了道北的这块荒凉的土地，人们就此居住下来，建遗址公园前这里已经有10万人。1961年该遗址公园被公布为全国重点文物保护单位，由于不能动土，不能建设，人们生活极其困难，几十户一个洗手间，十几户一个水龙头。2005年我们把大明宫的含元殿修好以后，领导们说应该让大家来看看我们大明宫的景象，所以应该建设大明宫的遗址公园。我们开了研讨会，请国际组织介入，进行了规划，其面积比故宫大四倍多。

10个月的时间，10万人离开了大明宫遗址，拆迁了350万平方米的房子。人民大会堂有17万平方米，这是20个人民大会堂的面积。结果50个拆迁办公室全被锦旗铺满了，人们发自内心地感谢政府改善了他们的居住条件。今天大明宫遗址公园还在建设中，但是它已经成为世界遗产，被列入《世界遗产名录》。

对于这样的遗址公园有五得而无一失。一是古代遗址得到了长久的保护。二是城市获得了具有文化气息的大型的群众公园和文化公园。三是老百姓真正受益，得到了妥善安置。四是促进经济发展，形成了大明宫经济圈。拆迁花80多亿元，投入20多亿元，其实政府没有亏钱，是赢利的，因为周围的地价全涨了，谁不愿意在公园旁边盖房子？ 五是十三朝古都就在我们的脚下，老百姓充满了自豪感。现在我国有那么多的城市遗址，它们往往被边缘化甚至姥姥不疼，舅舅不爱的。所以我们召开了大遗址保护的论坛，来的嘉宾都说，也要让自己城市的大遗址像公园般美丽。

在这些过程中我们克服了很多的困难，很多考古学家持反对意见，说“考古”和“遗址”跟“公园”两个字不能在一起。我们说湿地公园湿地是主角，老百姓能够进去享受湿地；森林公园森林是主角，老百姓进入公园去享受森林文化；考古也应该让老百姓感受到历史文化，只有这样才能真正得到保护。谁能花100多亿元给你建一个考古基地呢？ 不可能。这样的大会以后，全国150多个大遗址都按照这种思路建设遗址公园，比如隋唐洛阳城遗址，今天都建立起来了。遗址也得到了展示，比如成都的金沙遗址开发项目，465亩地全部作为遗址公园得到保护。长沙铜官窑遗址等相继建成。北庭遗址、西夏王陵等都成了遗址保护起来了。今天这些地方真的像公园般美丽了，老百姓实现了就业，很多特色农业得到了促进。世界各地的观众在这里能够享受5000年文明真实的文化历史，它使这一处大遗址成为世界遗产，也成为今天年轻人特别喜欢的“打卡地”。

四、建筑情境

改革开放以来，中国的建设量是世界第一的，北京在承办奥运会时，北京一个城市的建设量是欧洲的两倍。但在这么快的建设进程中也出现了一些问题，比如没有注意环境保护，新建筑和古建筑不协调。像世界遗产地和颐和园，一些光亮派的建筑已经侵入核心景观了。这些新奇怪异的建筑居然在我们的大地上建立了起来。今天的建筑要追求文化的理念。博物馆是最应该讲究文化理念的公共设施，从改革开放以后第一个大型博物馆陕西历史博物馆的建设，到第一个新型博物馆上海博物馆的建设，今天很多地区建立了非常好的博物馆，很多地市也建立了非常有特色的博物馆，比如苏州博物馆、宁波博物馆。这些博物馆在建设中，越来越追求地域文化，追求与民众之间的互动和对话。南通博物苑是中国近代第一个博物馆，我的老师吴良镛教授对其新馆进行了设计，尊重了传统文化。我特别喜欢吴良镛教授设计的江宁织造府博物馆，他在核心区域不建高楼大厦，而建起了城市的盆景，于是人们走出地铁站就进入了城市的公园，能够享受到城市的绿荫和四季的风光。但在这座公园下面围合的是一个博物馆，展示江宁织造的文化，有历史陈列，有云锦表演，成为人们生活中的博物馆。

江苏江宁织造府博物馆奠基仪式（2006年2月24日）

江宁织造府博物馆

良渚有我非常喜欢的遗址博物馆，良渚遗址环境得到尊重，创造了自己的性格，体现了良渚遗址应有的风貌。它极其朴素又具有现代感，放在今天也是非常好的遗址，为这次良渚古城遗址申遗增光添彩。

故宫是古建筑，古建筑能否真正成为人们喜欢的博物馆，这是一个极其巨大的挑战。保护好它，并不意味着必须对其进行封闭保护，这些木结构建筑锁起来朽得更快。故宫最大的午门雁翅楼，作为 2800 平方米最大的空间，过去为什么不开放，因为长期存放着文物。正好国家成立了大型的博物馆——国家博物馆，于是我们将其存放的 39 万件文物移交给了国家博物馆，使空间得到了解放，而雁翅楼经修缮成了临时展厅。这个临时展厅每年都举办引人注目的大型的展览。每天少则 2 万多观众，多则 4 万多观众进入展区。

故宫有 12000 件不同时期的各种材质的雕塑，但没有馆，所有的雕塑都在睡觉，高大的雕塑连库房都没有，两尊北齐的菩萨几十年来就在南城根墙下站着，每次我看到都心痛，佛的脸色不好，表情也不好。今天脸色、表情都好了。

这就启发我们，这些文物得不到呵护的时候，它们是没有尊严的，它们是蓬头垢面的，当它们得到了保护和展示，面对游客的时候，它们才会光彩照人，它们才会神采奕奕。所以从 2014 年开始，我们下决心用 6 年的时间，一定让故宫收藏的每一件文物都神采奕奕和光彩照人，这就是《我在故宫修文物》的缘起，加大了文物的修复力度。过去库房里沉睡的文物今天

京杭大运河保护与“申遗”集体采访活动（2007年3月11日）

都神采奕奕地得到了展示。比如寿康宫开放的第一天，满院子都是年轻人，我们把乾隆皇帝生母住的地方根据史料呈现了出来。乾隆皇帝是个孝子，每天早上都会来给母后请安，乾隆皇帝看到的情景和我们今天看到的情景是一样的，只不过现在少了一个老太太。

紫禁城有四个花园，两个明代的，两个清代的，今天全部开放了，最后开放的是明代的慈宁宫花园，106 棵树衬得环境非常幽静。我们开放了城墙、城楼、角楼，但故宫有四个城门角楼得不到开放，因为城墙不能上。这些城门里面用作库房，但非常不适合，跑风漏气的。东华门是藏书版的库房，今天我们非常小心地将其取下来之后，专门建立了书版陈列的展厅。我们把一座座城门变成了博物馆。我们有 4900 件古建筑藏品得到了展示。过去人们走到神武门意味着参观结束了，但今天人们在这里会有惊喜，原来上面有两层大型的展厅，经常举办引人入胜的展览，而且他们还可以走在城墙上，沿着城墙走，感受就不同了。他们既可以看到紫禁城的景观，又可以看到外面的风光，沿着城墙走还会有惊喜，他们可以走进过去只能远远眺望拍照的角楼。我们在角楼做了 25 分钟的片子展示了建筑榫卯结构形成的过程。我们修复好畅音阁演出中国传统的戏曲。我们开放了最年轻的建筑，1914 年从承德避暑山庄和沈阳故宫运过来 23 万件文物，没有陈列所，便盖了库房，100 岁生日的时候我们将其修好作为陈列馆。我们开始盯上这些库房，现在物流很发达了，我们把库房里的物资移出去，比如南大库有 156 米长，我们建成了家具馆。我们收藏的 6200 件明清家具，老员工说不是紫檀就是黄花梨的，我看到它们在 94 间库房里存放着，几十年前放进去再也没有出来，不能通风，不能修缮，不能研究，不能参观，最高的家具有 11 层。小一点的家具如这个小炕桌，镶着大片的和田玉，紫檀的架子，过去只能在库房里忍气吞声的，今天展示出来光彩照人。为什么不把它们展示出来，让人们能够参观感受？于是我们建了大型的家具馆，这些场景的陈列，这些情景式的陈列，仓储式的陈列，使人们流连忘返，能够看到任何一件家具。

五、艺文心境

我们不断通过展览来传播文化信息，几十年来故宫展览有很大的进步。故宫陈列中人们最喜欢的是原状陈列。原状陈列直接诉说故事，比如养心殿原状陈列，铺上地毯，挂上书画，摆上桌椅用具，摆上宫灯，才能讲故事，所以大量的文物进入原状陈列。过去故宫博物院的原状陈列主要在中轴线上，太和殿、中和殿、保和殿、坤宁宫、交泰殿，人们沿着中轴线走，还有一道横向的原状陈列，比如乾清宫是皇帝治国理政的地方，养心殿是皇帝居住的地方，寿康宫是太后居住的地方，东面是太上皇居住的地方，其中非常重要的是奉先殿，改革开放以后变成了西洋钟表馆，这是不合适的。前年，我们把钟表馆搬出来以后，让 2800 件文物重新回到了奉先殿，形成了这样一个横向的原状陈列的路线。

故宫宋代五大名窑，每年举办一个系列展览，每个展览都不同，让人们满怀期待。

故宫的瓷器生产于景德镇，好的我们运到皇家，不好的当场打碎，深埋地下，人们看不到。但今天皇宫变成博物馆，人们能够看到了；深埋地下的这些也被挖掘出来重见天日，人们也能看到了。于是每年我们举办对比展，即故宫收藏的瓷器和景德镇出土的瓷器的对比展。故宫收藏的盘子和景德镇出土的盘子，在同一个地方展示出来。

几十年来，凡是祖国各地有瓷片出土，我们都会去收集。几百个窑址的瓷片就是信息库，于是我们办理了标本展。我们每个专题展不是把书画简单地摆在那里，而是要营造氛围，让人们感受到文人的文化情怀、他们的时代、那个时代的用具。观众在这里得到短暂的休息，能够听到高山流水，看到古代的这些陈设。所以每个展览都根据它的主题办得更有意境，这引发很多年轻人特别是学艺术的年轻人买年票，凡是展览就来，每一次展览都是精品的展览。

在这些项目之下，我们开始把文创馆、商店也办成展厅。经过研发，前年我们的文创产品一共达到了 11900 种，人们能够像参观故宫博物院最后一个展厅一样参观文创产生，仍然是享受文化的过程。

我们的服装店不叫服装店，叫作服饰馆，我们还有丝绸馆、御窑馆、陶艺馆、铜艺馆和儿童文化创意馆。我们有了一个新的品牌——紫禁书院，人们特别喜欢，特别是年轻人，在这里做手工，听专家的讲课，听新书的发布。人们喜欢这种环境和意境，能够创造更有品质的生活。于是我们把紫禁书院开到全国各地，比如在深圳办的紫禁书院，在景德镇、珠海等地办的紫禁书院。许荣茂先生支持我们在福州鼓岭建立紫禁书院，使它成为人们学习和流连忘返的地方。在世界双遗产武夷山建的紫禁书院也为那里增加了中华文化的特色。在青岛建立的文创馆，因为是在海边，所以要有不同的文物性格。我们有一个古代的书画《海错图》，我们用上了这些海的元素，包括数字展示和真人表演。

《千里江山图》（局部）

六、创意画境

当国际知名品牌想方设法把他们的标识和文化打入城市的心脏时，我们应该做什么？我们应该展示我们的文化自信和文化魅力。我们在 2017 年全卷打开了《千里江山图》，引发了很大的反响，当这幅长 11.9 米、由 18 岁的少年完成的《千里江山图》打开的时候，人们感受到了它的魅力。焦点投射 1 ∶ 4，三点透视 1 ∶ 9，九个乐章，体现了千里江山的秀色和山里人们居住的状况，无论多小的房子都有路通，展示了人们生产和生活的情况。这一幅图引发了观众的热议和参观的热情，我们开始用通俗语言和大家平等交流。这就是我们办展览的目的，让人们带着目的性观看。我们的图录、复制品、人文生活用品，让人们能够把展览文化带回家。

故宫有很多这样的藏品，都能让它们活起来，比如展子虔的《游春图》，《清明上河图》《中秋帖》《伯远帖》《兰亭集序帖》。我们寻找大量相关的器物，春天来了，我们从洛阳引进 1 万盆牡丹，室外是牡丹，室内是牡丹的文物，这些绣、服装、书画、瓷器、漆器、珐琅器等，动态的、物质的、非物质的、可移动、不可移动的，在故宫一一呈现出来。秋天来了，我们从开封引进 3 万盆菊花，菊花的花期长，我们把故宫里收藏的菊花题材的文物取出来，办了大型的菊花展。如果没有这样的机遇，很多文物难以走出库房和观众见面。

我们从承德避暑山庄引来了御鹿，它们的到来引起了人们的反响。我们又把与鹿题材相关的文物取出来办了展览。

《延禧攻略》出名了，我们又办了展览。不断地创造和老百姓日常生活的关联，把这些文物真正的内涵呈现出来，让它们活起来。

这种追求永无止境。但故宫举办展览再多，到故宫参观的人数就是 2000 万，我们要成为亿万级、十亿万级的博物馆就要靠数字技术和互动技术，我们不断加强数字技术利用，办了数字博物馆。端门规模很大，选在这里建了数字博物馆，我相信这是世界上最好的数字博物馆，不但设备、技术先进，所有的项目都深挖文化资源的潜力，在这里可以和 1200 间古建筑对话，可以调出书法自己来临摹，可以和植物、动物互动，可以看到我们不经常展示的历史长卷，可以点击自己喜欢的器物分解看、详细看，了解它的使用过程和制作过程。可以走进狭小的空间，比如乾隆皇帝的书房——4.8 平方米的三希堂。我们制作的七部虚拟现实影片在这里循环播放，告诉你不一样的景观。我们和凤凰举办了高科技互动艺术展演——《清明上河图 3.0》。人们体验了民俗，在汴河的船上欣赏了汴河的风光。

经过三年零四个月的努力，我们建成了故宫数字社区，最强大的数字博物馆平台诞生了，包括参观导览、休闲娱乐、社交广场、学术交流、电子商务，与时俱进。

我的老师吴良镛教授今年 99 岁，他一生的追求就是希望把他所学的建筑学与园林、景观、城市结合起来，与艺术、绘画、书法结合起来。93 岁的时候，他在美术馆举办了绘画、书法和建筑艺术展。吴良镛教授创立了人居环境理论，并获得了国家最高科学技术奖。每次我们展示《千里江山图》时，吴良镛先生都要来故宫博物院，长久地凝望这一幅画作，我想这就是他心中的祖国江山，他心中的中华传统文化，这就是我们今天应该不断追求的意境。

Reflections on the Planning of Urban and Rurall Wellbeing and Disaster Reduction in China in the Future

我国未来城乡安康减灾规划的思考

金 磊*（Jin Lei）

摘要：2020年庚子年，波及全球的疫情危机正越来越严重地冲击着人类正常的生产与生活。严重的不仅是病毒，还有全球化的流通能量，超过了每个国家或城市承受风险的阈值，灾难已经无处不在。相比于以往的疫情，此次疫情之所以在短时间内传遍全球，是因为20世纪以来人类社会发展太高歌猛进，很少注意到它脆弱的一面，人类在空前紧密的全球化链条上高速运转，无论在中国还是在外国，任何预料之外的扰动都会被瞬间放大。本文认为尤其是20世纪以来，任何大疫情的爆发都不仅仅是病毒或细菌天然本质（诸如感染途径、传播速度、发病率或致死率）的单纯展现，一定是流行病天然属性与特定社会条件的互动结果。基于此，从突发事件应急意识与能力建设出发，作者结合全国各地在疫情下编研“十四五”规划的契机，从综合减灾的“全链条”出发，研讨了“十四五”安康规划的技术赋能“免疫力”和增强未来城乡韧性的设计对策，以求在未来变局中找到将各种不可能变成可能的规划设计之策。

关键词：疫情隔离与口罩，防御文化与遗产，综合减灾与健康，韧性城市设计

Abstract: The Gengzi Year 2020's global pandemic crisis is impacting the normal production and life of human beings more and more severely. Besides the virus infection, the global flow energy has exceeded the risk bearing capacity of each country or city, and the threat of disaster is ubiquitous. Compared with previous outbreaks, the ongoing pandemic has spread throughout the world in a short period of time because human society has advanced so far and so fast since the start of the 20th century that its fragile side is hardly paid attention to. Mankind is operating at a high speed on an unprecedentedly tightly linked global chain. Be it in China or any foreign country, any unexpected disturbance will be instantly amplified. This article believes that, especially since the start of the 20th century, the outbreak of any major disaster, such as an pandemic, is not just a simple manifestation of the natural attributes of the virus or bacterials (like the route of infection, transmission speed, morbidity or lethality), but a result of interaction between the natural attributes of the pandemic and the specific social conditions. Proceeding from the awareness of promptly responding to emergencies and capacity building, the author takes the opportunity that all parts of our country are studying and compiling the 14th Five-Year Plan amid the pandemic to discuss the immunity empowered by technology as designed by the 14th Five-Year Wellbeing Plan and the design countermeasures to strengthen the urban and rural resilience in the future by starting from the whole chain of comprehensive disaster reduction, with a view of seeking planning and design strategies to turn all impossibilities into possibilities in the midst of future changes.

Keywords: Epidemic Isolation and Masks, Defense Culture and Heritage, Comprehensive Disaster Reduction and Health, Resilient City Design

全球不息的新冠肺炎及各类灾事不断，已使防疫与减灾的常态化成为大势。据《新华每日电讯》报道，截至7月26日全球新冠肺炎确诊超1600万例；美国仍是疫情重灾区，截至北京时间7月25日，过去15天美国新增病例100万，总数达400万例。此外，拉美诸国也因“带疫解封”，形势更加严峻，截至7月28日，

* 中国灾害防御协会副秘书长，北京减灾协会副会长，中国城市规划学会防灾委员会副主任。

巴西确诊244万例，代表巴西100多万名医疗专业人士的巴西统一卫生联盟阵线已将其总统告上国际刑事法庭，认为总统犯下“消极抗疫，危害人类”罪。巴西近9周来，日均死亡一直在千人以上。如果说，疫情初期全球各国尚因无知而不知如何准备，当下就应科学决策，精准施策。从中国的城乡安康形势看，北京在7月20日将疫情应急响应级别从二级降为三级，继续坚持10项防控措施，持续分析疫情态势，动态调整防控策略，体现了高效的抗疫对策。鉴于国内外防疫防灾的风险态势，我们要在分析和检视“十三五”城乡建设目标时，以新常态之思，梳理并布局“十四五”规划战略，尤其要补足在安康减灾建设上的“短板”，以求在安全健康建设上有更大突破。

《疾病的世界地图》封面

一、《设计灾难》引发的防疫感悟与思辨

2020年3月28日《纽约时报》记者在网络上发布了记录全球封国、封州、封城、封社区的30幅形成巨大反差且重创人们内心的图片。空荡荡的世界诸城让人心里悲凉，此刻哪里还有大国英雄主义挽救世界的良药？从纽约“飞鸟”交通枢纽的落寞到伦敦高峰时间的寂静，乃至城市之光正在暗淡的香港，景在人不在的巴黎，都向人们发问：应对不测的韧性城市在哪里？我们在致敬国内外逆行者时，考虑更多的是如何让城市更安心，更安全。这里有决策者的把控与布局，也有城市管理者、设计者的使命与责任。近来，再读美国《纽约时报》艺术总监史蒂文·海勒编《设计灾难》（重庆大学出版社，2013年1月第一版）一书，收获很多感悟。

在介绍《设计灾难》一书的要点之前，不得不提1981年罗马俱乐部主席奥尔利欧·佩奇在巴黎出版的《世界的未来——关于未来问题一百页》（中国对外翻译出版公司，1985年5月第一版），该书在剖析人类对大自然的破坏时坦言：我们的所作所为远远超出人的智慧所能控制的范围，已从利用大自然变为滥用大自然和破坏大自然了，甚至建立在“大自然的灰烬”之上。该书警示说：人类对于生命法则多么无知，对于潜在的资源多么浪费，对于后代的利益多么轻率，对于其他同样有生存权利的生物多么残酷，对于真正的信仰多么无教养，又多么缺乏伦理原则和自知自尊的精神啊！日本海外就业健康管理中心专家滨田笃郎医生著《疾病的世界地图》（生活·读书·新知三联书店，2006年12月第一版）一书，从古典旅游医学遗产讲到现代流行病与传染病，从人类迁移讲到谜一般的各种瘟疫，同时绘制了罗马帝国与疟疾流行图（公元2世纪中叶）、日耳曼诸国与疟疾流行图（公元6世纪初）、全球14世纪鼠疫流行图等，给出疫情下灾难中的人性与应对之策。结合全球灾事与疫情，若我们仅从中国视角出省，是不是可以从灾情全链条上发问：从2003年“非典”到2020年新冠疫情；从1998年全国大洪水到2020年长江及多条河流、湖泊水位突破历史极值，我们从预警到救援手段上究竟进步了多少？早在1999年，长江流域抗洪防汛工程体系的城陵矶就被要求建立一个100亿立方米的蓄滞洪区，2016年武汉洪水就迎来了艰难时刻，今年乃至未来若洪水再大，湖北各地蓄滞洪区准备好了吗？这如同2020年疫情，无论中外专家们如何研判，人类除了指望疫苗的帮助，还应准备什么呢？从规划师、建筑师及城市管理者层面讲，每一次重大灾情（疫情）都会推动城市规划和设计理念的更新迭代，在这方面“十四五”规划要有所作为。《设计灾难》一书的意义不仅仅在于通过27位各类设计家的实践个案与思考，说明任何成功的项目都逃脱不了意外，更重要的是无论师生还是从业者、管理者都要培养探索失败且战胜恐惧的本能与信心，这几乎成为这个时代所应有的“逆行”素养之一。凡成功者，必不惧怕失败；凡成功者，都离不开战胜灾祸的勇气与能力。这或许是我们面对风险社会应借鉴的应急设计之关键。

《设计灾难》一书将设计大师难以置信的失败与教训以“故事”的形式展现出来，确成一笔珍贵的精神财富，此种视角在国内设计与出版界颇为罕见。史蒂文·海勒讲，失败指未能达到预期目标的状态，它被看作成功的反面。失败是经验的宝库，每个人应从中体会到其丰富的含义。对设计师而言，要学会从失误中学习并获利，要看到欠妥的设计是如何从正反两方面影响世界的。大量的成功设计是根植于失败之上的，作品设计失败往往是因为误解公众的需求与品位。设计师需要坚毅的性格才不会被失败摧毁，设计工作是一个整体，必须控制住流程，不然会被流程所制约，缺乏全面而整体的考量往往遭受失败。来自美国

《设计灾难》封面

厄勒姆学院的拉尔夫·卡普兰教授写有一系列"粉碎失败"的著述。在他笔下，一个人如不犯错误，或许就不能向错误学习，他列举最广为人知的一系列设计失败，如美国国家航天局的哥伦比亚号、挑战者号和阿波罗一号，新奥尔良码头，波士顿的中央隧道项目，福特EDSEL型汽车，可口可乐的新型可乐……其设计过程总是和失败紧紧捆绑在一起。事实上，无论对技术和管理，还是对个人和组织而言，没有什么比失败更有意义的了。历史上《纨绔子弟艺术博物馆》中记载了16世纪最伟大的画家勃鲁盖尔对从空中坠落的伊卡洛斯的刻画。伊卡洛斯系希腊神话中能工巧匠达罗斯之子，达罗斯用蜡为他做了一双翅膀，可他忘记了父亲的忠告，越飞越高，最终翅膀会被太阳融化，导致他从天空掉入大海溺亡。这个例子说明，设计乃人类的追求，不可避免地会因人类之错而失误，设计失败不仅在于达罗斯用蜡制成的翅膀会融化，而且归咎于执行者的飞行方式太无度而无法控制。

再如《设计灾难》中的建筑师理查德·扫罗·沃尔曼早年创造了"信息建筑师"这个新概念，他主持了1972年艾斯本信息设计大会，1991年获麻省理工学院凯文·林奇奖，1996年获克莱斯勒设计革新奖等。他认为失败是给予成功独特风味的调味品，在有关建筑大师的秘密的电视节目中，他特别分析了建筑师是如何通过向失败学习，从而建造出世界上最美丽的天主教堂的。巴黎圣母院的建造者发现，随着建设高度增加，风对建筑的压力加大，教堂顶部的压力超过任何人的预测，这逼迫建筑师调整方案，给大教堂采用了时尚的飞拱形式。无论在专业层面还是在公众层面，大部分人都错误地认为，失败等同于不足，是秘密传递的耻辱；人们必须意识到在设计界，有时失败是奖赏而非诅咒。无论从技术上还是文化上都应该为人类失败的发明与创造建造一个"失败博物馆"。威廉·德伦特在《设计灾难》中写有《建筑渲染：想象的失败》一文。文章围绕纽约市以北大约120英里（注：1英里≈1.6千米）要建圣劳伦斯水泥厂以及将产生的可怕污染展开了详细不可行性论证分析，他认为这种失败之策是决不允许的。围绕建厂的可行性，环境和健康团体、遗产保护机构参与论证，如美国癌症协会、自然资源保护委员会和塞拉（Sierra）俱乐部，各方人士批评说，该项目是破坏历史遗址的行为，在这里有19世纪艺术家弗雷德里克·丘奇的故居奥拉娜。威廉·德伦特教授强烈建议各方人士，要以可视化的方法来展现其规模，使公众看清其污染区域。他通过气球飞行试验等手段演示塔的高度及其产生的十分有危害的"景观枯萎"现象，并对烟尘进行建模仿真。他鼓励媒体使用宣传标语，如"停止哈德逊山谷不健康的再工业化"等，用科学的分析与强大的传播力有效地遏制住建造水泥厂的失败建设行为。在这里，没有必要的充分媒体渲染不足以建立公众的信心；没有足够有说服力的图像不足以创造令政府决策的信心；没有令人难忘且有震撼力的标识无法团结更多的公众共同行动。2005年纽约州以损害人民与经济和哈德逊山谷环境的评估结果，支持了建筑师与公众的抗议，使圣劳伦斯水泥厂的项目告停。

疫情灾难留下的最重要的思辨：其一，人类必须敢于直面风险，要有与风险共存的准备。2020年8月1日，世卫组织总干事谭德塞宣称，此疫情及其病毒会与人类共存几十年，为此我们有理由认为它会不断地产生"下一波"，灾难风险的警钟会不断长鸣。2020年8月21日，他又宣称遏制此疫情全球要努力两年。确实，2020年早已不是西班牙大流感盛行的1918年，疫情与灾情倒逼社会强化治理。其二，要全面评估超越边界的灾难（如核泄露事故），要时刻做好应对灾害爆发的准备，此种情形下，社会各界对灾难与死亡不可再保密。其三，2020年初至今的六七个月里，人类被疫情改变，人类要真正有所作为，要展开抗疫的常态应急设计，要思考如何用安全之策主动改变城市与世界。

公元6世纪意大利“鸟嘴医生”

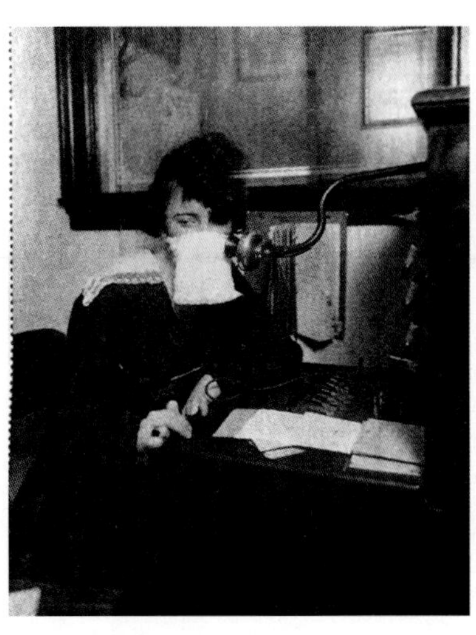

1918年，西班牙流感流行期间，美国一名电话接线员带着口罩工作

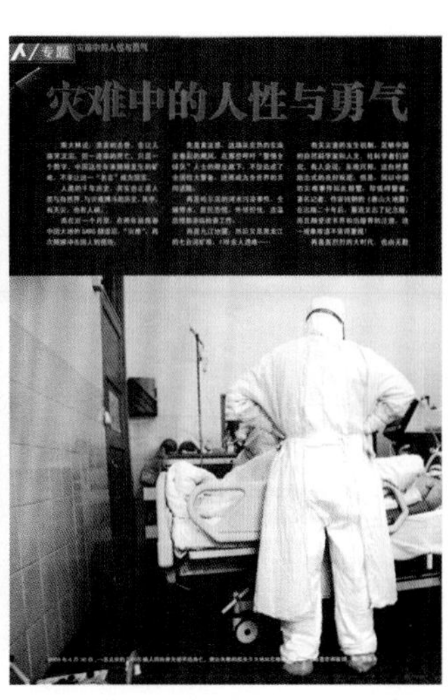

2003年4月30日，医生在抢救失败的“非典”病人前久久伫立（摄影 贺年光）

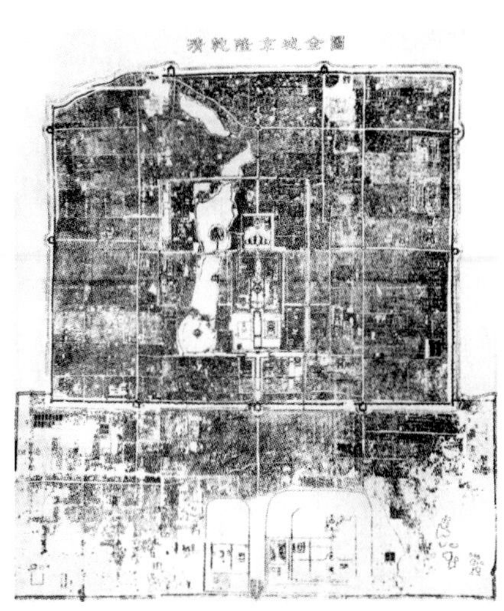

《清乾隆京城全图》

二、防疫的遗产之策：隔离与口罩文化

全球蔓延的疫情，说明人类尚无法找到一个没有病毒的国度与城市，城市社区事实上成为阻挡疫情的第一道“阀门”，无论何等先进的抗疫科技，也缺不了“隔离”这一古老而有效的手段。可以说，遏制传播社区功不可没。若要问疫情带来的最大改变是什么，答案是不仅有宅在家中数月的“守望”，更有2020年春夏戴上口罩的难忘。2003年4月30日，一名北京“非典”病人因抢救无效死亡，医生的人性与勇气支持他久久地站在遗体前，这一画面让人不禁感叹生命是如此广大而脆弱。这是摄影家贺延光在那个时代留下的有影响力的作品。

纵观中外历史，文明总是在瘟疫中穿行，在考验我们智慧的同时，也不忘赐予人类机会，这才有了传统科技与文化有效推动着抗疫遗产理念的形成。可遗憾的是，在快速发展的当下，各国都很少汲取其中堪称精神遗产的营养。比如，大栅栏是北京人最熟悉之地，但是否有人知晓它是“封闭小区”的雏形呢？《清乾隆京城全图》是保存迄今绘制时间最早、内容也最完整的一幅按比例尺制作的北京城区地图，虽然地图中各亲王府、郡王府、皇家庙观等建筑物早已不复存在，但《清乾隆京城全图》可帮助人们理解京城治安防务等问题。据研究者张田介绍，该图中共有栅栏83处，堆子52个。栅栏与堆子是一种维护城市治安的基础设施和机构，它们将京城分割成一块一块的管理区，恰似清朝时期“封闭小区”的模样。先说栅栏，明弘治元年（1488年），孝宗皇帝下令在京城内及关厢地区的大街小巷设立栅栏，早开晚闭，用于维护治安。清朝皇帝多次下令设栅栏后，北京城内的栅栏多起来。据《八旗通志》记载，当时仅北京内城就设有栅栏一千多座。在所有栅栏中，最著名的当属前门外商业大街的“大栅栏”，这条大栅栏胡同在明朝就已存在，称廊房四条，与廊房头条、廊房二条、廊房三条由北向南紧密排列，后来廊房四条的商户们为保护自己的财产，集资在胡同口安置了栅栏，并用“大栅栏”替代了廊房四条的原名，在《清乾隆京城全图》中已用大栅栏的名字。

再看堆子，它主要指清代京城的派出所和消防队。尽管如今起封闭、隔离作用的栅栏和堆子早已消失在历史尘埃中，但仍有实物的踪影“遗址”可寻。游故宫的人们会发现红色宫墙上有多处被回填的券洞，它们就是曾用于护军驻守的堆拨房，据说其中可看到当年护军留下的诗文、绘画及随手小记等。《清乾隆京城全图》展现了清代的治理思路，更启示当代人防疫治安的隔离之法历史早已有之。联想刚刚过去的2020年“国际古迹遗址日”的共享文化、共享遗产、共享责任的主题，就会明白遗产何以要共享，以及其中的文化与责任对人类战胜疫情的价值。联合国秘书长古特雷斯3月25日通过视频会议号召联合国发起“新冠肺炎全球响应计划”，它彰显出“共享”遗产的责任和价值；美国东部时间4月18日，联合国与世界卫生

疫情下的纽约场景组图（金维忻，摄于2020年7月）

组织团结全球百名艺术家举办“同一个世界，四海聚一家”的演唱会，表达了用艺术抚慰心灵的文化责任；联合国人居署在4月23日启动帮助全球最脆弱社区的抗疫应急计划。凡此种种，都在助力着这场人类共渡的战疫之旅。“共享遗产”服务战疫之思有三点：①面对共同疫情的利益共同体要共建共治；②要营造共生共在、传承与创新的融合方式；③要培育具有抗御风险韧性的共荣共享的命运共同体。只有这样才能在“共享遗产”框架下汲取营养，架设全球遗产保护的共享经验平台。

此次疫情之下，“封城”与“隔离”几乎成为所有国度必用的防疫招数。隔离系一种古老的疫情应对之策，早在2000年前就被医者采用，如《汉书·平帝纪》中曾写道：“民疾疫者，舍空邸第，为置医药。”中世纪的鼠疫横行期，近1/3的欧洲人先后丧生，按港口城市拉古萨的法规要求，凡自疫区驶来的船只均不能进港，并需自我封闭隔离30日，这是典型的医学隔离之策。当下全球诸国不但沿用“封锁隔离”之古法，还在延长“禁足令”。这里不讨论隔离举措是否可成功“饿死”病毒，只说明无论隔离与否，保证必要的社交距离离不开“口罩”。大家知晓，人传人的新冠肺炎，主要是靠飞沫传播的，一个喷嚏能射出100万粒飞沫，含有8500万个病毒，在无风的室内可漂浮30分钟以上，甚至数小时；患者痰中病毒数量更多达亿量级以上，因此口罩的阻挡作用无疑是巨大的。无论是疫情下进行隔离防护，还是防御其卷土重来，口罩文化均应成为全球的共识。尽管全民戴口罩有疫情沉重的阴霾感，但只有“我为人人”的口罩文明才能换回脱掉口罩的真实世界。法国大作家雨果说：“大自然既是善良的慈母，同时也是冷酷的屠夫。”疫情令人揪心，但当下最重要的不是立即梳理出这是天灾还是人祸，而是要让所有人明白，在这场“生命保卫战”中，小小口罩确是可赢得平安的工具或利器。2003年，因为SARS，口罩火了！2013年，因为雾霾，口罩又火了！2020年，更因为新冠，口罩成了救命的必需品。就如同人们发问“防霾口罩真能防霾吗？”一样，防新冠的妙招里必须有科学使用口罩的因素，它的确不能医治恐惧心理，但它是公众抗疫的必要装备。

口罩文化既作为可追溯且具有传承意义的遗产，认知其前世今生很有必要，其中有口罩的发明与流行、古代口罩与现代口罩的区别，更有口罩利用中各种问题所折射的文化现象，小口罩也可反映不同社会在防疫中的文化趋向。此次疫情从2020年1月至3月，多数欧美国家对口罩持“脱敏”态度，甚至在2月28日世卫组织发布全球个人防范疫情的十项建议中也未提及口罩的应用。很显然，正因为医学科技与文化界的政策推动与传播欠当，才使人们不了解口罩的发展史，更对口罩文化的共享价值缺乏准确认知。疫灾本质上属生物灾害，实质上乃生态灾害，疫灾流行不仅是自然生态现象，更是与人类活动密切相关的社会文化现象，所以一部口罩发展史就是一部人类的生命安全保护史。人类对呼吸保护的历史可追溯到古罗马时代。北宋文学家苏轼在诗、词、文、赋、书、画上卓有成就，他及其弟子也有评价防疫的著述；西汉的《五十二病方》这部古老的医学方书，传承下预防感染、有效隔离的诸方法。在中世纪，人们认为疫病来自空气中的“瘴气”，所以医生诊疗时要戴一个鸟嘴面具，16世纪的达·芬奇在做研究时就使用织布浸水以防伤害；《马可·波罗游记》中讲皇殿上侍奉皇帝饮食者，都用丝巾蒙住口鼻。口罩随着时代变迁也在不断发展，如：1861年法国微生物学家巴斯德通过著名的鹅颈瓶实验证明空气中存在会使物质腐败的微生物（即细菌），为之后细菌防护型口罩的发明和应用打下理论基础；1899年英国一位外科医生大胆设计，解决了戴口罩后呼吸不畅的问题；随后法国医生保罗·伯蒂又给口罩加上了环形带子，现代口罩终于问世。然而，佩戴口罩战胜疫情，传承下“口罩文化”的当属1910年控制了哈尔滨鼠疫的伍连德，为阻挡飞沫传播，他设计了“伍氏口罩”。在1911年4月举办的“万国鼠疫研讨会”上，“伍氏口罩”被各国专家广为称赞。然而当时在要求疫区全体灾民戴口罩的问题上，受到多位“权威”的反对，理由是鼠疫是鼠传人，不是人传人，戴口罩多此一举。但反对者终因固执“赌”掉了生命，感染致死。110年前，哈尔滨疫区全民戴口罩是中国历史上的第一次（过去仅有教会医院医护人员才佩戴），从此种意义上讲，口罩是中国开创科学防疫且去除蒙昧的新阶段的见证物，成为在旧中国战胜瘟疫的“钟馗”的化身，构成中国20世纪防疫遗产的标志物。

当年哈尔滨成功战“疫”后，1918年3月西班牙大流感通过战争传播到一战战场，为对抗疫情，各国都强制要求全民带上口罩，回顾一百多年前的照片，能看到很多带着口罩对抗流感的欧美人士的身影。今年疫情初期，太多欧美人士强调，戴口罩的人基本上是医护人员、建筑工人，甚至是抢劫犯。如此偏见，足见他们对1918年西班牙大流感爆发时欧美民众纷纷戴上口罩的史实的不熟悉。这说明，在过去一段时间内，口罩已经退出公众集体记忆，从文化上考量，“戴口罩防疫”与“戴口罩是病人”形成两种文化认知上的差距。近年来，由于雾霾受到人们的重视，口罩更是必备品，2020年疫情当前，口罩成为切断病毒传播途径的有力“武器”，尽管欧美多国曾强调不同文化的差异，但如今占绝大多数的欧美国家已强制要求在公共场所戴上口罩。口罩从有遗产历史的“共享”物，成为全人类战疫的保护生命的“共享”手段。如奥地利是欧洲第一个强化防疫要求戴口罩的国家；德国东部城市耶拿市政府要求民众在公共场所必须戴上口罩，以降低人们被感染的风险；在大西洋彼岸的美国国家过敏和传染病研究所福奇所长也认为公众应戴上口罩，并认同这是杜绝病毒社区传播的好方法。4月15日，纽约州州长科莫终于鼓励市民，在公共场所无法保持社交距离的情况下，应戴上口罩或“遮面”用品。直到7月中下旬，美国总统特朗普才终于在某些场合戴上口罩，并呼吁美国人用口罩防疫，至今美国已有30个州下达口罩防疫令。但无论如何，此举对美国防疫安全也会有效。值得提及的是，自6月以来，美国示威民众以种族歧视之名，不顾历史遗产价值，拆毁了不少哥伦布（1452—1506年）塑像。尽管世界上对哥伦布最钟情的是西班牙和美国，其实他本人从未抵达现今的美国本土，他至死

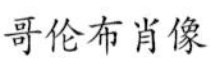
哥伦布肖像

洛伊茨《哥伦布觐见伊莎贝拉女王》（1843年），现藏于纽约布鲁克林博物馆

认为自己“发现”的是印度及其外海的岛屿。至今，西班牙将哥伦布登陆瓜纳哈尼岛的10月12日作为国庆日，美国则将这一天（1971年改成每年10月的第二个星期一）作为“哥伦布日”予以庆祝。哥伦布的美洲探险对人类历史进程的意义重大，现藏美国纽约大都会博物馆的意大利画家塞巴斯蒂安的男子肖像作品中的男子就是利古里亚人哥伦布。由于哥伦布航海也开启了对当地原住民的掠夺之先河，所以他背上“残酷征服土著居民”的罪名，委内瑞拉已故前总统查韦斯曾公开呼吁拉美诸国不要庆祝“哥伦布日”，称哥伦布乃人类历史上种族灭绝的先锋。所有围绕此的争议都仿如疫情下对口罩的认知一样，要尽快回归理性。

由口罩史展开的片段联想到，也许大家应记住的不仅是那寂静街巷上满目口罩的白色，还有口罩勒痕下医护“天使”的模样，是他们将健康与生命重新赋予了座座城市。汉斯·贝尔廷在《脸的历史》中说：“我们生活在一个不断生产脸的脸性社会里。”于是，口罩与战疫表征的遗产价值体现在，用口罩的审美与写意告诉人们，无论全球各国的口罩供与需多么紧迫，人类都要从它呵护生命的价值去感悟它在这场无硝烟战争中的特殊分量；尽管口罩技术史也在提示，即便是外科口罩，至今也无法充分挡住新冠病毒，但从“咳嗽礼仪”上主动减少病毒传播，口罩无疑是不可或缺的；进一步从口罩人文史看，不仅要警惕不同国度对戴口罩的“负面心态”，还要将其纳入世界各国公共健康文化应急管理体系中。区区口罩，本应是单纯的公共卫生问题，但在疫情严重的欧美诸国，可悲的是它在扭曲的“负面心态”中被禁用了至少几个月。

三、“十四五”规划应建构安康设计新理念

自2019年12月至今不断升级、令全球陷入危难的猝不及防的疫情教育着人类，是不是应借此次“危机”将城市安全健康的韧性防御设计水平再提升一步？这确实是城市建设应弥补的“短板”。面对疫情，党中央在强调完善重大疫情防控防治体系时，特别提及优化重要应急物资产能保障与区域布局，从根本上是说是要实现公共卫生服务和医疗服务的有效衔接，这是从防疫防灾上做好常态与非常态规划之关键，我以为国家在编制“十四五”规划时，要特别加重应急安康减灾的内容。至少在以下五方面的分量要加重。

其一，要依法进行城市安康政策设计。面对疫情与灾情各方叠加的威胁，亟待反思城市规划设计的价值观并找到法律保障依据，这里有对公共健康与城市设计的源起回望，有健康的发展与城市规划项目的

关于口罩的艺术作品

第十届北京电影节宣传广告下的口罩

分野，更有健康城市塑造的安康设计的整合。2020年美国疫情的严重恶化，与政府对疫情防控的失当行为直接相关。早在十多年前，美国城市规划协会联合美国公共健康协会（APHA）等机构开展了“为健康而规划”“健康规划工具”“积极生活的街道”等专题研究，作为对世界卫生组织（WHO）“将健康纳入所有政策”的回应，并指出“健康”是所有规划、政策制定中不可或缺的重要内容。世界诸国必然在疫情中及疫情后颁布更有针对性的公共卫生应急法律。我以为最重要的是与城市规划设计相结合的应急管理对象与范围、职责与权限、不同层级的管理体系乃至充分精准的服务储备及供给等。对“平安中国”建设而言，要在完善国家《突发事件应对法》的同时，真正使综合减灾的大安全、大健康、大应急落到实处，既要有与城市防灾（含防疫）密切相关的灾害范畴设计，也要在理解城市应急管理的协调机制基础上，形成到位、有效指导安全设计的法规。

其二，要提升城市以韧性建设为中心的综合型实践水平。从2013年1月公布首批90个智慧城市试点到现在，我国已发布了三批近300个智慧城市试点，计划投资1万亿元，火热的概念和广泛的试点反映了城市管理者的热情，但交通拥堵、空气污染、城市内涝等依旧年年困扰着城市。2015年12月20—21日，时隔37年中央城市工作会议召开，提出要遏制城市病，建设和谐宜居、富有活力、各具特色的现代化城市，各部委提出“理想城”的绿色、海绵、智慧、安全四张面孔。如果说，2020年的疫情让包含防疫的安全城市成为平安诉求，那么我们必须以改变之决心去纠城市定位之偏，正如同人们不要“空概念”，必须直面城市建设上的真智慧与假智慧一样，绘就“绿色+海绵+智慧+安全+健康+节能+……”的综合型城市。国内城市界倡导“综合减灾”已经20多年，突发自然之灾与人祸居多之灾仍左右着我们，不可持续城市的发展，可持续安康文化的缺少导致城市成为不同灾变的“重灾区”，如何绘就综合防御体系下的“理想城市家园”，我以为具有突出韧性或弹性的城市才能体现综合能力。2013年12月，美国洛克菲勒基金会启动一场100座最具弹性城市挑战赛，旨在帮助城市在城镇化速度不断加快的背景下提升韧性，其意义在于，人类或许无法预测下一次灾难的种类与危害度，但可知晓该如何应对这些灾难，尤其可通过“准备+响应+恢复”等应急环节的适应力，将其转化为可增长的机遇，使城市成为有高可靠性保障的随机应变之城。对海绵城市，政府投入巨大，但2020年尚未停息的大江大河水患、城市内涝已经在质问：海绵城市作用如何？它在城市防洪上起到了怎样的实效？

其三，要提升关注社区安康建设系统布局的能力。强化社区防控，不仅因为社区与公众的安康可筑就

"面向2049年北京的城市发展"专家建议集

真正的历史记忆摇篮，还在于它是破解城市应急"失灵"的关键环节。2015年3月，联合国在日本仙台召开了第三届世界减灾大会，通过了《2015—2030年仙台减轻灾害风险框架》，其第四个优先行动是，强化有助于高效相应的备灾工作，即"重建得更好"（Built Bake Better，BBB）。BBB旨在通过重建，使灾前的脆弱性不再出现，补强城市薄弱社区环节的韧性，只有将防灾减灾社会力量下沉至基层，市民与社会力量才会积极主动参与，一个真正成熟的安全社区环境才能形成，这是全面建成小康社会的安全之本。联想现状，无论是抗震救灾、防洪堵坝还是全球抗疫，还处于被动型应急管理模式，不仅成本高且难以持续。全面建成小康社会的社区安全不仅要在观念上，更要从体制上、模式上践行预防为主、关口前移、标本兼治的方法，从"举国救灾"向"全民防灾"转变，而社区是防控综合减灾最好的土壤，可以形成有效的"社区防线"，即实现社区是创新基层治理模式的示范，社区是体现公众抗灾科学求真的示范，社区是具有强大韧性应灾力的示范，社区更是提供有效预防综合手段的示范等。其核心是从综合灾情上考虑其不利约束下的规划设计能力的提升。

其四，要提升对城市灾害风险的全链条研究。风险永远走在人类进步的前面，对风险的漠视就是最大的风险，是导致设计失败的关键。大家都知晓"蝴蝶效应"，加强城市各领域风险辨识体系建设，旨在形成一个整体，一旦某地域、某灾种的"一只蝴蝶扇动翅膀"，从城市到国家都会识别且响应，避免"龙卷风"效应的突袭。大数据在疫情应对中确实发挥了作用，但城市各类风险防控还有空白，至少尚缺对城市风险各类隐患的大数据靶向分析，尤其是缺少城市面对巨灾条件下"全链条"应对机制的对策支持。居家隔离引发居家安康设计新思考，疫情倒逼着软硬性协同以打造适应力更强的"韧性城市"。2020年严峻的疫情，让全球人类切身感受到灾难风险，在重视疫情的同时，需要树立全面的风险意识，即人类从来都是与各类灾情与疾病共生的，不存在绝对安康的桃花源。2016年1月16日英国《卫报》报道说，世界卫生组织在对全球2000座城市的空气质量抽样调查中发现，数百座大城市的污染状况自2014年以来持续恶化。世界卫生组织公共健康部主任玛丽亚·内拉说："世界很多国家都因污染而面临一场关乎公共健康的紧急状态。"联合国给出的数据显示，空气污染风险致全球每年330万人死亡，其中有近3/4的死者死于因空气污染导致的中风与心脏病。英国《自然》杂志称，空气污染每年带来的死亡案例，比疟疾和艾滋病致人死亡的案例加在一起还要多，在许多国度空气污染致死率是交通事故致死率的10倍以上。未来的城市安康设计要补的"最大短板"是要有真正考虑全灾种的"面面俱到"的多套方案，仅仅一个城市避难空间的安全设计就必须从被动的避震方式变成主动的救援（含防疫）方式，它们的安全模式是那么不同，不深入研究，不找到常态适应之策，综合减灾设计就等于没有真正落实。从根本上讲，是要从设计上提升城市公众从灾情下恢复的能力，如果说韧性被认作系统回应压力而激发的适应变化之力，那么令人期待的社会韧性则要求具备快速达到稳态之能力和效果。

其五，要提升公民的防灾科学素养。建筑师既要有安康设计的能力，也要有将灾时的感悟与触动化为长久敬畏的文化坚守，为杜绝"设计灾难"，必须建构战胜失败的思维，必须学会化危为机释放创新的力量。如以自然为师，那么任何人的"疫情"这堂课就没有白上，面对灾难袭来，要学会用科学素养为欠缺安全的设计买单。虽然科学家说新冠疫情难以"长期化"，但常态化的防灾防疫之思我们不可缺，作为灾难文化的建设者宜从《设计灾难》的品读及2020年的现实中进一步觉醒，防灾安全素养是每一位公民必须具备的，同时更是设计师的必备素养。

本文认为，从国家到地方，虽然有反复修订的城乡综合减灾的规划设计文本，其可谓中国城乡安康设计的"四梁八柱"，但我们在2020年疫情下仍凸显了不少"短板"，

疫情下的工作

仅城市安康环境的既往设计就有太多的不足，如理解自然不深，结合自然不够，遵循自然欠策略等。若疫情下的综合减灾设计政策，还以土木再生为准则，那如何应对现代化的高风险造就的原生与次生灾变？如何在病毒肆虐全球的时刻，让人类及时变换危机应对之策？我国安全健康智慧型“十四五”规划要穷尽的问题很多，但重在编织跨学科的缜密应急逻辑，重在形成一个“未雨绸缪”的全灾种方案，重在建立一个危机四伏、不独善其身的风险应对共同体。只有如此“十四五”规划才算找准了省思中的方向，也才有可能完成从危机向契机再生的转化。

参考文献：

[1]金磊. 21世纪全球减灾之路该如何走[J]. 科学美国人, 1998(4): 60-61.

[2]金磊. 世界安全的历史正被改写：美国9·11恐怖事件十周年反思[J]. 城市与减灾, 2001（增刊）: 36-39.

[3]廖丹子. 无边界安全共同体[J]. 城市规划, 2014(11): 45-50.

[4]金磊. 城市减灾谋划“十三五”安全发展之策[J]. 城乡建设, 2015(3): 34-35.

[5]中国工程院土木水利与建筑工程学部. 我国大型建筑工程设计发展方向：论述与建筑[M]. 北京：中国建筑工业出版社，2005: 139-160.

[6]金磊. 安全奥运观八论[J]. 北京规划建设, 2004(3): 166-168.

[7]金磊. 城市灾害学原理[M]. 北京：北京气象出版社,1997.

[8]丹尼斯·S. 米勒蒂. 人为的灾害[M]. 武汉：湖北人民出版社 2004.

[9]金磊. 呼唤安康住区设计：由SARS引发的技术与法规思考[J]. 建材发展导向, 2003(3): 4-7.

[10]金磊. 近十年中国城市防灾减灾的成就与思考[J]. 中国减灾, 2013(2): 38-40.

A Special Column to Commemorate the 90th Founding Anniversary of the Society for the Study of Chinese Architecture

纪念中国营造学社成立90周年

CAH编委会（CAH Editorial Board）

编者按： 有关中国营造学社的成立日期，至今有1929年、1930年两种不同的说法。本编委会认为，这两种说法究竟哪一种更确切，目前尚可暂时搁置争议以待来时，而继承学社的优良传统，为中国建筑文化遗产的研究与保护，乃至为现代建筑提供历史借鉴，则是不可片刻搁置的当务之急。因此，尽管已有一些单位于去年（2019年）举办了若干次纪念、研讨活动，本编委会仍决定在今年辟专栏开展中国营造学社成立90周年纪念及学术研讨征文活动。其意义至少有三个方面。其一，这是彰显国家文化软实力的自信之需。从宏观上讲，凡有人类思维“扫描”过的地方或事件，无不打上文化的印记，这印记有精神文化（即非物质文化）和物质文化之分，其中物质文化指城市与建筑的人造物和人类认知的自然物（景观环境等）。建筑遗产之所以充满文化自信，贵在其有意象鲜明的中国符号，如北京天坛体现宇宙观，安徽的西递与宏村及福建土楼反映聚落而居的传统，20世纪遗产特有的中西建筑结合之创新与艺术风格，在很多城市彰显一脉相承的中国文化之固有传统。其二，在21世纪20年代再思90年前的营造学社，更体现当代建筑发展不忘历史、不忘经典的建筑重建之精神，这体现了新时代再审遗产内涵的价值。两院院士吴良镛20年前就在《建筑学报》上发表文章，从五方面论证中国营造学社何以事业永存：①清华大学建筑系能在短时间内得到发展与营造学社是分不开的，它是学术上的播种者；②研究领域的拓展，朱启钤的《哲匠录》开创了中国建筑系列“三名”（名建筑、名著、名建筑家）研究的先河；③营造学社的师承与创造，如李约瑟的《中国科技史》一样，“发前人所未发”；④民族自尊、学术互尊、艰苦治学是营造学社的优良学风；⑤营造学社以其实践与耕耘说明，东方文化的盟主地位是不可以自封的，来自各方面严峻的挑战是客观的，中国建筑理论与实践之路是可以创造并发展的。其三，无论对中国营造学社事件与人物做何等的回望，都离不开营造建筑师与文博专家精神世界的“高光之地”。何为“高光之地”，即令创意设计与城市的经济发展有机结合，在发挥创意的“助推”作用时，自然形成的强势的产业阵容。要营造城市文化的“高光”，不可丢弃历史，这不仅因为“研究是进展的先行者”，更在于研究与传承本身可衍生出新意来，从此意义上讲，对营造学社的纪念与贡献总结，不全是史料，而是找到“意识发展演变的轨迹”，有助于中国建筑文化的全域发展。据此，我们的编研工作要创新发展模式，努力实现“以作品为主、技艺为先、创意为本、设计为核心”，这样才真正有希望使中国建筑立于世界文化之林，才能向世界告知，中国整个20世纪是早有以朱启钤为代表的中国建筑文化设计与研究“高光之地”的。

（执笔：金磊，殷力欣）

朱启钤先生（1872—1964年）
梁思成先生（1901—1972年）
刘敦桢先生（1897—1968年）
林徽因先生（1904—1955年）
邵力工先生（1904—1955年）
单士元先生（1907—1998年）
赵正之先生（1908—1962年）
刘致平先生（1909—1995年）
陈明达先生（1914—1997年）
莫宗江先生（1916—1999年）
卢绳先生（1918—1977年）
罗哲文先生（1924—2012年）

Editor's Note: There are two opinions about the founding year of the Society for the Study of Chinese Architecture, namely, 1929 and 1930. The editorial board believes that which of two is accurate can be put on hold for the time being, but to inherit the fine tradition of the society for the reference of the research and protection of Chinese architectural heritage and for construction of modern architecture is an urgent task. Therefore, although some units have held commemorative activities including seminars last year (2019), the editorial board has decided to open this column this year to mark the 90th founding anniversary of the Society for the Study of Chinese Architecture and call for relevant academic papers.

The Journey of the Society for the Study of Chinese Architecture: A Brief Account of the Academic Dissemination via the Book like *Architectural Creation* and *China Architectural Heritage*

沿着中国营造学社之路
——《建筑创作》《中国建筑文化遗产》等学术传播略记

金 磊[*]（Jin Lei）

摘要：岁月不居，时节如流。回溯中国20世纪建筑百年，确有发展幸事，也有令人忧患的方面。2020年正值朱启钤创办中国营造学社90周年（也有专家称应始于1929年）。本文分析，建筑历史是各种风格的大排序，建筑与文博及其学人乃这一历史的真正主角，传承下来不仅依赖于他们的创作，更需要出版传媒的专业化手段给予帮助，无传播则历史与现今学术足迹无法呈现与传承。立足于文脉要素的挖掘，重在保护城市与建筑的气质与精神，一旦文脉断裂，建筑的特色与创作的精神就会黯淡，同样也会使建筑遗产传播的文化“记录簿”无从展开。本文从近20年建筑媒体的求索与实践出发，介绍了沿着中国营造学社之路的多种传播方式，探讨了学术与普及、建筑与艺术、国内与国外等不同层面的传播分析个案，希望给中国营造学社90年纪念活动提供一个新语境。

关键词：中国营造学社，朱启钤思想出版，20世纪建筑巨匠，文献思想与纪念史学，传承与创新

Abstract: The years flow, and the seasons change. Looking back at the development of Chinese architecture in the 20th century, there are indeed encouraging and worrying aspects of development. The year 2020 marks the 90th founding anniversary of the Society for the Study of Chinese Architecture by Zhu Qiqian (some experts believe the founding year should be 1929). This article holds that architectural history is a big sequence of various styles. Architecture, cultural institutions and museums and relevant scholars are the real protagonists of the history. The inheritance not only depends on their creation, but also entails specialized means of publishing and media. Relevant things cannot be presented and passed on without the history of dissemination and the current academic footprints. Based on the exploration of cultural elements, it is important to protect the temperament and spirit of cities and buildings. Once the cultural context is broken, the characteristics of the buildings and the spirit of creation will dim, which will make it impossible to unfold the cultural “record book” about the spread of architectural heritage. Starting from the exploration and practice of architectural media in the past 20 years, this article introduces a variety of communication methods adopted by the Society for the Study of Chinese Architecture and discusses the communication analysis cases at different levels concerning academics and popularization, architecture and art, and related situations at home and abroad, with a view of providing a new context for the commemorative activities marking the 90th birthday of the Society for the Study of Chinese Architecture.

Keywords: The Society for the Study of Chinese Architecture, Zhu Qiqian Thought Publication, The 20th Century Master Architects, Documented Thoughts and Memorial History, Inheritance and Innovation

* 《建筑创作》原主编，《中国建筑文化遗产》主编。

《田野新考察报告》与《中国建筑文化遗产1》封面

引言

与业界前辈尤其是建筑文博大家相比，我是从1999年下半年接手《建筑创作》杂志后，才慢慢感悟到新建筑从来不可没有历史建筑之根的。印象最深的是参加第20届北京世界建筑师大会相关论坛，并从张镈大师（1911—1999年）人生最后时刻的言谈中感悟到老一辈先师的可贵精神，他议到重要事情时总要说出朱桂老（朱启钤，1872—1964年）的贡献及影响。两院院士吴良镛曾指出："20世纪20、30年代，中国近代建筑史上出现了一个耐人寻味的现象。1927年中国建筑师学会成立；同年中央大学建筑系（现东南大学建筑系前身）成立；1928年梁思成先生创办东北大学建筑系；1929年中国营造学社成立；1930年《中国营造学社汇刊》创刊；1932年《中国建筑》杂志创刊（属建筑师学会）等。为什么中国近代建筑史上的一些重大事件在短短几年中竟如此集中出现？如何解释这一现象呢？"在吴先生的笔下，他将中国营造学社的研究路线归纳为"归根基、新思路、新方法"九个字，他借用朱启钤在《中国营造学社汇刊》第2期撰写的"中国营造学社开会演词"解读了其创办理念：其一，朱启钤很重视建筑专业，认为一切文化都离不开建筑；其二，朱启钤强调要不断吸收外来文化，思想才能开阔；其三，朱启钤提倡研究中国的传统建筑，要先搞中国营造史，以寻找一条较可遵循的途径，"使漫天归束之零星材料得一整比之方，否则终无下手之处也"。对于已逝的20世纪，吴院士在1999年国际建协主旨报告中从三方面归纳了20世纪建筑成就，他认为：①20世纪新技术等的应用，产生了建筑新类型；②20世纪建筑名将辈出；③20世纪建筑名作广布，出现了不少城市"里程碑"。吾在《建筑创作》（1989年创办）、《中国建筑文化遗产》（2011年创办）、《建筑评论》（2012年创办）、《建筑摄影》（2014年创办）二十余载对中国营造学社前贤的学习研究中，在与朱启钤的故友、秘书、家人（后辈）、研究者不断交流中发现朱桂老在20世纪中国建筑文化界的唯一性，当下中外名人有名至实归者，有名不符实者，更有欺世盗名者，虽按吴院士的归纳，"朱桂老是名副其实的学社的领导者、组织者和后勤工作者……"，但梳理了朱启钤及其中国营造学社之贡献，我却坚持认为，学社已过九十载，而今再无朱启钤。回顾这些年我们循着中国营造学社之路做过的不少事，记忆最深的莫过于2006年"重走梁思成古建之路四川行"，2009年4月举办纪念中国营造学社80周年展览与论坛暨出版《留下中国建筑的精魂》画集，2010年前后在继续拓展田野新考察时，还出版《营造论——暨朱启钤纪念文选》及《营造法式辞解》等。

一、纪念史学下再识维特鲁威、李诫与朱启钤等巨匠

纪念史学指历史研究领域因周期性纪念而兴的学术研究。无论中外，纪念史学的发展延绵不断而未显颓色，有其可圈可点之处。人们不仅需客观看待纪念史学的贡献甚至局限，更要找到纪念史学研究与传播的依托和平台。随着时间的推演，纪念史学的形式也在不断"固化"，有以宣传纪念为主，有以学术研讨为主，更多的则是两者兼有。由朱启钤中国营造学社成立90年而萌发的学术纪念（在历史上已有多次活动），是学界与社会回望过去、缅怀先贤的朴素情感的体现，更是对古往今来建筑遗产的历史文化敬畏。从1989年的《建筑创作》杂志到2011年7月的《中国建筑文化遗产》，再到2012年10月的《建筑评论》和2014年10月的《建筑摄影》，笔者都在以冷静且理性的方式告诫自己：没有学术批评就没有学术，没有差异就难以创新，这虽非"鉴古察今"的唯一信条，但它必然是追求客观公正的必经之路，必然是今人向传统学习、反思历程的进路。这正是示后人以弗忘，借此要引导未来的。以下略论中外三位巨匠的光芒与贡献。

（1）维特鲁威与《建筑十书》。维特鲁威是古罗马时期的建筑师和工程师，大约生活在公元前1世纪，正值恺撒和奥古斯都先后统治罗马时期，城市建设的热潮兴起。公元前32年—前22年间，他写出了迄今世界上现存最早、最完备的一部建筑理论著作《建筑十书》。全书共分十卷，从城市规划、建筑工程到古典建筑形制，乃至环境控制与材料，非常全面；在总结古希腊和古罗马的建设经验的基础上，还对建筑师的教育、素养有明确要求。15世纪文艺复兴后，《建筑十书》被欧洲人视为经典及古典建筑最权威的范本，以至于不少理论著作都仿效其体例。《建筑十书》明确提出"建筑要保持坚固、适用、美观的原则"还强调"建筑的细部要适合于尺度，作为一个整体要形成均衡的比例"。古希腊的数学家、哲学家毕达哥拉斯曾在他的音乐理论中推广这种思想，他认为建筑物的比例是否和谐，决定于它各部分间的比例关系。维特鲁威进一步解释："当建筑物适合美观、比例和均衡而博得美名时，才实在是建筑师的光荣。"达·芬奇根据这一理论绘制了著名的"维特鲁威人"。

《建筑十书》封面

（2）李诫（北宋郑州管城县人，字明仲）与《营造法式》。李诫于元佑七年（1092年）入将作监任主薄至崇宁元年（1102年）升少监，后升将作监，主持过许多国家级建筑工程，如五王邸、辟雍、龙德宫、朱雀门、景龙门、九成殿、开封府廨等，是古代杰出的建筑大师和建筑学家。他博学多才，除编修《营造法式》外，还著有《马经》《续山海经》《琵琶录》等，但多数著作已失传。中国古代从事建筑设计的官员与匠师极少留下专门性研究著作（与西方世界的建筑总结有差距），唯有北宋时期李诫的《营造法式》成为中国古建史上罕有的技术文献。北宋绍圣四年（1097年）李诫受宋哲宗赵煦旨意，负责编修《营造法式》以作为宫室、坛庙、官署、府邸等设计、施工和估算工

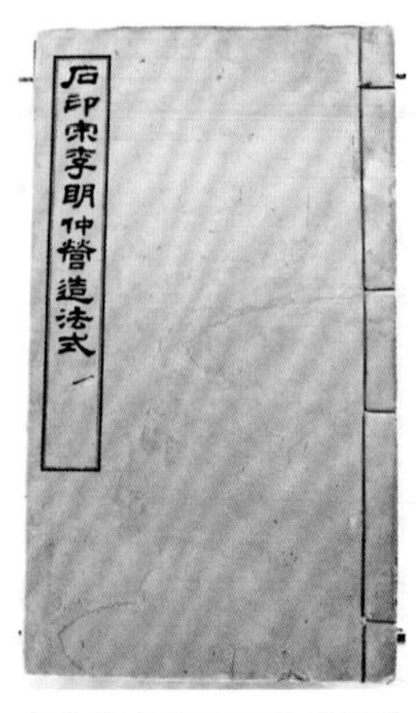

朱启钤先生1919年发现并于1920年重新刊行之丁本《营造法式》

料的规范。在李诫领衔下，《营造法式》于元符三年（1100年）完成编修，于崇宁二年（1103年）刊印颁布，全书共三十四卷，分释名、制度、功限、料例和图样五部分。书中首先提出了"以材为祖"的材分制度，作为设计和选用构件之依据，并有完善的模数制，体现了我国古代建筑技术的先进性。李诫说："非有'三宫'之精识，岂能新一代之成规？"其意为：古代诸侯有明堂、辟雍和灵台"三宫"，若对设计不具有精深的知识，怎能制定出新的规章制度？《营造法式》之所以近千年不朽，就在于李诫在编修过程中参考了大量历代旧典章，以建筑实例为本推敲出研究结果。在2020年中国营造学社90周年纪念时，也要记住2020年是李诫（1035—1110年）辞世910周年。

（3）朱启钤与《中国营造学社汇刊》。朱启钤1872年出生于河南信阳（祖籍贵州开阳），在北洋军阀统治时期历任交通部总长、内务部总长、代理国务总理等要职。1917年，朱启钤退出政界，从事实业，他先后组织完成了正阳门改造、天安门广场千步廊拆迁、东西长安街、南北池子、中央公园乃至故宫宝蕴楼等项目。1919年受徐世昌总统之托赴上海以北方总代表身份出席南北议和会议，途经南京，在江南图书馆发现宋代李诫《营造法式》手抄本。他如获至宝，于是组织专家予以校核，于1925年付梓刊行，此事无疑是他研究中国建筑文化的源头。1930年他正式成立了中国营造学社，确立了"研求营造学而非通全部文化史不可，而欲通文化史，非研求实质之营造不可得"的治学思想。1990年在纪念中国营造学社成立60周年时，建设部原副部长戴念慈院士在讲话中总括了中国营造学社五大功绩，即：①《中国营造学社汇刊》是抗战时期学习中国传统建筑的"教材"；②学社培养了一批研究中国传统建筑的人才；③营造学社从测绘入手，研究中国古代建筑的方法是扎实的；④营造学社将中国的传统建筑学传播到国外；⑤在中国营造学社时代，发表了很多篇保护古建筑的文章，《中国营造学社汇刊》作用大。法式部梁思成与文献部刘敦桢是中国营造学社两位骨干成员，梁先生很早即为《美国大百科全书》撰写出中国建筑的条目，他称中国建筑是世界上"最古、最长寿、最有新生力的建筑体系"，他极力对中国建筑的"文法"和"词汇"予以总结。如他称宋李诫《营造法式》和《清式营造则例》为中国古代建筑的两部"文法课本"，梁先生曾说："无论房屋大小，层数高低，都可以用我们传统的形式和文法去处理……"在论及《中国营造学社汇刊》的价值时，抗战时期造访四川宜宾李庄的李约瑟在他的《中国科学技术史》一书中评介：这是一本极为丰富的（学术）资料杂志，是任何一个想要透过这个学科表面，洞察（其本质）的人所不可缺少的。

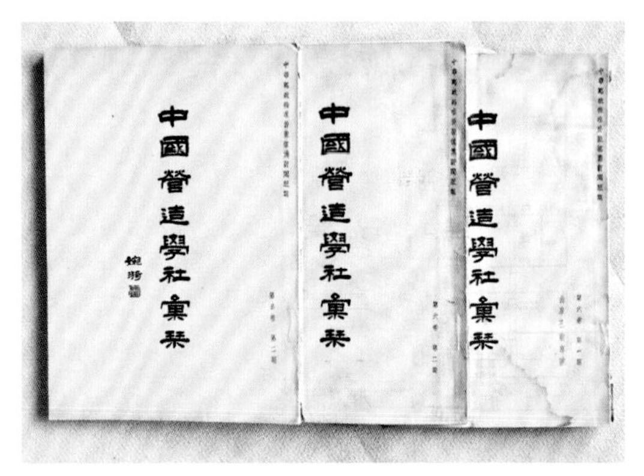

《中国营造学社汇刊》书影

二、建筑文化考察组与创办《田野新考察报告》丛书

建筑文化考察组是2005年由北京市建筑设计研究院传媒《建筑创作》杂志社发起，由中国文化遗产研究院、天津大学建筑学院、南京大学历史系等多家机构的部分学者加盟的研究团队（时任《建筑创作》杂志社主编金磊与中国文物研究所文物资料信息中心主任刘志雄共同主持）。此研究团队的起步，始于2006年春天的"重走梁思成古建之路——四川行"活动。其最初的朴素构想，源于通读《中国营造学社汇刊》（以下简称《汇刊》）所载的传统建筑遗存考察报告，由此产生的对朱启钤、梁思成、刘敦桢等前辈治学之钦佩，希望接续中国营造学社自1945年中断了六十余载的考察工作。

《中国营造学社汇刊》第一卷第1期刊行于1930年7月，至今已有90周年的历史。值此之际，回顾前辈的贡献，对照我们现在的研究工作进展，对今后事业的发展是不无裨益的。罗哲义、杨永生著《永诀的建筑》中指出：历史的车轮总是一样的无情，不仅碾碎了如梭的岁月，也碾碎了许多"石头的史书"。翻开历史的记载，古往今来不知有多少高楼杰阁、玉宇琼台、离宫别馆、弥山跨谷以及梵宫宝刹、坛庙、陵园在人为破坏之下，顷刻间化为灰烬。正是带着保护与传承建筑文化遗产的目的，建筑文化考察组借2006年中国第一个"文化遗产日"之机，开始了超越一般"建筑行走"的建筑文化考察活动。事实上，认知中国建筑瑰宝的西方学者大有人在，刚恒毅枢机主教确立了北京辅仁大学校舍的建筑设计方针，他指出"整个建筑采用中国古典艺术式，象征着对中国文化的尊重和信仰。我们很悲痛地看到中国举世无双的古老艺术倒塌、拆毁或弃而不修。我们要在新文化运动中保留中国古老的文化艺术，但此建筑的形式不是一座无生气的复制品，而是象征着中国文化复兴与时代之需要"。辅仁大学校园建筑总设计师、比利时艺术家格里森在他的著述*Chinese Architecture*中说："中国建筑是中国人思想感情的具体表现方式，与其他民族文化一样，中国建筑在反映中国民族精神的特征和创造方面并不亚于他们的文学成就，这是显示中国民族精神的一种无声语言。"建筑文化考察组所要解读的正是中国传统建筑及近现代建筑如何按建筑文化遗产的思想传承，中国在建筑文化遗产保护上如何作为才算对世界的遗产有所贡献。

《中国营造学社汇刊》概况举要。《汇刊》自1930年7月刊行第一卷第1期，至1945年10月刊行第七卷第2期，历时15年零2月，共23期。其具体刊行时间如下：

第一卷，共2期（1930年7月、12月）；

第二卷，共3期（1931年4月、7月、11月）；

第三卷，共4期（1932年3月、6月、9月、12月）；

第四卷，共4期（1933年3月、6月、12月第3、第4期合刊）；

第五卷，共4期（1934年3月、6月，1935年3月、6月）；

第六卷，共4期（1935年9月、12月，1936年9月，1937年6月）；

第七卷，共2期（1944年10月，1945年10月）。

此23期中，发表各类文章150篇。其中包括社讯、书评、新闻记事、文献辑录、文献考据、建筑学专论、西方文献翻译、古建筑修缮计划和田野考察报考等，主要涉及中国古代建筑，也有少量文章涉及当代建筑（如林徽因《现代住宅设计的参考》，《汇刊》第七卷第2期）。其中以田野考察报告为主体内容，这也是成就最大的部分。自1932年至1942年，中国营造学社共进行古代建筑田野考察十余次，涉及190个县市的2738处建筑遗存，其中经过详细测绘的有206个规模不等的建筑组群。其代表作如：①梁思成《蓟县独乐寺观音阁山门考》（第三卷第2期，1932年6月）被公认为“以西方空袭方法考察、研究中国古代建筑的开山之作”；②刘敦桢《北平智化寺如来殿调查记》（第三卷第3期，1932年9月）、《河北西部古建筑调查纪略》（第五卷第4期，1935年6月）等被公认为“建筑遗存田野考察报告的范本”；③刘致平《云南一颗印》（第七卷第1期，1944年10月）被赞誉为“考察、研究民居建筑的奠基之作”。正是这些多达36篇，约40万字，附测绘图和照片上千帧的考察报告，奠定了学社进一步开展研究工作的坚实基础。日后梁思成的《图像中国建筑史》《〈营造法式〉注释》，刘敦桢的《中国古代建筑史》《苏州古典园林》，刘致平的《中国建筑类型及结构》，陈明达的《应县木塔》《营造法式大木作研究》等一批中国建筑历史研究的扛鼎之作，都直接受益于此。对于中国营造学社及其《中国营造学社汇刊》的贡献我们至少可以概况为：它创出了中国现代学术史的奇迹，如提出并确定了中国建筑的研究方面及学科性质；归纳并创立了中国营造学及建筑考察测绘的研究分析方法；开始了中国传统建筑的保护实践；为中国传统建筑文化遗产的保护积累了丰厚的成果；进而在一系列建筑文化遗产理论上做出突破，启迪后人倡导文物建筑是历史信息的载体、保存文物建筑应保存其原貌、重视建筑档案遗存等观点。

自2006年至今，建筑文化考察组行进数万里，先后对四川、北京、河北、天津、辽宁、黑龙江、河南、山东、江苏、浙江、陕西、甘肃、云南等20多个省、市、自治区的约千余处建筑遗存进行了考察，内容涉及汉唐至明清的各朝代古代建筑遗构，并适应时代发展的要求，把考察项目扩展到中国20世纪的代表性建筑，先后撰写了数十篇考察报告。其中一些报告已取得不少阶段性成果。如：

（1）《京张铁路沿线建筑历史遗存考察纪略》《平汉铁路沿线建筑历史遗存考察纪略》（分别初刊于《建筑创作》2006年第11期、2007年第4期，现已收录于《田野新考察报告》第一卷，2007年出版），对营造学社已考察过的部分建筑实例进行了较详细的核查，补充了部分营造学社未及考察之处。

（2）《大运河建筑历史遗存考察纪略》（初刊于《建筑创作》2007年第2期，现已收录于《田野新考察报告》第二卷，2007年出版），首次系统考察了大运河沿岸的建筑文化遗产，并将一些重要的近现代建筑遗产（如江都水闸、南通近代建筑等）列入考察范围。

（3）《河北涞水、易县、涞源、涉县等地历史建筑遗存考察纪略》《承德纪行》（分别初刊于《建筑创作》2007年第3期、2008年第2期，现已收录于《田野新考察报告》第三卷，2009年出版），除上述补遗和范围扩展外，尤其注重对目前文化遗产保护与经济建设中出现的实际问题，提出合理的建议。

（4）收录于《中国建筑文化遗产》的报告，集中在2011年至今。其中还包括对欧洲各国、美国、澳大利亚等针对20世纪遗产、工业遗产、创意设计、奥运建筑遗产、“二战”建筑遗产的报告。

迄今已出版了七卷本《田野新考察报告》，这些成果如下。

第一卷（2007年版） 主题：河北“平汉铁路”沿线古建筑考察、京张铁路历史建筑考察、重访中国营造学社四川田野考察旧址。

第二卷（2007年版） 主题：大运河历史文化遗存考察、大运河历史沿革。

第三卷（2009年版） 主题：承德纪行、河北涞源等地古建筑考察纪略、西安古建筑漫笔。

第四卷（2013年版） 主题：华北、东北等地抗战纪念建筑考察纪略，湖北武汉抗战历史建筑遗存考察纪略，重庆抗战建筑遗存考察纪略，南方七省市抗日战争史迹建筑考察纪略。

第五卷（2014年5月版） 主题：2010年日本历史建筑保护利用考察报告。

第六卷（2017年4月版） 主题：天津蓟县、辽宁义县等地古建筑遗存考察纪略，赤峰地区建筑文化遗存考察纪略。

第七卷（2020年6月版） 主题：让世界走近中国20世纪建筑遗产——中国、新西兰、澳大利亚20世纪建筑遗产考察交流研讨报告。

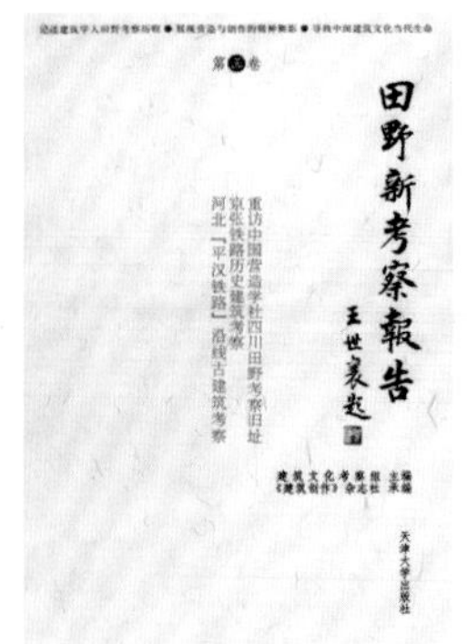

《田野新考察报告》封面

《建筑文化》考察组考察李诫墓（2019年10月）

作为一个回顾，2007年6月7日在扬州召开的“流淌的文明——风雅运河全国摄影大展”颁奖仪式上，《田野新考察报告》丛书正式发行。许多人从该丛书古朴的装帧及写作文风上联想到朱启钤创办的《中国营造学社汇刊》。作为当时全国仅有的两位中国营造学社的著名学者，93岁高龄的王世襄为该丛书题写书名，84岁的罗哲文为该丛书题词：“续先贤之足迹，立新意于当世”。王老和罗老是当年追随朱启钤、梁思成的年轻学者，他们记忆深刻的是20世纪40年代在四川李庄与梁思成先生共同编辑《中国营造学社汇刊》第七卷。据此还有以下联想。

其一，四专家联名建议的启迪。2007年4月18日即每年一度的“4·18国际古迹遗址日”当天，《中国文物报》发表徐苹芳、罗哲文、谢辰生、傅熹年四位专家联名给国家文物局单霁翔局长的信，建议督促古建筑、石窟和雕塑铭刻等遗存调查修缮报告的编写出版。信中指出“第一批至第六批全国重点文物保护单位中的古建筑类，几乎占总数的百分之四十，已出版正式报告的屈指可数，有些还是上世纪三四十年代中国营造学社梁思成、刘敦桢诸先生作的，如大同、正定古建筑报告，佛光寺大殿、独乐寺观音阁等报告。解放后，只出版过应县木塔调查报告和晋祠圣母殿、朔县崇福寺的修缮报告。像山西元代永乐宫建筑群和保存极好的元代壁画，从发现到迁建都没有报告……如四川江油云岩寺宋代转轮藏，是唯一存世的宋代小木作孤例，都因无科学记录而无法研究……”。四专家呼吁，若再不对古建筑投入研究，再不抓紧对调查修缮报告进行整理出版，造成的不仅仅是古建筑本身的损失，更是中国建筑文化的丧失。朱启钤作为20世纪中国最早的一位古建筑研究组织者，其贡献不仅在于创办中国营造学社，还在于他不满足于从传统文献中做学问，一定要开展以建筑实地调研、测绘为中心的工作。梁思成《蓟县独乐寺观音阁山门考》（见《汇刊》三卷2期，1932年6月）的发表在国内外引起强烈反响，此外梁思成、刘敦桢、林徽因、莫宗江、陈明达等先后考察了大批建筑，足迹踏遍华夏大地。

关于中国营造学社的田野考察活动的建筑文化价值，东南大学郭湖生教授曾指出：“建筑是一种重要的文化载体，许多文化现象或多或少通过建筑表露出来。因此研究建筑的深层，必然接触其文化内涵。研究东方建筑是当中国建筑的研究达到一定阶段时必然要提出的问题。我们的研究必须既考察一般，也考察特殊，既有全局，也有局部……”2006年4月20日正值梁思成先生105岁诞辰，来自建筑界、文博界的专家们一起纪念这位建筑伟人。两院院士吴良镛曾受梁思成亲自教诲，他说，梁先生是一位伟大的学人和建筑师，对他的手稿遗物的价值应充分挖掘，积极开展对梁思成学术思想的研究。而今天，我们的建筑师更应该秉承梁思成的精神，做到文化自尊、文化自信、文化自醒，加强对中国建筑文化遗产的保护，振兴中华建筑文化。师从梁思成的清华大学建筑系教授郭黛姮女士在回忆时称其为“伟大的学者，一代宗师”。时任国家文物局局长单霁翔的发言道出会议的主旨：我们究竟该如何认识纪念梁思成与文化遗产保护的关系；我们究竟该怎样从对梁思成的记忆中汲取到对今天有益的思想；我们究竟该怎样采取措施和行动才能不辜负先哲对我们的期望。

其二，“田野新考察”是对中国营造学社学术与营造技艺的发展。为追溯梁思成等在五台山佛光寺发现的历史，让更多的中国建筑师领略佛光寺建筑在中国传统建筑中的地位，由中国建筑学会建筑摄影专业委员会及《建筑创作》杂志社主办的中国建筑摄影论坛于2003年9月中旬在五台山举办。第二次大规模的建筑行走发生在2006年3月28日—4月1日，它就是为纪念国家第一个文化遗产日，由《建筑创作》杂志社策划并得到国家文物局、四川省人民政府大力支持的“重走梁思成古建之路——四川行”活动。此外《建筑创作》杂志社与中国文物研究所文物保护传统技术与工艺工作室合作的“京张铁路历史建筑调查记游”也是这种深度建筑文化传承意义上的行动，它既是为了追随中国营造学社先贤的足迹，更是为了拓展并向全社会普及建筑文化的具体行动。如果说1930年朱启钤先生在创立中国营造学社以“研究中国固有之建筑术、协助创建将来之新建筑”为研究主旨，如果说刘敦桢早在加入中国营造学社之前（即早在建筑家梁思成之前）就开始对沪、宁、杭一带的古建筑及遗址进行实地调研，成为近代可查的撰写建筑田野报告较多的人，那么由建筑文化考察组新推出《田野新考察报告》，不仅是后辈学人的极力效仿，更是源于对中国建筑文化继承与发展的新需求。此外，自2006年以来，以斗拱为代表的传统工艺研究也结出了硕果。

其三，对田野新考察不停息地探索。建筑文化考察组的建筑历史及现代思考的行走虽刚刚开始，但已引发业内外良多反响，反映最多的是公众见到了平时见不到的建筑作品后面的建筑师的故事，在品读建筑时，也敬仰建筑大家的治学与为人。1999年8月舒乙在为《北京文史资料精华》丛书作序时说：周恩来总理40年前倡导编纂“文史资料”时，并不是为了好看，他是为了存史。他让那些经历过历史上重大事件的参与者将自己“亲见、亲闻、亲经历”的事如实地记载下来，不怕细小，不必成系统，也不必加评价和分析，只是存真，作为正史的参考和补充。可以相信，田野新考察之行不仅可追寻到不该忘记的，更可发现对传承建筑文化有现实意义的“明珠”般的创新点。行走，绝不是为了寻旧，而是为了在更高层面上找到结合点。建筑创作是一个求知过程，是考验建筑师认识水平、艺术修养的过程。作品成功与否至少应先问建筑师本人知识积累是否丰厚，思维方法是否得当，思想的敏锐性强不强，对项目的辨析力及把握力怎样。现如今，按照文化霸权的理论及实践，不少青年建筑师

“重走梁思成古建之路——四川行”活动闭幕式（2006年3月31日）

“重走刘敦桢古建之路——徽州行”活动嘉宾合影（2016年6月19日）

“重走洪青之路——婺源行”考察活动嘉宾合影

有明显的对强势文化的依附性，大谈与国际潮流“接轨”，设计了不合时宜的作品，反映出不合时宜的建筑创作的理念。面对这些“危险”，我们认为宣传优秀传统文化会使更多的建筑人找到自己的“致命伤”，更快地振作起来。通过一次次的行走，我们再次感受到文化的力量，正是靠着大家对弘扬传统建筑文化的共同志向，中国建筑学术先哲们“墓前的青青芳草绿遍天涯”。需要说明的是，“田野新考察”报告及其活动，不是荒野与自然的呼唤，更不是聚在一起的旅游，而是对建筑观念的透彻锻造，是一种建筑境界的心灵漫步。在现代城市中，我们无法留住朝日，也无法留住晚霞，能与人类厮守到底的，不仅有生生不息的万物生灵，更有永恒的建筑作品及其精神。2016年我们再一次举办了“重走刘敦桢古建之路——徽州行”，对它的整体报道见《中国建筑文化遗产19》，对于这次“重走”的意义，我归纳如下：它不是一般的徽州建筑文化之旅，而是几代人的“接力之行”；它不是通常的古村落保护的记忆珍藏，而是有创新人文精神内涵的“提升之旅”；它不是逆行于时代的命题旧语，而是德雅兼蓄下包含历史创新与洞察的“学术之旅”；它不仅是“建筑与文学”为获取灵感的又一次分享活动，更是有大文化“场域”的跨界思考与行动；它不仅是展示建筑师乡土设计社会责任的实践，更是让文化传统在古镇民居中“复活”的新创作体验。

三、二十载建筑文化传承与创新的学术策划与重要出版物

100年前胡适先生提出“整理国故，再造文明”，70年前梁思成先生提出为文化复兴而保护文物，为建筑创新而传承国粹，事实上就是要将保护和创造放在前面，旨在完成城市更新与再生。2018年《南风窗》杂志的《窗下人语》栏目下有篇《中国文化走出“百年学徒期”》的很自信的文章，我很认同作者的文化逻辑。历史上真有大格局的知识分子，比起王朝更迭，更关心“文化的生与死”。联想到2009年5月《建筑创作》创刊20周年的“刊庆”，我写了《五月，特别的纪念》作为主编的话，现在看其中有不少文字是议论疫情的：“……虽然我们现在难说清面对诸如‘猪流感’的公共卫生事件，建筑界有什么作为，但至少应该联想到2003年‘非典’及其之后发生的与建筑环境设计相关的安全疏忽及不足，让‘安全设计’成为一种日常状态。”联想到2020年初爆发的新型冠状病毒肺炎疫情，我们必须予以“智库”建言：城市规划要有应急防疫建设，城市必须提升社区公共卫生应急能力，建筑师要为综合医院感染隔离病房建设做出周密设计准备等。如果说“文变染乎世情，兴废系乎时序”强调为历史立言，为时代立传，那么如此的“英雄”朱启钤及其贡献有文气与血脉的丰盈，有更强的筋骨与视野，我们没有理由不在其思想感召下传承并创新不止。以下试归纳我们在过去二十载所编辑的十个典型的文化遗产传承类系列图书，以表示对朱启钤与中国营造学社的敬仰之情。

系列一：中国营造学社的本体出版

《营造论——暨朱启钤纪念文选》（天津大学出版社，2009年元月第一版，《建筑创作》杂志社承编）、〈《营造法式》辞解〉（天津大学出版社，陈明达著，2010年7月第1版，《建筑创作》杂志社承编）、《图说李庄》（中国建筑工业出版社，2006年3月第一版）、《脚印·履痕·足音》（天津大学出版社，刘叙杰著，2009年10月第一版）。

系列二：故宫博物院的相关出版

自2015年起《中国建筑文化遗产》编委会协助单霁翔院长策划了“新视野·文化遗产保护论丛”（共三辑），其中第三辑（十册）不仅包括博物馆保护、传播、研究、管理的理论，更有单院长对故宫博物院责任、使命、创新发展的实践。单霁翔新著《我是故宫看门人》（中国大百科全书出版社，2020年4月第1版），正是他践行故宫“品牌”的创举。以故宫文化为本位，我们曾在故宫博物院建院80周年献上《北京中轴线建筑实测图典》（机械工业出版社，2005年1月第1版）。而后《中国建筑文化遗产》编委会与故宫古建部王时伟主任等又策划和编辑了“故宫乾隆花园系列”之《倦勤斋》《木艺奢华》《乾隆花园建筑彩画研究》等。

系列三：20世纪事件建筑的出版

事件建筑学乃研究事件与建筑对应且有因果关系的学问。针对20世纪事件建筑，出版了下列图书：《中山纪念建筑》《抗战纪念建筑》《辛亥革命纪念建筑》三书；《中国20世纪建筑遗产名录（第一卷）》《中国20世纪建筑遗产大典（北京卷）》等；《天津历史风貌建筑（四卷

《营造论——暨朱启钤纪念文选》封面

《北京中轴线建筑实测图典》封面

乾隆花园皇家文化系列之《倦勤斋》封面

《木艺奢华》封面

《乾隆花园建筑彩画研究》封面

《中山纪念建筑》封面

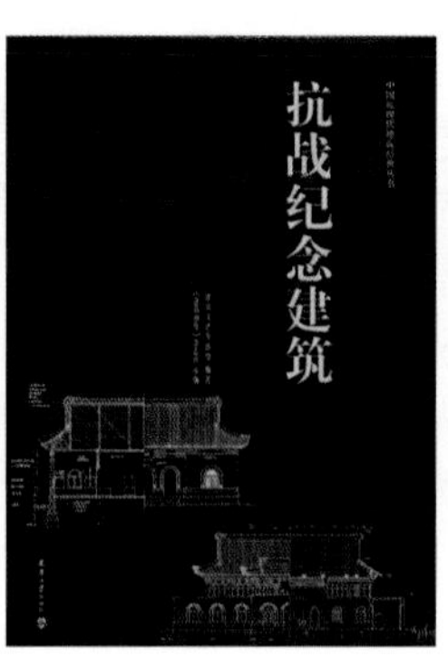

《抗战纪念建筑》封面

《辛亥革命纪念建筑》封面

《北京十大建筑设计》封面

《长江旧影》封面

本）》；《建筑中国60年（七卷本）》等。

系列四：年度报告类

该系列图书包括《北京十大建筑设计》、《中国建筑设计三十年：1978—2008》、《中国建筑历程：1978—2018》、《中国建筑设计年度报告》（2005—2006、2006—2007、2007—2009，共三卷）、《中国古建园林30年》、《中国建筑文化遗产年度报告：2002—2012》、《北京减灾年鉴（共四卷）》、《中国建筑图书评介报告（第一卷）》等。

系列五：文化遗产系列

该系列图书包括《长江旧影：1910年代长江流域城市景观图录》（中国建筑工业出版社，（日）山根倬三著，《建筑创作》改编，2008年10月第一版）、《山东坊子近代建筑与工业遗产》、《伟大的建筑——纪念中国杰出的建筑师吕彦逝世八十周年画集》、《留下中国建筑的精魂——纪念朱启钤创立中国营造学社八十周年画集》、《建筑师眼中的世界遗产》、《永远的蔚蓝色——福州“宫巷海军刘”》、《悠远的祁红——文化池州的“茶”故事》、《光幻湖山——颐和园夜景灯光艺术鉴赏》、《中轴线上的景山》等。

系列六：奥林匹克建筑文化遗产

“人文奥运”乃2008年夏季北京奥运会的主题之一，《建筑创作》杂志社推出八卷本“人文奥运文化北京丛书”（即《皇都古镇宅堂》《东四名人胜迹》《北京新建指南》《走进北京寺庙》《北京奥运场馆指南》《北京东交民巷》《魅力前门》《收藏北京记忆：店铺和招幌》），还在2001年即研究出版了国内第一部奥运建筑图书《奥林匹克与体育建筑》，后针对2008年奥运会推出：中国建筑学会编2008北京奥运建筑丛书（十卷本）、《2008奥运建筑》（奥运礼品书）、《“鸟巢”成长的影像》、《中国古代体育诗歌选》、《安全奥运论》、《魅力五环城》、《建筑师眼中的奥林匹克建筑》等。

系列七：文博建筑系列

《伟大的建筑》封面

《留下中国建筑的精魂》封面

《收藏北京记忆：店铺和招幌》封面

该系列图书包括《中国博物馆建筑与文化》《中国博物馆建筑》《中国园林博物馆》等。

系列八：传统经典建筑作品系列

该系列图书包括《蓟县独乐寺》（天津大学出版社，2007年8月第1版）、《义县奉国寺》（天津大学出版社，建筑文化考察组编，2008年6月第1版）、《慈润山河：义县奉国寺》（天津大学出版社，《中国建筑文化遗产》编委会承编，2017年4月第1版）等。

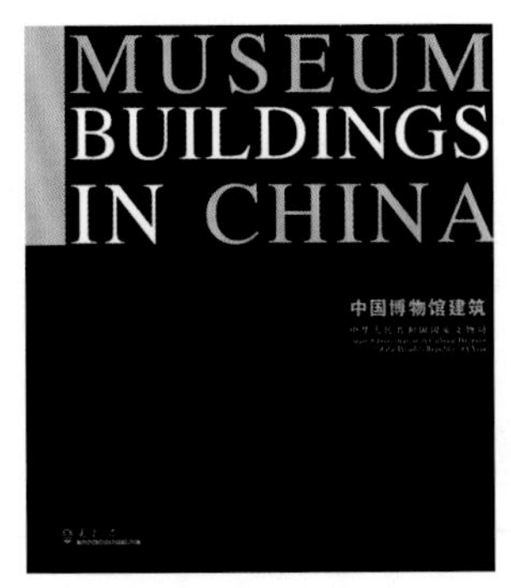

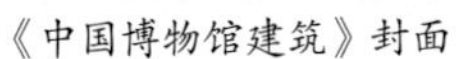
《中国博物馆建筑》封面

《蓟县独乐寺》封面

《义县奉国寺》封面

《建筑编辑家杨永生》封面

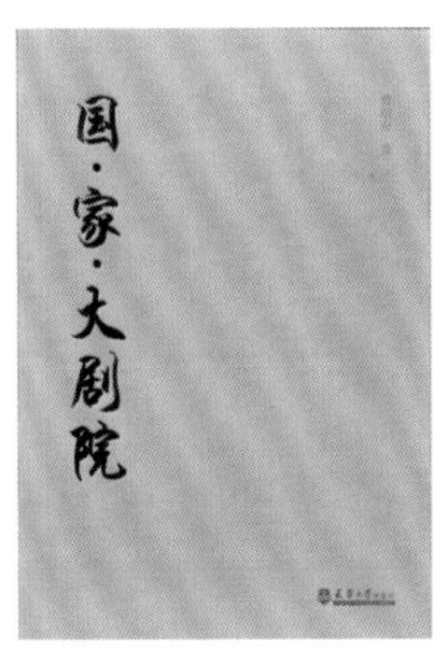

《国·家·大剧院》封面

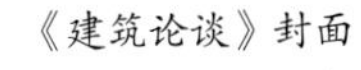
《建筑论谈》封面

系列九：大师作品及人物系列

为业界大师梳理并编辑作品与思想（口述）集是我坚持了近20年的工作，无论面临什么样的困难从未中断，从早期的《建筑师宋融》《中国第一代女建筑师张玉泉》，到反映中国女建筑师的第一部专集《石阶上的舞者——中国女建筑师的作品与思想记录》（中国建筑工业出版社，《建筑创作》杂志社编，2006年1月第1版）、《长安意匠——张锦秋建筑作品集（七卷本）》、《天地之间——张锦秋建筑思想集成研究》、《孔子博物馆》、《金陵红楼梦文化博物苑》、《张镈：我的建筑创作道路（增订本）》、《匠人钩沉录》（费麟著）、《中国第一代建筑结构工程大师杨宽麟》、《建筑编辑家杨永生》、《文博学人刘志雄》、《剑锋犹未折——建筑师王兵》（2012年6月第1版）、《周治良先生纪念文集》（2018年3月第1版）、《厚德载物的学者人生:纪念中国结构工程设计大师胡庆昌》、《时光筑梦——六十载从业建筑札记》（李拱辰著）、《清新的建筑》（黄星元著）、《天津滨海文化中心》（刘景樑主编）等。

系列十：建筑评论系列

近20年来，除为曾昭奋教授编辑出版了《国·家·大剧院》（天津大学出版社，2015年9月第1版）、《建筑论谈》（天津大学出版社，2018年1月第1版），为布正伟总建筑师编辑出版了《建筑美学思维与创作智谋》（天津大学出版社，2017年10月第1版）外，主要为马国馨院士编辑的建筑评论思想集系列，包括《日本建筑论稿》（1999年）、《体育建筑论稿——从亚运到奥运》（2007年）、《建筑求索论稿》（2009年）、《环境城市论稿》（2016年）等。

结语

本文从建筑传播学视角出发，立足于中国建筑文化之本位，回忆并分析了20余年来我们循中国营造学社之思想，为业界阅读建筑文化遗产所做的工作，这里有相关图书策划，也有大师们用毕生心血守护的创作之魂；有增进中外建筑文化认同的观念，也有时代的精神坐标，让我们重温中国营造学社经典，真正感悟到建筑先贤的智慧，这里有家国情怀的素养，更有高级独立的专业精神。

参考文献：

[1]吴良镛.师道师说：吴良镛卷［M］. 北京：东方出版社，2019.
[2]楚轲.建筑大师语录［M］.北京：中国林业出版社，2012.
[3]单霁翔.博物馆的学术研究［M］.天津：天津大学出版社，2017.
[4]周耀林，王三山，倪婉.世界遗产与中国国家遗产［M］.武汉：武汉大学出版社，2010.
[5]崔勇.中国营造学社研究［M］.南京：东南大学出版社，2004.
[6]金磊.建筑文化遗产保护研究与实践［J］.建筑创作，2010（6）.
[7]陈薇.《中国营造学社汇刊》的学术轨迹与图景［J］.建筑学报，2010（1）.
[8]金磊.建筑传播论，我的学思片段［J］.天津：天津大学出版社，2017.
[9]金磊.建筑遗产学之出版论，中国建筑遗产出版的创新文化审视[M]//金磊.中国建筑文化遗产5.天津：天津大学出版社，2012.

Remembering the Achievements of the Elder-Generation Masters and Inheriting the Important Historical Mission: Congratulations on the 90th Founding Anniversary of the Society for the Study of Chinese Architecture (1929-2019)

缅怀先贤业绩　继承历史重任
——热烈祝贺中国营造学社成立90周年（1929—2019年）①

刘叙杰*（Liu Xujie）

尊敬的大会主席，尊敬的各位领导和贵宾，尊敬的各位专家和学者，大家下午好！

中国营造学社在20世纪初的建立和它后来开展的学术活动以及所取得的巨大成就，都是我国近代科学技术史上十分突出的重大事件，不仅填补了旧中国科技界一项突出的空白，而且用实际事例向世界昭示了中国学人奋斗的决心、顽强的意志以及不可思议的巨大成果。

中国营造学社（以下简称“学社”）诸多的特点和成就，归纳起来大致有以下几个方面。

①2019年12月25日，作者抱病参加在中国建筑设计研究院举行的中国营造学社90周年华诞纪念活动，本文为参会讲稿。

* 刘敦桢之子，东南大学建筑学院教授。

一、明智的决定

学社的创始人朱启钤（字桂辛）老先生曾在晚清和民国初年从政多年。作为位高权重的大吏，一般都在退休后不问身外事，安享晚年。但朱老先生却耗费了大量的时间和精力，投身于一项他并不熟悉的科研事业，并大力组织与推动它的学术活动。这反映了他对中国传统建筑当时状况的关注，更体现了他对中华民族文化的热爱和责任感。要彻底改变当时面临的各种困境，必须采用现代科学手段进行研究和保护。为了实现这一抱负，他在设立机构、筹措经费、引聘人才等诸多方面努力贯彻实施，终于使理想成为现实。这些明智决策与成绩斐然的实践，使其得到世人一致的敬仰和赞服。

88岁高龄的刘叙杰教授在纪念会现场

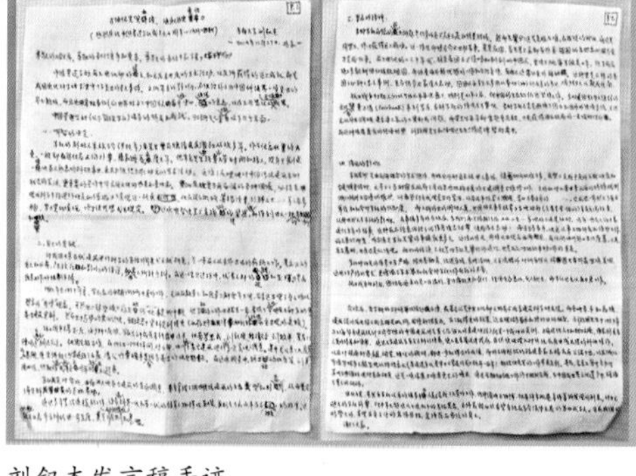
刘叙杰发言稿手迹

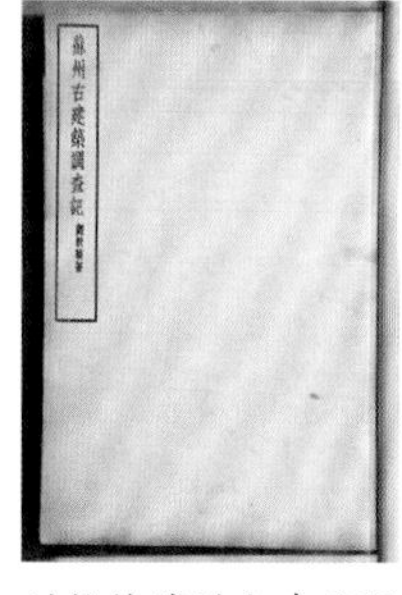
刘敦桢苏州古建筑调查书影1

刘敦桢苏州古建筑调查书影2

1938年，刘敦桢全家为赴昆明转道越南的护照

二、巨大的贡献

（20世纪30年代）对我国大量古代建筑进行实际的调查与文献研究，是一项前人从未做过的崭新工作，其意义的重大，产生效应和影响的深远，都非常人所能预料。在这一艰巨过程中，优秀人才的延聘和发挥，乃是高质量工作的根本保证。

1932—1937年夏，学社在北平（北京）期间所开展的工作，无论在数量上还是在质量上都逐年上升，后来还出现了令人难以想象的“井喷”现象。虽然这一趋势被日寇发动的七七事变打断，但学社的工作已抢先一步，掌握了华北地区大部分的重要古建筑资料。然而局势的变化过快，致使若干资料受到损失（如存储在天津麦加利银行的资料，因出现水灾而遭到毁损）。

抗日战争全面爆发后，由于种种原因，学社大部分成员未

抗战期间刘敦桢领导滇西北古建筑调查

2012年，刘叙杰教授考察湖南新宁西村坊

2013年，重访营造学社昆明旧址（右起殷力欣、金磊、刘叙杰）

刘叙杰教授重访徽州棠樾村

能离开北平，仅有梁思成、刘敦桢、林徽因、刘致平、陈明达、莫宗江六人到达后方。他们克服万难，在1938—1942年间，对云南、四川的主要古建筑进行了多次调查，其中尤以东汉崖墓及石墓阙、唐宋佛教（少量道教）石窟、清代竹索桥等最具突出的地域特征。在这些调查中，能够出动的仅有梁思成、刘敦桢、莫宗江、陈明达四位，但取得的成就较之北平时期并不逊色。

学社成员通过对华北、西南两大地区古建筑的全面调查，基本掌握了国内传统建筑的主要类型和形态，从而奠定了本学科最坚实的实物基础。

通过多年紧张连续的工作，本学科第一代和第二代的领军人物得以显现，并制定了高水平学术研究的标准。这些都为日后本学科的进一步发展奠定了不可动摇的基础。

三、崇高的精神

当时学社面临的巨大问题是任务艰巨、人手不足和经费拮据，然而先辈们还是克服万难，在极短的时间通过共同努力，终于获得巨大成功。取得这样的成就，即使在今天也非易事。究其原因，首先是大家都有热爱祖国的赤胆忠心，都是竭尽全力完成任务。20世纪的二三十年代，饱受帝国主义侵略和剥削的中国人，曾经大批留学欧美、日本，但学成后绝大多数都回归报效祖国，而放弃国外较优越的工作和生活条件，有些人还带回来外国配偶。这种坚定不移的爱国主义精神，至今仍令大家深为感动。回国的留学生大多数仍从事他们原来的专业，只有少数人从政或经商。

抗日战争时期人们的生活水平每况愈下，特别是1942年以后，但中国的学者们仍在坚持工作。当时美国驻华使馆的文化参赞费正清（Fairbank）来到李庄，看到学社的情况大为赞叹。那时学社已经被完全断绝了国内和国外的一切经济来源，不但无从外出调研，甚至大家的工资都成问题。梁先生每年都要赴重庆求助，力求获得国民政府的一点临时性补助。在这种极度恶劣的经济形势下，刘敦桢先生和陈明达先生只得选择暂时离开。

四、深远的影响

学社是民间学术团体，因此开始运作时并不被世人看好。随着时间的推移，学社成员在努力完成预定的文献研究和古建筑调查的同时，又参与了当时国民政府下属的某些机构开展的古建筑调查与维修工作，大的如山东曲阜孔庙的修缮规划、浙江杭州六和塔的维护、河南登封元代测景台的整治以及北平故宫文渊阁、景山五亭的修缮……这提高了有关单位和社会对学社的认知度；而不断外出的调研人员，也因相关事务不断与当地政府（主要是县一级的）多有交涉往来，从而扩大了学社的影响。时隔多年，当我们再次踏访河南、山西、山东等地的古建筑遗址时，还有一些老人向大家追忆当年的往事，这种在不经意间结下的情感，使我深为感动！而从来自各地区从事文物研究和保护工作的人们那里，听到有关学社前辈的事迹就更多了。在西南地区，当我们访问四川彭山东汉崖墓、大足宋代石窟时，也有类似情况。他们的话语，不仅是对学社先辈的追忆，更反映了民众对他们辛勤工作的肯定。

学社对研究质量要求十分严格。除内容翔实、论述有据、条理清晰、文笔流畅外，绘图也要形象准确、美观，这些十分严格的要求，更提高了学社的声誉。

抗日战争胜利后，国统区迎来的是一片混乱，贪污腐败更加盛行，经济全面恶化，民不聊生，而学社也无从开展工作。

中华人民共和国成立后，各学科的科研单位风起云涌，最著名的是文化部下属文物局与北京建筑科学研究院，而各地和高校、建筑设计院也纷纷成立相关机构，成绩都很突出。为了求得更好效果，还出现了跨省市、跨行业的组合。刘敦桢先生于1952年与上海华东建筑设计公司组合的中国建筑研究室（后并入设在北京的中国建研院）就是一个成功的实例。上海方面提供人力和财力支援，南京方面则负责人员的培养和使用，通过大学建筑系有关学科的培养，人员素质迅速提高，并尽快投入对传统民居由浅入深的科研工作中，以后对皖南村落、民居、祠堂、牌坊的调研，都进一步取得良好成绩，而将不同形状的福建客家土楼民居公诸于世以及浙江宁波保国寺大殿发现的特殊意义（其建造年代竟早于《营造法式》颁布100年），都给研究室的工作带来光彩。其后，全室又集中全力对苏州古典园林进行全面研究。这是一项更具难度与深度的项目，通过长期细致的工作终于胜利完成，为中国在世界文化遗产中的地位增添了重重的砝码。

由此可见，虽然自学社成立以来诸多专业人员已完成了大量工作，但中国地大物博，仍有许多机遇等待着新发现的到来，已逝去的前辈，年已超过90岁的老拓荒者，将最殷切的希望寄托在当今风华正茂的第四代学人身上。目前我国的形势大好，实现百年大计的宏伟目标，定将落在各位的身上。

谢谢大家！

2019年12月25日

于北京

The Past about and Personal Academic Research of the Society for the Study of Chinese Architecture: Interview with the Architectural Historian Mr. Chen Mingda (Anthology)

中国营造学社往事及个人学术研究絮语（节选）*
——建筑历史学家陈明达先生访谈录

殷力欣** 成丽***（Yin Lixin，Cheng Li）整理

提要：中国营造学社的学术声誉，主要来自两个阶段取得的调查、研究成果：第一个阶段（1931年之前），了解明清时期的传统建筑技艺；第二个阶段（1932—1945年），学社集中力量测量实物，引进科学方法探寻古代建筑基本知识。营造学社之后的研究目标应是探寻与西方建筑学体系迥异的中国古代建筑学体系。

关键词：中国营造学社，《营造法式》，中国古代建筑学体系

Abstract: The academic reputation of the Society for the Study of Chinese Architecture is underpinned by the investigation and research results obtained in two stages. The first stage (before 1931) was to understand the traditional architectural techniques of the Ming and Qing dynasties, and the second stage (1932-1945) was for the society to pool strengths on measuring objects and to introduce scientific methods to explore the basic knowledge about ancient architecture. The next research goal of the Society should be exploring the ancient Chinese architecture system that is very different from the western architecture system.

Keywords: the Society for the Study of Chinese Architecture, *Building Formulas*, Chinese Ancient Architecture System

访谈主题：中国营造学社史及陈明达学术历程

访谈时间：1987年春

访谈地点：陈明达居所

采访者：天津大学建筑学院硕士研究生何蕊、林铮

录音整理者：殷力欣、成丽

注释：殷力欣

C：陈明达

F：天津大学建筑学院学生

一、中国营造学社的第一阶段（1919—1931年）

F：您能谈谈中国营造学社（简称“营造学社”或“学社”）的创始人朱启钤①先生吗？

* 约自1987年起，天津大学王其亨教授安排建筑学院学生对当时还健在的建筑史学界前辈，做口述学术史录音采访。对陈明达先生的录音采访，即是当时的计划项目之一。因录音原件时有模糊，又因口述过程中难免有叙述次序的凌乱，故整理者对这份录音原稿做必要的节选，并调整了一些谈话的次序。此稿的整理过程：由成丽完成录音转换成文字的第一稿，由殷力欣负责核对录音，摘录文字，调整文字次序并划分章节。

** 《中国建筑文化遗产》副主编。
*** 华侨大学建筑学院副教授。

①朱启钤（1872—1964年），字桂辛，号蠖园，祖籍贵州开州（今贵阳市开阳县）。晚清时期、民国初期政府官员，爱国人士，中国营造学社创始人。

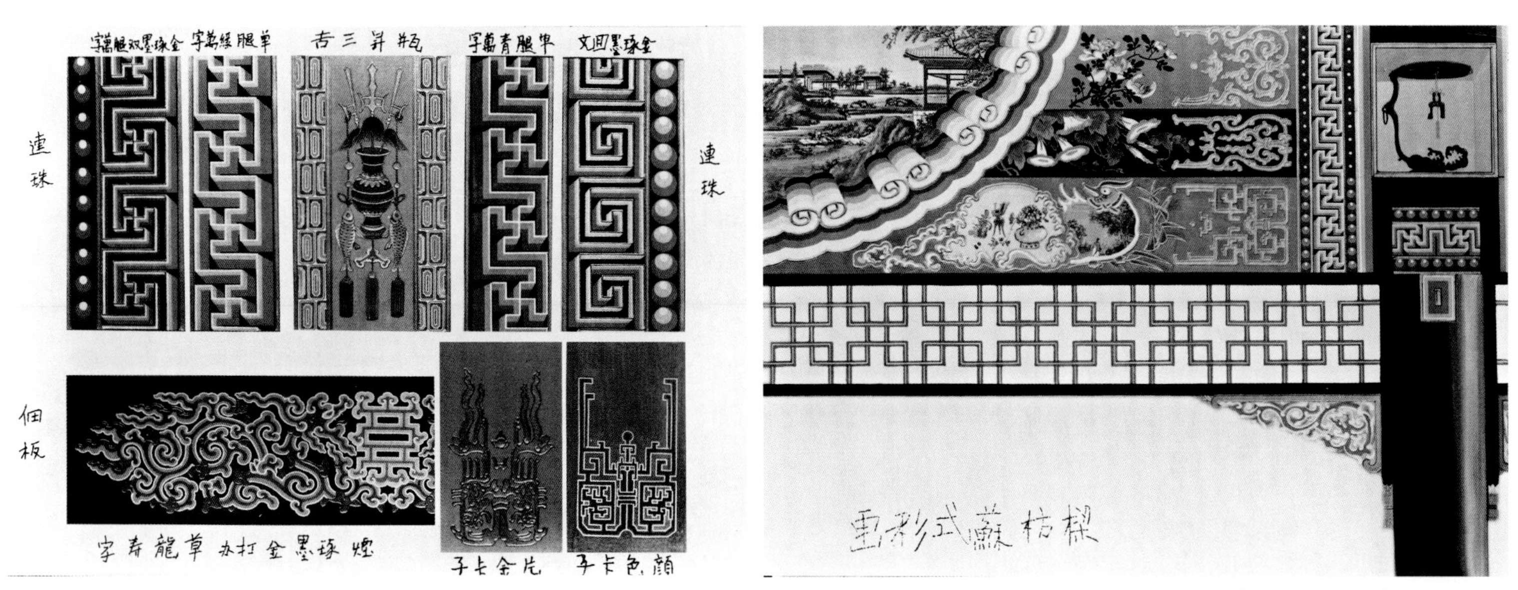

朱启钤聘请老工匠绘制的建筑彩画图样1

朱启钤聘请老工匠绘制的建筑彩画图样2

C：在民国初期的政府（史称“北洋政府”）里面，朱先生是内务部总长，还曾短期代理国务总理。他管的范围相当广，今天属于建设部的事情，在他那个时代也是属于内务部的。更早一点，在晚清时期，朱桂老曾是负责北京城改造建设的官吏，大概从那时起，他对建筑就很有兴趣，也很用功，涉及建筑问题的国内外书籍看了不少。

F：他原来不是搞建筑的，那他是干什么的呀？

C：他搞了好几个工业。他搞煤矿，唐山的水泥厂也有他的股份，轻工业方面也搞了不少，同时也是那些企业的股东。比较来说，他是个富人，所以能够有力量个人拿钱出来办这么一个单位——中国营造学社。他有经济基础，自己是一些企业的股东，同时他的朋友也是搞经济方面的居多，尤其是在银行界，他有不少的朋友。营造学社在经济方面能维持下去，就是因为有这些关系。

在1920年前后，他就发起创建这个单位了（最直接的原因是朱先生在1919年发现了宋代的《营造法式》，这激发了他在古建筑上追本溯源的兴趣），不过没有正式挂牌。正式挂牌的时间我记不清了，好像是1929年。你可以查一查《营造学社汇刊》，都查得出来。

朱先生那时住在北京东城宝珠子胡同，最初就在他自己家里面腾出几间房子作为学社的办公室。开始的时候，他找了一些对中国古代典籍比较清楚的人，那些人古代历史方面的书籍看得多，比较了解关于建筑方面的掌故，比如现在很有名气的单士元[①]先生。单士元的本职是搞档案，在建筑方面有些文献也要去查档案——每一个朝代有些什么建筑活动等等，从史书上都可以查出来，所以他曾作《明代建筑大事年表》和《清代建筑大事年表》，但在建筑技术这些方面他并不清楚（至少在当时是这样）。最初一方面找了一些这样的人，专门查阅古代典籍；另一方面找了一批水平高的做具体工作的工匠，有木匠、彩画匠等，各种行当的都有。这些人技术水平高，但文化水平低，写文章是不行的。比如搞彩画的人，就请他们来画彩画——某一个时期有多少种彩画，都在纸上画出样子来；找来的木匠也是画图，画房架、斗拱等等。这个工作持续得相当久，最初进行了五六年（那时候我们都还没有来呢），画图不少，[用手比划着]这么大的一卷，有几百卷，用一个大柜子装着——这就给后来研究古代建筑打下了一个基础。这些工人岁数都比较大，技术水平也高，但是不管怎么岁数大，所知道的就是清代的东西，再早的他们也没法知道。所以，我们一开始接触到的古建筑资料，主要是研究明代、清代建筑的基础资料。这个工作一直做到九一八事变那一年。

营造学社有几个阶段，刚才说的是第一个阶段。就像我刚才讲的，朱先生历来对古建筑感兴趣，所闻所见都是明、清两代的东西，1919年发现了《营造法式》，就越发想在建筑方面追本溯源了。从我们的古籍里面找出《营造法式》来，差不多是这个阶段（1919—1931年）工作最大的收获。在此之前，甚至不知道《营造法式》还存在，以为没有了呢。

朱启钤为营造学社题词

① 单士元（1907—1998年），北京人，文物专家。1933年毕业于北京大学研究所国学门。历任故宫博物馆办事员、科员、编纂、研究员、副院长，1931—1937年在中国营造学社文献组任编纂。

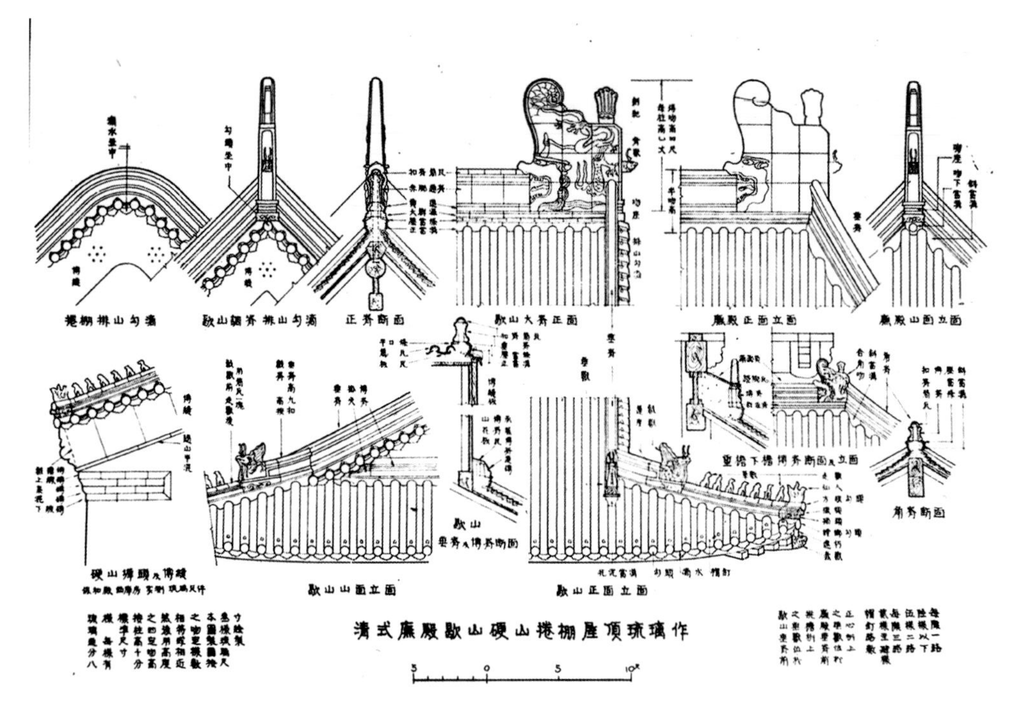

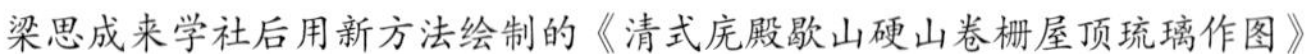

梁思成来学社后用新方法绘制的《清式庑殿歇山硬山卷棚屋顶琉璃作图》

与老工匠商讨后制作的斗拱模型

二、中国营造学社的第二阶段（1931—1937年）

F：那么，第二阶段从1931年算起?

C：大概在1931年九一八事变后不久，梁思成①先生来了，这可以看作营造学社第二阶段的开始。

在那以前，梁思成在美国学建筑，他的父亲是梁启超，而梁启超和朱先生是很好的朋友。朱先生发现《营造法式》后，就把它翻印了，最初是石印的，后来又重新刻板印，印得很讲究。知道梁启超有个儿子在美国学建筑，朱先生就特别送给他一部书，叫梁启超给他寄去了。从那个时候起，梁先生就对中国建筑产生了兴趣。但是他回国以后，就被张学良的父亲张作霖请到东北了，那里有个东北大学，请他去创办建筑系。九一八事变后，日本人侵占了东北地区，那些人都进了关，朱先生就把他请到营造学社来了②。

第二个阶段，可以说是梁思成先生为学社注入了新的工作方法。梁公大致的看法是，原来收集的建筑资料，以文献上的记载资料居多，而那些木匠师傅画的图呢，和现代的科学的制图方法有很大的差别，很不精确，要用现代的、新的方法把图都画出来，补出来。

那时有两个同样性质的工作，一个是整理清代留下的清工部《工程做法》，另一个是整理宋代的《营造法式》。先说第一个。

《工程做法》主要讲了27种具体的建筑，学社的工作就是把这本书里所说的27种建筑都用现代的制图方法画出图来。这个工作一直做到1937年七七事变，差不多做了一半，也可以说是三分之二——从27这个数字上来算有一半，而从内容上说呢，重要的、复杂的基本上都做了，所以也可以说完成了三分之二。七七事变使这项工作搁置了，这是一个工作。比起第二个工作——研究《营造法式》，研究清工部《工程做法》比较容易，为什么说比较容易呢？因为那些老师傅还在。

F：因为老师傅们还能做出来?

C：他们不但画出图来（尽管用的是旧办法），梁公来了以后还建议做模型，他们也都能做出来。一开始做了不少的模型。我们现在知道清代的建筑，可以不费力气地说出什么叫斗拱，什么叫斗，什么叫拱，有多少斗拱，拱是多长，等等，是拜那时候的工作所赐。那时候就把老师傅们请来，请他们对着实物或图讲解。或者是请老师傅们跟我们一起走，到故宫里去，到了哪个殿，让他们指着说，这个是什么，是怎么回事，那个是什么，是怎么回事，这样就很容易让我们明白了明清的建筑，至少把表面的问题，诸如这是

①梁思成（1901—1972年），广东新会人，毕业于美国宾夕法尼亚大学建筑系，历任中国营造学社法式部主任，清华大学建筑系教授、系主任。著名建筑历史学家、建筑教育家和建筑师，中国科学院院士（学部委员），中国建筑历史学科的奠基人之一。

②此处口述者可能记忆有误。另据林洙等人的回忆，梁思成辞东北大学教职返回北平，应在九一八事变之前。但梁思成先生来营造学社任职的时间，确实在九一八事变之后。

抗战之前营造学社成员在考察现场1——邵力工等测量故宫

抗战之前营造学社成员在考察现场2——梁思成等在正定

抗战之前营造学社成员在考察现场3——刘敦桢等在河南登封

抗战之前营造学社考察赵州安济桥

抗战期间营造学社曾寄居的昆明龙泉镇（1939年）

抗战期间营造学社曾寄居的南溪李庄（1941年）

瓜拱，那是慢拱，等等，都搞清楚了，弄明白了。没有这些老师傅，你自己去找，那很难，因为《工程做法》上写的，往往跟具体的东西对不上号。所以，第一个工作不算很费劲。

第二个工作就是要把《营造法式》里所说的东西都了解清楚。这就很费劲了，直到现在也没都解决——找不到宋代的老师傅呀！清代的老师傅们也都不知道宋代的事呀！这就只能靠我们自己去找了。找到古代的建筑实物，去测量，很仔细地测量，回来以后根据测量的结果，画出图来，再翻开《营造法式》，一条一条地去对，哪一条对上了，就算是初步解决了一个问题——知道这个东西就是《营造法式》里头所说的什么东西，它应当是多长，多大，多高，实质上就是做这个工作。表面上看，就变成了每一年出外调查测量，到外头去找这些具体的建筑实例，找到以后进行测量，回来画图，具体的工作就是这么一个，表面上看就是这么个形式的工作。从梁先生来学社以后，就开始每年出去两次，调查、测量古建筑，回来画图，对照着研究《营造法式》——这个时期主要的工作就是这个。

继梁思成先生来营造学社工作不久，刘敦桢先生也来营造学社工作了。刘敦桢[①]先生名义上是文献部主任，但那时他的工作重点同样是外出调查实例，这也说明那时营造学社的主要工作是古建筑实例调查[②]。

① 刘敦桢（1897—1968年），字士能，号大壮室主人。湖南新宁人。毕业于日本东京高等工业学校（现东京工业大学）建筑科。历任中国营造学社文献部主任，中央大学工学院院长、建筑系教授、系主任。著名建筑学、建筑史学家，中国科学院院士（学部委员），中国建筑历史学科的奠基人之一。

② 关于1931—1937年的中国营造学社古建筑调查工作，可参阅《中国营造学社汇刊》第三至第七卷所刊如下文章：梁思成《蓟县独乐寺观音阁山门考》（第三卷第2期）；梁思成《蓟县观音寺白塔记》（第三卷第2期）；刘敦桢《北平智化寺如来殿调查记》（第三卷第3期）；梁思成《宝坻县广济寺三大士殿》（第三卷第4期）；梁思成、林徽音《平郊建筑杂录》（第三卷第4期）；刘敦桢《万年桥述略》（第四卷第1期）；梁思成《正定调查纪略》（第四卷第2期）；梁思成、刘敦桢《大同古建筑调查报告》（第四卷第3、4期）；梁思成《赵县大石桥》（第五卷第1期）；刘敦桢《石轴柱桥述要（西安灞浐丰三桥）》（第五卷第1期）；刘敦桢《定兴县北齐石柱》（第五卷第2期）；梁思成、林徽音《晋汾古建筑预查纪略》（第五卷第3期）；刘敦桢《易县清西陵》（第五卷第3期）；刘敦桢《河北省西部古建筑调查纪略》（第五卷第4期）；刘敦桢《北平护国寺残迹》（第六卷第2期）；刘敦桢《苏州古建筑调查记》（第六卷第3期）；刘敦桢《河南省北部古建筑调查记》（第六卷第4期）；梁思成《记五台山佛光寺建筑》（第七卷第1期）；梁思成《记五台山佛光寺建筑（续）》（第七卷第2期）；莫宗江《山西榆次雨花宫》（第七卷第2期）。

抗战期间学社的滇西北考察之旅

抗战期间学社的滇西北考察之旅——大理大宗圣寺碑铭（立者为莫宗江先生）

抗战期间学社的川康考察之旅

抗战期间学社的川康考察之旅——夹江杨公阙（立者为莫宗江先生）（刘敦桢摄）

三、抗日战争与中国营造学社的第三阶段（1938—1946年）

F：按照您的思路，想必学社的第三阶段是从抗日战争全面爆发之后算起的？

C：是的，这个阶段可以说是营造学社的第三个阶段。如果从“卢沟桥事变”（1937年7月7日）算起，到1938年夏天在昆明复社，我们的工作中断了整整一年。

F：能否详细谈谈这第三个阶段的情况？

C：全面抗战了，深陷敌占区的北平（今北京），各方的资助经费都中断了。中国营造学社的主要职员都是心存抗战救国心愿的，不情愿滞留在沦陷区。而且，学社里搞技术工作的以南方人为多，如梁思成、莫宗江[①]是广东人，刘敦桢、麦俨曾[②]和我是湖南人，很想先回到故乡再作打算。学社的东北人刘致平[③]先生则是东北老家回不去了，北平也被日本占了，更不愿意留在北平。赵正之[④]也是东北人，滞留北平了，据说是因为他是地下党，要坚持地下抗敌活动。我是1937年10月离开北平的。最晚到第二年春季，学社的大部分人就都走了。到了南方以后，梁先生跟当时国民政府教育部的人（好像是朱家骅）联系，得到答复：学社可以继续得到教育部的补助。于是梁先生就写信通知我们，慢慢地又集中起来，但联系上的只有四个人：大刘公、老莫、刘致平和我。1937年12月南京沦陷，南京的大部分单位也往大后方撤，中央研究院史语所（也就是现在的考古所的前身）准备往云南搬。史语所的人跟梁公很熟，大部分人都是留美的，而且史语所是个大单位，而我们仅仅是五个人（梁思成、刘敦桢、刘致平、莫宗江、陈明达），不成一个单位，跟史语所的人一起有很多方便，尤其是他们有一个很好的图书馆，所以我们就决心跟着他们走，一起到了云南昆明。

到昆明已是1938年的夏季了。不久就开始工作了。我们出去调查了几次，差不多把云南古建筑较集中、重要的地方（昆明—大理—丽江一线）走了一圈，然后从云南出发到四川，又走了一圈，古建筑的材料搜集了不少[⑤]。大概是1940年，日本人轰炸到云南了，昆明遭到的空袭尤其频繁，昆明也待不住了，我们还是跟着中央研究院史语所搬到了四川宜宾李庄。抗日战争的时候，我们主要的时间在李庄（在云南的时间是两年左右），工作继续做，但是条件越来越差，到了后来出去调查都不行了（连旅费都拿不出来了），就这样一直拖到抗战胜利后的1946年[⑥]。这个阶段可以说是营造学社的第三个阶段。

F：抗日战争胜利以后，也就是1946年以后呢？

C：抗日战争胜利以后，梁先生是清华大学出身，清华大学请他去创办建筑系，他就带着几个人到清华大学去了。刘敦桢先生原来是中央大学建筑系的教授，后来在李庄实在是难以维持生计，他就回中央大学了（中央大学那时搬到重庆沙坪坝）。

① 莫宗江(1916—1999年)，广东新会人，著名建筑历史学家。1931—1946年任中国营造学社绘图生、研究生、副研究员，后任清华大学建筑系教授。中国美术家协会会员、中国建筑学会建筑史分会副主任。

② 麦俨曾，生卒年不详，毕业于北平大学中国营造学社艺术专科学院建筑系，1934—1937年任中国营造学社绘图生、研究生。

③ 刘致平（1909—1995年），字果道，辽宁铁岭人，著名建筑历史学家。曾任中国营造学社法式部助理、研究员，清华大学建筑系教授，中国建筑科学研究院建筑历史研究所研究员。著有《中国建筑类型及结构》《中国居住建筑简史——城市、住宅、园林》《中国伊斯兰建筑》等。

④ 赵法参（1906—1962年），字正之，辽宁黎树人，1934—1937年任中国营造学社绘图生、研究生，后任清华大学建筑系教授。

⑤ 参阅刘敦桢：《昆明古建筑调查日记》《云南西北部古建筑调查日记》《川康古建筑调查日记》。见《刘敦桢 全集》第三卷，北京，中国建筑工业出版社，2007年。

⑥ 中国营造学社在抗日战争期间的工作，除上述刘敦桢、陈明达、莫宗江等作昆明、滇西北古建筑调查和刘敦桢、梁思成、陈明达、莫宗江等作川康古建筑调查外，还包括：梁思成撰写完成《中国建筑史》《图像中国建筑史》；陈明达参加中央博物院主持的彭山汉代崖墓考察，并撰写《崖墓建筑》，莫宗江参加中央博物院成都前蜀王建墓发掘考察；刘致平完成云南一颗印式民居、成都清真寺调查；莫宗江、卢绳、王世襄等完成宜宾旧州坝白塔、宋墓，李庄旋螺殿、宋墓的调查。此外，学社与中央博物院合作绘制了一批古建筑模型图（现存32种，共计224张，主要绘制者为陈明达、莫宗江和卢绳）。——整理者注

我是1943年离开那儿的，因为条件越来越差，而我的家庭负担很重，还得另外去找工作。剩下的梁公、刘致平、莫先生，还有在李庄招来的一个学生叫罗哲文[①]，梁公把他们四个人带到清华大学了，营造学社就算到此结束了。

七七事变以后，学社还有滞留北平的部分人员。北平营造学社的结束恐怕在那年年底了，我是1937年10月离开北平的，所以最后的情况我知道得不详细。我所知道的大致是这样：因为还有大批营造学社历年测量调查的材料（画成的图、还没来得及出版的书稿和一大批照片），在梁、刘离开北平之前，朱先生与梁公、刘公共同商议决定，把这些资料整理好，包扎好，存放在天津麦加利银行里面的保险库里；还有一大批书放到朱先生家里了。梁公在抗战胜利回到北京以后，他先顾及的是清华大学建筑系那边的事，那时候对新的政策了解得也不够，有些事情不清楚，所以也没办。解放军一进城就要各机关单位去登记（登记了以后新政府就承认这个单位了），但中国营造学社就是忘了去登记（无论朱桂老或梁公、大刘公，都没有代表学社去交涉），所以也就没恢复。到现在二刘公（刘致平先生）对此还耿耿于怀："你们为什么不去登记？"那时候不熟悉这些东西，梁公忙着清华大学的事，朱先生已经有80多了，也顾不上了，所以无意之中这个单位就没有了。现在二刘公谈起这个问题来，他还在想营造学社有没有办法恢复。等到中国建筑科学研究院也成立了，就更没有人谈这个事了。

朱启钤抢救出的水残资料1——应县佛宫寺木塔第四层造像

朱启钤抢救出的水残资料2——应县佛宫寺木塔第四层内槽铺作

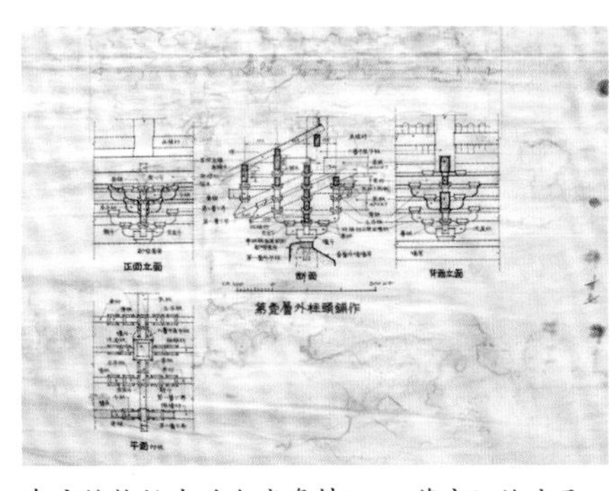

朱启钤抢救出的水残资料3——莫宗江绘应县木塔第一层外柱头铺作

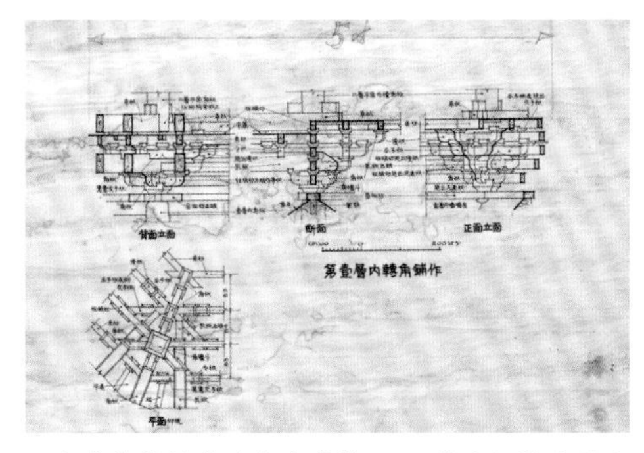

朱启钤抢救出的水残资料4——莫宗江绘应县木塔第一层内转角铺作

关于那批存放在天津麦加利银行里的研究成果，1939年天津发大水，银行仓库被淹了。水退以后，朱先生花了很大一笔钱，把那些东西弄出来，又花了不少钱请人去整理，但是整理的结果很不理想：稿子已经乱七八糟，整理起来很费劲，有的还需要裱一遍；稿子算是还有，而图，尤其是相片几乎都泡坏了，剩下的少数，也都残了、破了。幸存下来的这批资料，因为大都留有水泡过的渍迹，我们这个小圈子里称它作"水残资料"。"水残资料"，连同原来放在朱先生家里的那些图书，后来都交给北京市文物整理委员会，也就是现在的文化部下属文物局的古代建筑保护研究所[②]了。残余的一部分资料还在这个所里。抗日战争期间在云南、四川的考察成果，梁先生回北京后交给清华大学建筑系保管。

四、关于中国营造学社的人员构成

C：刚才说到朱桂老在1920年左右就开始筹划营造学社了（发现宋《营造法式》之后不久），梁先生大概是1931年来的，刘敦桢先生是1932年到营造学社的。后来入社的人中，大概邵力工[③]是第一个……

F：我这儿有《中国营造学社汇刊》上的名单，有邵力工这个人，不知他现在是否还健在。

C：邵力工有80多岁了，他岁数大，现在瘫痪了，还有一位刘致平也是瘫痪了，有78了吧，我今年73周岁。

F：可是我看《中国营造学社汇刊》第一卷，是1930年出版的，那上面已经有梁思成等人了。

C：你说的是《汇刊》第一卷的"本社职员名单"。这些人多数都是名义上的，都是朱先生邀请的，不能说是职员（相当于以后的社员），没有工资，也不用每天来上班。到后面，第三卷、第四卷上面就分开了，职员是职员，社员是社员。社员里又分评议、校理、参校，都不做具体工作。职员是做具体工作的，

① 罗哲文（1924—2012年），原中国文物研究所所长，著有《长城史话》《中国帝王陵》《长城赞》等。

② 今中国文化遗产研究院——整理者注。

③ 邵力工(1904—1991年)，北京人，1925年毕业于美国俄亥俄州立大学土木建筑工程系函授班。1932—1937年任中国营造学社法式部助理。1964—1966年任大庆油田指挥部总工程师。

有搞技术的，梁先生带头，以下有邵力工、刘致平、莫先生、麦俨曾、赵正之（后来在清华教书）和我，就在进天安门西边的那一排房子办公，工作就是画图、测量，总共不到十个人，叫法式组；另有查阅古典文献的，分成另外一组，叫文献组，有六七个人，由刘敦桢先生负责。不过，刘敦桢先生也做法式组的工作，而我同时也做文献组的工作，当刘敦桢先生的助手。那个时候除了文献组、法式组这两个组十几个人做具体的工作以外，全社还有一个很重要的人，名义上是会计，实际上也是秘书，还管人事，什么都管。全社就是这些人，大概不到二十人。

F：有一个问题，那时候学社的工作最终是谁作决策呢?

C：这个很简单，有什么问题就是朱老先生、梁先生和刘先生看了就定了，没有什么好说的。或者有什么事梁、刘二人定了以后告诉朱先生，朱先生向来也都是同意的。

F：您当时入社的时候是不是还要履行什么手续? 入社之前就喜欢建筑吗?

C：没有那么复杂。老莫念中学的时候跟梁思静（梁先生的一个本家弟弟）是同学，梁先生要找学生，梁思静就提起老莫。老莫来了，工作一段时间，成绩不错，梁先生就问还有没有条件差不多一样的人，于是我就来了。就这么简单。我们来以前根本不知道什么叫建筑，都没听说过。就知道有这么一个地方，要找两个对画画有兴趣的学生，就是这么来的。

F：您当时是在文献组还是法式组?

C：当时学社里没分得那么清。我是按绘图生招进来的，应该算是法式组的人，但因为有点旧家学根基，就被安排给大刘公做助手。反过来，大刘公是文献组主任，但外出调查也是其主要工作之一，是与梁公一样的古建筑实例调查的带头人。或者说，在北平学社里，我听梁公指导多些，主要是测量、绘图方面的事；同时也听从大刘公的安排去查阅文献，通读《营造法式》，外出则跟随大刘公多些。另外，因外出调查跟大刘公多些，回来绘制调查建筑实例的测图、给大刘公写的调查报告画插图，自然也是我多些（给梁公文章配图，是老莫多一些）。

F：别的人都是什么来历?

C：都有不同的来源，像邵力工、刘致平、麦俨曾，他们三个人大学毕业后，在建筑事务所工作了一年或者还多一点的时间，他们听说梁公来了，也对这个工作有兴趣，就要求来，梁公就把他们调来了。第二个来源是东北大学建筑系的学生，“九一八”以后来到关内，没有适当的工作，继续念书又没有条件，生活各方面都成问题，所以在东北大学念了一两年的学生也来学社谋生。第三个来源，就是我和莫先生这种情况的。因为梁公感觉到人手不够，想要找几个条件好一些的学生，自己慢慢地培养。我们是学生，因家道中衰，念不起书了，中学毕业以后没升学，现在有这么个机会——继续求学还给工资，这当然是求之不得的了。后来给起一个名称叫研究生，就是这个意思。当然学社也有选择的条件，一般来说，要对艺术有爱好。莫宗江喜欢水彩画，水彩画很好，而我是画中国画的，曾师从齐白石老先生，念不起书的时候就是在家自己画，就是这样来的。来了以后，就先做画图员。我、老莫以前虽然没有学过画图，但都觉得画图不是一件很困难的事情，很快就比较熟练了。营造学社的每一次出去测量，回来画图，差不多就是我们几个跟随着梁公、大刘公，把工作包下来了，一边学习一边工作，就是这样一个情况。

F：您和莫先生算是在学社边工作边继续学习?

C：是这样的。

F：能谈谈当时具体是怎么边工作边学习的吗?

C：刚开始的时候，老莫和我就是在古建筑测量现场拉皮尺、记数据什么的。这比较容易，只是熟悉一下工作环境，但是不画图，虽然我们对美术有兴趣，但是我们没学过画建筑图，水平还不够。现场测量后，我们旁观梁公绘图，他边绘图边向我们讲解，再以后就开始上图板了。另外，梁公要求（看《中国营造学社汇刊》上面的图，你就看得出来）画一个建筑（比方说独乐寺观音阁），要把里面的雕塑也画出来。我们一开始的时候画这类造像就有困难了。比如说画宝坻县三大士殿的时候，梁公只好说“你们把它空在那儿”，等我们把图画完了，他再把那些造像加上去。于是，梁公就给我们想办法补上这一课。有一次一个美国有名的素描家（我现在都忘了他的名字）到中国来，他主要是画点绘画作品，但除了画画以外，他也得想法有点收入，维持在这儿的生活，他就晚上开夜班招学生，专教素描。梁公就介绍我们跟他学，每天晚上去，学费都由学社给，帮助我们进步。学社有很多好条件。学社有暑假，一共是四个星期。四个星期的暑假可是一半一半——两个星期是整天的，有四个星期是半天的，加起来是整整的四个星期。设半天假是要大家轮班，要不然学社就没人了。暑假的时候，朱先生、梁先生、刘先生他们有时候会到北戴河去过暑假。到1936年的时候，也应当让我们出去，但都去北戴河不行，经费不够，就让我们自己找地方——反正学社给过暑假的费用。我们就找北京附近的地方（那时候北京避暑的地方很多，都是外国人开辟的），在西郊法海寺过暑假，同时把法海寺建筑的壁画也临摹下来了。有这种待遇的单位，那个时候很少，只有几个，如地质调查所等。工作上的制度、待遇什么的，也可以说是洋式的，时间也是跟洋人学——一个礼拜只有五天班，星期六半天，每一天六个钟头，这都是美国办法。要是给学社分阶段的话，七七事变以前就是这么一个情况。

那个时候的研究工作就是这么个办法：测量完了，回来把它画出来，这是我们的工作，然后两位老师（梁、刘二公）去分析、研究，到最后他们研究、分析出来的结果，自然就变成了我们学习的课本了，就跟着学。别的明确的目标没有，就是先这么一个建筑实例接一个建筑实例地做下去。

F：像您、莫老等新职员和老社员之间在学术上有没有什么交流?

C：我们这些人（职员）跟社员没什么关系，在学术上交流不多，在技术上也碰不到一起，就是在年龄上也说不到一起。这些社员都比我们大至少10岁，像谢国桢[①]先生（一位有名的专家，专门研究明史，前几年去世了），也佩服他们的学问，但没什么交流。老社员很博学，但研究的问题跟我们那时差别比较大。

F：有什么比较有影响力的学术交流活动吗?

C：少。学社社员基本上是名义上的，有些人我们都没有见过面，不认识。即使某社员来了，真正涉及到建筑方面的问题，也差不多都是空泛之论。有些老先生来，找梁公或大刘公谈谈就算了。那些社员老先生，基本上是按照中国旧的研究方法来进行研究的。年轻一些的人中，单士元算是最接近于老先生的，那时他主要是从文字上、从书本上去搞，没有跟实际建立联系。

F：就是还没有实地去测绘，仍停留在营造古籍之中?

C：有些人就是这种做法。有一个人在老派人中算是最勤快的，叫乐嘉藻，他居然写出了一本《中国建筑史》。这本书我最近想找来重新看看，你回去查查你们学校有没有。你看看就知道，那些老先生是怎么研究的，与后来的梁思成、刘敦桢等的方法有什么不同了。看一看也有好处，知道他们是怎么研究的。

F：您能谈谈学社职员的具体工作和收入吗?

C：职员的具体工作和收入，还是从我们亲身经历说起吧。我跟莫先生当时在营造学社是比较特殊的两个人。那时候新来的人，来了以后就先学画图，一个月二十块钱，算是很低的工资。但是学社每年要评一次，就是两位先生看这一年里面你干活的情况，干了不少的活，干出的活也都不错，在第二年就加一倍，翻了一番。我是1932年入社，到1937年的时候，我和莫先生的月薪是一个月一百二，在那个时候也算是相当高的工资了。相反的情况也有，一个姓叶的原东北大学学生，他加薪最慢，因为他干的活实在不行。我们都加到一百二了，老叶还是三十几块。那时也不管年纪什么的，就看你平常做的工作，看工作水平和成绩怎样。

五、关于中国营造学社的财务收支等情况

F：您刚才谈了学社职员的具体工作和收入，能接着谈谈全学社的收支吗?

C：这个时候的经费也跟从前不一样了，从前是朱先生自己出钱，再加上美国退还的“庚子赔款”的资助。实际上也用不了多少钱，因为大部分人是不给工资的，大概有空就过来看看，聊聊天，不做什么的。还有一些就是工人，如木工、彩画工等。那个时候工人的工资很有限，一天平均一块钱就不算低了。后来到我们这些人来了，朱先生个人负担就有困难了。

F：那些社员是出钱的?

① 谢国桢（1901—1982年），字刚主，晚号瓜蒂庵主，著名历史学家、文献学家。

C：至少起个联络作用。联络社会上各种各样的人——有些是比较大的官，有些是银行家，为的是什么呢？为的是筹集资金。比如说周诒春①，此人当过教育部部长，把他请来，又加了社员名义，找他筹划一点经费就比较容易了。袁同礼②是那个时候的北京图书馆的馆长，请来当了社员，我们以后到那里看书、查文献、用什么的，就很方便了。还有林行规③、卢树森④、陈植⑤……这些人都是建筑师事务所的大老板，或者至少是二老板，是在建筑界有名的人。比如陈植与赵深⑥、童寯⑦在上海创办的华盖建筑事务所是很有影响力的，那个时候建筑公司收入很多，请他们捐点款。

F：是不是还有基泰工程司⑧啊？

C：是的。包括基泰，几个建筑公司差不多是每年固定捐助多少钱，这也是经费来源的一部分。而更大的经费资助，就是退还的“庚子赔款”。

F：就是中华教育文化基金会？

C：对，就叫中华教育文化基金会，是用美国退还的“庚子赔款”建立起立的。像学社社员名单里的李书华⑨、朱家骅⑩等，都是中华教育文化基金会的委员。

F：这个是中英那个“庚子赔款”吧？

C：是。具体的我可记不清了。学社的日常费用包括工资。拿工资的专指“本社职员”——社长、法式部主任及助理、文献部主任及助理、研究生、会计、庶务。后来又增加了一笔大的开支——每年要出四本汇刊（第一、二卷不算，从第三卷开始），第一卷只出了2期，第二卷出了3期，还是不定期学刊，而且都以古代文献的解读、考证居多，涉及具体建筑实例少。到了第三卷开始有具体的东西了，大量的测量成果都制版印出来了，因而印刷费相当高。而且，《汇刊》是不卖钱的，不指望一般读者会买，以送人居多，国内国外的学术单位都有，还有学社的会员、职员等也每人都有一本。每年这四本《汇刊》的印刷费，我记得大概是两万块钱。

F：这么高啊！

C：所以，这个两万块钱就得向中英庚款委员会特别申请。大概从出第三卷起，一年的出版经费是两万块钱，也不算困难。那个时候起，出到第六卷为止，因七七事变了。后来又出了两本。

F：是第七卷的2期？

C：对，第七卷只出了两本。从九一八事变起，到七七事变止，这是学社的第二个阶段。之后一段时间就等于是散伙了，继续办下去的可能性看起来不大——没有经费的来源了，朱先生个人已经负担不了整个的经费了，别的那些来源也都断了，特别是庚款资助中断了。

F：庚款委员会有没有每年资助学社的明确计划？

C：庚款委员会有它的拨款计划，明确到不同单位的数目。学社就是按照它的要求申请的，记得是每几年拨一次。他们的拨款有几种不同的形式，有的是每年拨，拨多少年以后看你的发展情况，再决定下一期给你多少；有的是年年变数目的，也有一年固定给多少的。凡是接受了这种国外教育基金会资助的单位，一般基础比较好，成绩比较突出。

F：它拨款就是看你的研究成果来决定的？

C：对，基本上就是这么个情况。你看有名的这几个单位，比方说地质调查所（代表人物有翁文灏、裴文中、李四光等），是庚款补助的一个大研究单位。还有其他几个研究机构，做出了不少成绩，在学术界很有名。客观上看庚子赔款委员会对教育、科研事业的帮助是很大的。

F：英国退还的“庚子赔款”是不是也用于文化教育事业？

C：都是文化教育口，就是促进文化（发展）提高文化科学方面的质量。最显著的一个地质所、一个生物所，取得了很多令外国瞩目的成绩，现在的几个研究单位算是这两个所的嫡出。

F：他们建立一个委员会是怕这笔钱做别的用处？

C：没错，所以他们组织这么一个委员会来控制着。现在回过头来看，这个做法还是有对的地方的——要不然这笔钱就不知道被怎么胡花就花掉了。从另一方面也说明他们很看不起中国，可是没办法，事实上就是那样的。外国人看不起中国，这个看不起是多方面的，我现在要说的是在学术方面。我可以说个故

① 周诒春（1883—1985年），安徽休宁人。1913—1918年任清华大学校长，1925—1938年任中华教育文化基金董事会董事、总干事。

② 袁同礼(1895—1965年)，美籍华人，图书馆学家、目录学家。字守和。河北徐水人。1916 年毕业于北京大学。1942年任北平图书馆馆长。

③ 林行规（1882—1944年），字斐成，浙江鄞县人。清末民国司法名人。1914年1月—1916年2月，担任国立北京大学法科学长。

④ 卢树森（1900—1955年），毕业于美国宾夕法尼亚大学建筑系，曾设计南京市中央研究院北极阁中央气象台等。

⑤ 陈植(1902—2001年)，字直生，毕业于宾夕法尼亚大学建筑系，著名建筑师。20世纪30年代，陈植与赵深、童寯组成华盖建筑师事务所。1986—1988年担任上海市文物保管委员会副主任。

⑥ 赵深（1898—1978年），著名建筑师。曾先后自己或与童寯、陈植合作开设建筑师事务所，参加或主持设计近200项。历任中国建筑学会第二、三、四届副理事长。

⑦ 童寯（1900年10月2日—1983年3月28日），满族，字伯潜，辽宁沈阳市人，毕业于美国宾夕法尼亚大学建筑系。著名建筑学家、建筑教育家。

⑧ 基泰工程司，1920年在天津创办，是我国创办较早、影响最大的建筑设计事务所之一。

⑨ 李书华（1890—1979年），字润章。河北昌黎人，物理学家、教育家，主要著作有《科学家之特点及其养育》等。

⑩ 朱家骅（1892—1963年），字骝先，浙江省湖州府吴兴县人，中国近代教育家、科学家、政治家，中国近代地质学的奠基人之一。因1931年任中英庚款董事会董事长，故与中国营造学社有密切来往。——整理者注

事。营造学社刚刚成立的时候，我们自己还没有经验，朱先生曾是内务部总长，认识不少的外国人，于是他邀请了几个搞中国建筑的外国人当社员，比如说德国的鲍希曼[1]、艾克[2]，瑞典的喜仁龙[3]（他自己起的汉文名字），还有日本的关野贞[4]、常盘大定[5]（我记得比较早的《汇刊》里面好像有成立大会的照片）。有这些人参加，当然要请他们讲讲话了。别的国家的人都相当客气，只有一个日本人，讲话很不客气（是谁啊，我忘了）。日本人说什么呢？那意思是说，中国古代的建筑，很好，很有价值，里面也包含了很多的经验、理论，需要好好地研究，但完全由你们中国人自己来研究是研究不好的，一定要日本人参加才能够研究好。为什么呢？因为中国人对新的科学技术了解得太少，更不会运用。要想好好地研究古代的建筑，就一定要用现代的科学方法，对这些古代的东西进行测量和研究，画出工程图来，但是这个工作现在只有我们日本人能做，你们中国人只能去翻翻古书，查一查书上的记载。他们非常不客气，说得非常自高自大。这以后，梁先生来学社，学社开始调查古代建筑实例，头一个就是调查、测量独乐寺。以后就一个接一个地写出高水平的调查报告了。等到出了几期《汇刊》以后，这几个日本人不知道出于什么心理，再不来营造学社了。

六、中国营造学社与外国的学术交流

F：您刚才提到学社里的几位外籍社员，似乎那时与国外有较多的学术交流？

C：与上面提到的社员老先生比较起来，那几位外国人反倒谈得来，因为他们基本的研究方法是新的，与我们采取的研究方法比较接近。他们也愿意来，听听我们的意见，交换交换看法。但是我们和外国人的交流，有一个问题始终解决不了，那就是观点太不一样了。因为他们在他们的环境里生长的，自然就跟我们有不同的看法。

F：上次您谈到他们的想法比较怪？

C：凡是他们看着觉得怪的他们就要去做。有些东西并不怪，但是他们就是觉得怪，有了兴趣，他们就去做了。我觉得那样做的话，也可以做出成绩来，但是需要很长的时间。比方说他们提到过推山，想了解它究竟是怎么个推法。中国的老先生们就是从书本上去查，而外国人的做法，就是让我来做都感觉困难。他们用高等数学的方法去研究，研究得到的结果可能是一条曲线。为了这条曲线，得列出来各种方程式，用一厚摞的稿纸演算。外国人走的这条路，中国人里面大概会有跟着走的。当然演算这是一条什么曲线，应当运用什么方程式，也不是说一点儿用处都没有，但是对建筑来说，也许是用处不大的——从建筑来说，做不了那么精确，不可能做这么精确。所以，他们搞的是那么样一个性质的研究。

关于在中国营造学社成立之前，早就有外国人对中国古代建筑开展研究了。学社刚成立的时候，就已经有好几本外国人研究中国建筑的书了，最早的好像就是那个瑞典的喜龙仁写的一本书，叫《中国的城》[6]。德国的鲍希曼、艾克这些人也常来学社，那个艾克在清华大学当教员，更常来一些。这些外国人思想很奇怪，跟中国人不一样。比如艾克就突出地表现了这种思想之奇怪。他起初研究中国建筑，后来转向研究中国的雕刻，因为现存的古建筑多半是庙，庙里面都有各种塑像、雕像，所以他弄来弄去就变成对那些雕像有兴趣了。他的研究方法奇怪得很，那个时候我们看着也有点羡慕，因为他有钱，跑到殿里面看见像他就照，而我们那时候照相都很仔细的，不随便照，因为那个时候照相是要花不少钱的，可是他不在乎。他动不动就拿这么大的大底片照了很多相片，一大摞一大摞地带到营造学社来给我们看。他说他研究了一两年以后，有一个新发现：发现每一个像（不管是哪个庙里的哪个像）的面部都是左边和右边有区别，不一样，大致是一半很高兴、很欢喜的面貌，另外半边是很忧愁、很不愉快的面貌。怎么证明呢？他可真舍得花钱，把他照的那些相片都印出来，每个图像都放到一样大的两张，然后把这两张相片中线找好，切成两半，两个是左边，两个是右边，他就把左边的两张拼在一起，把右边的两张拼在一起，然后再翻一版，再印出来。结果是：两个左半拼合出来的是笑，两个右半拼合出来的简直就是哭。至今搞不懂他为什么要作这样一个拼接试验。外国人有很多想法非常古怪，就是因为中国建筑与他们本国的建筑相差很远，所以他们就把注意力放在跟他们本国建筑不同的这一点上了。最显著的是中国建筑有个大屋顶，屋角都是翘起来

① 鲍希曼（Ernst Boerschmann, 1873—1949年），德国建筑师、汉学家、中国艺术史学者，是第一位全面系统考察和研究中国建筑的西方学者。

② 艾克（Gustav Ecke, 1896—1971年），德国埃尔朗根大学哲学博士，后任美国夏威夷大学东方美术学教授。著有《泉州双塔——中国晚近佛教雕塑研究》等。

③ 喜龙仁（Osvald Sirén，1879—1966年），芬兰瑞典籍艺术史家，著有《5至14世纪的中国雕塑》（*Chinese Sculpture from the Fifth to the Fourteenth Century*）等。

④ 关野贞（1868—1935年），日本建筑史家，著有《支那文化史迹》《朝鲜古迹图谱》等。

⑤ 常盘大定（1870—1945年）日本宫城县人，日本古建筑学家。著有《支那文化史迹》等。

⑥ 似指《北京的城墙和城门》。参阅：[瑞典]喜龙仁(Osvald Sirén)：《北京的城墙和城门》，林稚晖，译，北京，新星出版社，2018。

的（南方建筑翘得更厉害）。还有屋脊上的装饰，在北方还不大显著，在南方砖雕的，泥塑的，各种各样弄得很热闹。外国人特别注意这些与他们不同的东西，我想这是很自然的现象——我们要到了外国去，恐怕最容易看到的也是跟我们不同的地方。他们的研究就从这个地方下手，力图找出它的原因或起源来。比方说，对于屋顶四个角翘起来，外国人最早的说法是：这是从古代帐篷变来的。帐篷不是有方形的吗？四个角栓起来挂着，结果就是四个角翘起来了。于是他们认为中国远古的时候是住帐篷的，所以到现在这个屋顶的样子还是一个帐篷的样子——他们就得出这样的结论。

这是举一个例子，但是这种东西在我们看来，只是表现了外国人的好奇，并不是真正研究这一门学术的方法。

值得注意的是一些日本学者的研究方法。日本人对中国建筑理解得比较深入，因为日本很多古代建筑跟中国建筑是一个系统。日本人的研究方法，他们研究的那些东西，在营造学社成立初期的时候，对我们是起过作用的。就是在我们还什么都不知道的时候，他们已经做了一些了，他们的成绩对我们很有启发，有些具体的方法还可以借鉴，我们也得到过他们研究的一些好处。但是时间长了就发现它的缺点：因为日本的历史基本上都跟中国有联系，他们就养成了一种习惯，凡是历史上的问题，都要跟中国的历史联系上，对上了以后就高兴得不得了，认为解决了。而且他那个所谓对上了，跟我们的看法还不一样。我们的看法是比较大轮廓的，大致了解到日本的法隆寺等与中国的一些建筑有近似之处，是一个发展系统的东西。知道是这么样的史实就差不多了，可以在此基础上探讨更深入的问题了。但日本的一些学者往往做到这个程度还不满意，继续不厌其烦琐地考证下去，反而影响了一些本质问题的纵深探究。比如有位日本学者研究斗拱上的蚂蚱头，蚂蚱头到底是什么样，怎么做。他可以把所有建筑的蚂蚱头都详详细细地测量出来，有多少就画多少，写过一本专门讲蚂蚱头的书，大概是画了一百多种，有中国的，也有日本的，然后就作分类，找它们的系统，找它们的时代。对同样的问题，我们会集中注意力在最有代表性的几个例子上，比方说宋代的建筑基本上是什么样，元代的是什么样，明代的是什么样。他不是，他弄得那么细，看见有新的还得往上加，以前的工作又得重来一遍。这种方法有陷入“烦琐哲学”的危险，缺点是没掌握好分寸，往往走进岔道，偏离了主干还不自知。日本现在研究建筑历史很有名的田中淡[①]（翻译过《中国古代建筑史》）也多少有这个倾向。还有一个日本的老先生，比我岁数大，名叫竹岛卓一[②]。他晚年时候研究《营造法式》，出版了一本《营造法式之研究》，这么厚三本。他很细致，缺点是不怎么接触实际例子。对于日本学者的论文和著作，可以当作资料库查阅资料，但不要模仿他们的方法。

① 田中淡（1946—2012年），日本建筑史学者。著有《建筑史の研究》等。
② 竹岛卓一，日本建筑史学者。著有《营造法式の研究》等。

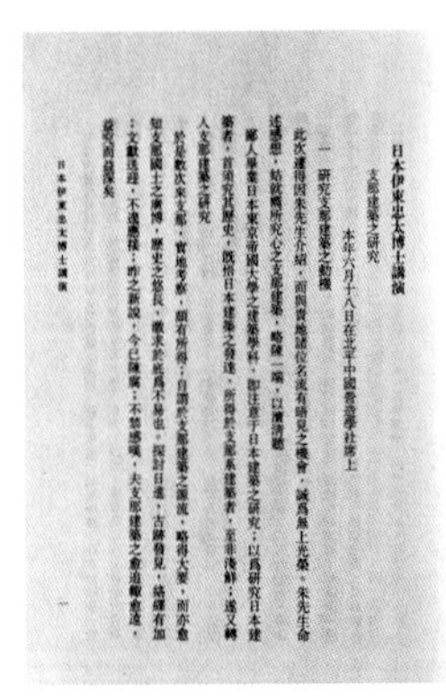

学社汇刊刊载的部分外国学者之文论1

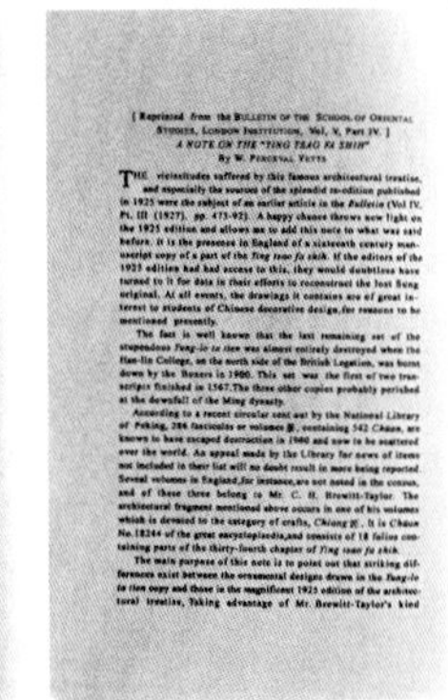

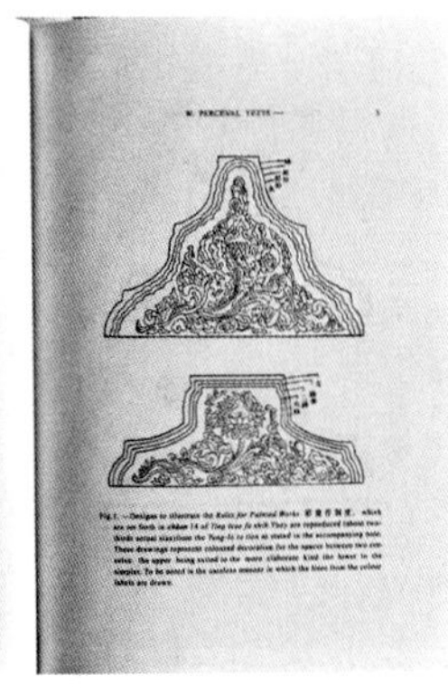

学社汇刊刊载的部分外国学者之文论2

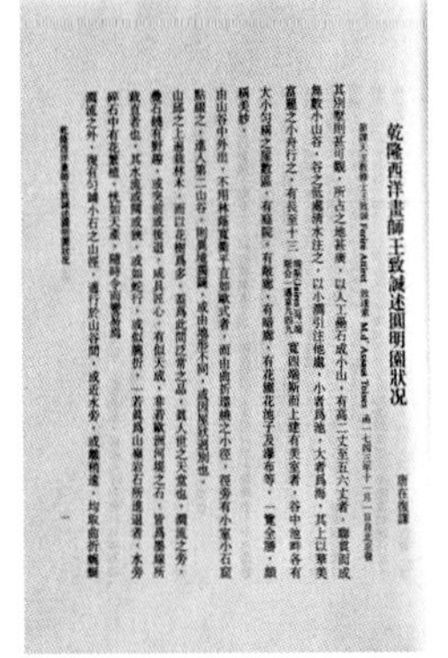

学社汇刊刊载的部分外国学者之文论3

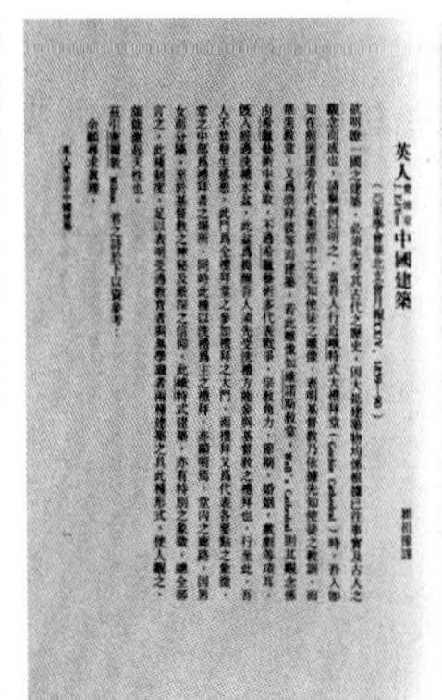

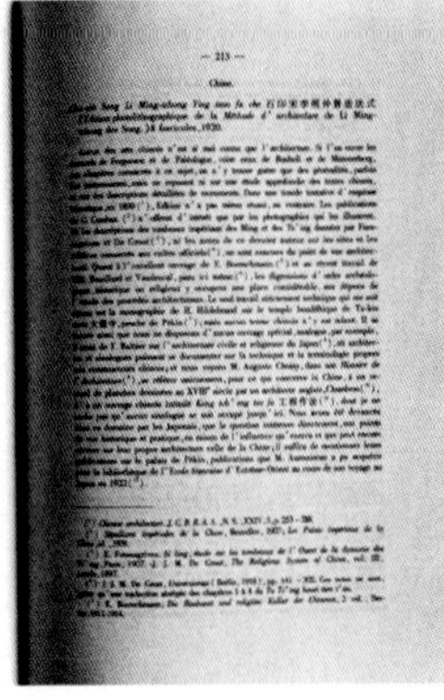

学社汇刊刊载的部分外国学者之文论4

七、营造学社的研究成果

F：我们都很想听您谈谈学社的历史功绩。

C：首先是我们自己要明白我们对于中国古代建筑究竟知道了多少，懂得了多少，也就是说，我们现在在古代建筑研究方面的水平有多高。包括我自己，一定要心里清楚。我看你们的提纲里面有那么一条，说我们营造学社的研究达到了很高的水平，国内外都很著名。好像有这么一条吧？

F：是这样的评价。

C：你们这一条的内容恰恰是一般人对学社的看法。实际上在我看来，学社的水平并没有那么高。为什么大家觉得有那么高呢？那是相对而言的，大家都不知道而你知道了，于是就觉得你水平很高了。比方说，随便一个人到故宫太和殿去，问他这叫什么，那叫什么，他说不出来，而我们学社的人到那儿可以没完没了地给你说，你就觉得了不得了。实际上深入一想，这不算什么，这是很表面的东西，简单一说你就知道了。外国人也是这样，他不知道这些东西，你跟他一说，他就知道了，而且他会更觉得了不得。为什么呢？他只看见那些东西稀奇古怪，他有兴趣。各种各样的建筑他都看见过，而这些是他没见过也想不到的。跟他们一说，他就觉得深奥得不得了。于是乎，现在变成营造学社的人是专家，所了解的东西天下第一。这是相对的。绝对地来说，不应当这么看。到了现在，更应当如实地看待这个问题。

F：当然还在发展，还要继续研究啊。

C：问题就在这里。很多人不求发展，或者觉得我知道了你所不知道的，这就行了，就够了。当然也不能简单地怪这些人不求上进，不想发展——实在是因为这些东西深一点就不容易理解了。事实上，我说有些东西我们知道的只是表面，这不是谦虚的话。再深一步，怎么深入呢？实在是不容易。很多问题就等于停在“认识了表面现象”这个阶段。从整体来说，1949年以后很长一段时间处于一个停顿的状态，一直保持在以前营造学社所达到的那种状态。当然也不是一点进步都没有，但比起营造学社“从无到有、逐渐丰富”的那个阶段要慢得多。所以，将来要想办法去提高。

F：那还是请您先谈一下营造学社的“从无到有、逐渐丰富”的阶段好吗？

C：总的来说，这也有一个历史发展过程。这个过程可以说是从梁思成先生、刘敦桢先生到营造学社以后开始的，缘于我们在《中国营造学社汇刊》上发表的几个实测的建筑图产生了影响。建筑界，尤其是那个时候私人办的设计事务所，像基泰工程司等等，他们看到了我们初步的成绩——测量古代建筑的成就，提出要求，希望能为他们的设计提供参考图样。那个时候有一批外国建筑师也喜欢搞一些有中国味道的建筑，甚至有几个外国人还在中国办了几所学校。

F：教会学校?

C：也可以说是教会学校吧，比如燕京大学，也有不是教会的，比方说北京的中法大学（法国人开的，看过没有？就在现在的文化部附近，沙滩红楼东边那条南北向的街上）。外国人盖的一些教堂中最显著的就是王府井大街北头的那个教堂[①]，它是最早由教会建造的中国风建筑。这类建筑有很多，我们这儿附近有一个小教堂，也是那种建筑。以后到了建造协和医院，就更中国化了。那个时候很多外国人喜欢造这样的有中国味的建筑，于是很多建筑师就对营造学社提要求，希望提供给他们一些资料，作为他们设计时候的参考。在这个要求之下，营造学社就出版了一套参考图集，叫《建筑设计参考图集》[②]，是根据建筑设计要求为他们出的读物，关于斗拱怎么做的，柱础怎么做的，等等。对当时的建筑师来说，因为他们本来一点儿都不知道，现在提供了图书，具体怎么做的图都有了，所以他们很满意。但是从学术上讲，它并不能算是有很高学术价值的东西，只是影响的面大，所以就有了声誉。

F：能否举几个例子说明?

C：我曾讲过，营造学社的主要工作是针对那两本书（清代的《工程做法》、宋代的《营造法式》）进行研究，另外还做了很多事情。比方说，梁思成、刘致平等编了一个参考图集，是应建筑师们的要求编的。还有一个，中央研究院的历史语言研究所预备全面地研究故宫的整个历史，包括建筑，因而要求我们协助把故宫整个测出来。这个要求我们接受了，而且已经开始做了一部分工作。故宫中轴线上的前部（包括三大殿），我们差不多已经测量完了。只差一小部分，就遇上七七事变了，那个工作也就停了。以上是一个性质的——协助其他单位的研究。再有一个，就是与国家机关的合作。那时候政府要做几件事情：要修理曲阜孔庙，还有杭州风景区的古建筑。这些我们都答应了，将孔庙全部测量了一遍，检查并提出了修理的方案（这个在《汇刊》上有一篇详细的文章[③]，第六卷第1期）；还做了一个杭州六和塔复原的计划[④]（《汇刊》上也登了，第五卷第3期）。还有一个是西安有名的灞河石轴桥[⑤]，测量了，做了一些研究工作，但是还没有提出修补计划，因七七事变就都停下来了。这些都是接受外面的任务，不是本来的研究计划。这也是一种性质的工作。

F：这些工作已经很让我们这些后学钦佩了，还不算成绩吗?

C：是工作成绩，但在学术研究水平上，并没有你们想象的那么高——至少不代表学社的研究进展。事实上，中国营造学社的学术声誉，主要来自两个阶段取得的调查、研究成果。1932—1937年是一个阶段，

① 全称为“基督教中华救世军中央堂”，简称“救世军”。位于北京王府井大街28号。

②《建筑设计参考图集》由梁思成、刘致平编纂，共10册，中国营造学社于1935、1936年陆续出版。

③ 梁思成：《曲阜孔庙之建筑及其修葺计划》，载《中国营造学社汇刊》第六卷第1期。

④ 梁思成：《杭州六和塔复原状计划》，载《中国营造学社汇刊》第五卷第3期。

⑤ 刘敦桢：《石轴柱桥述要》，载《中国营造学社汇刊》第五卷第1期。

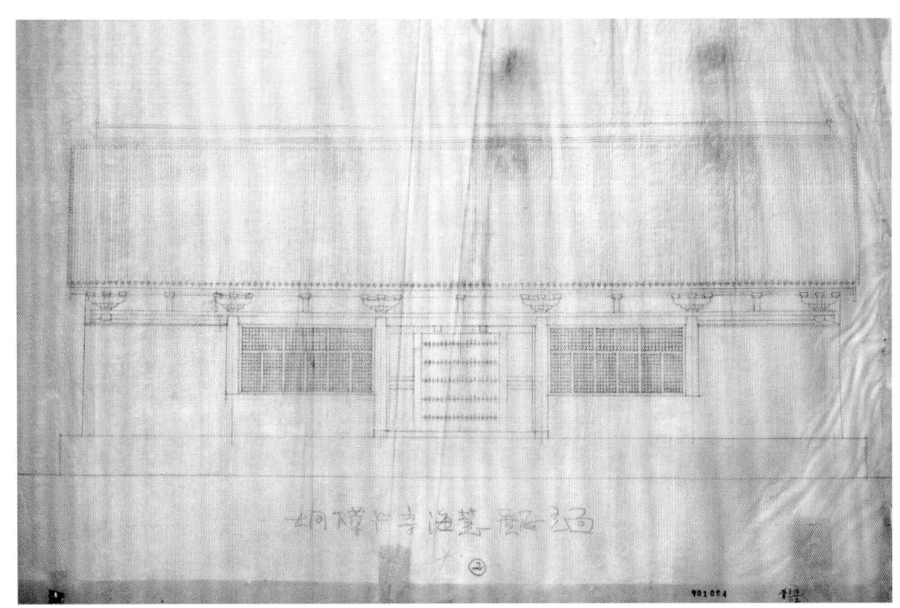
学社部分成果——测绘图1—海会殿图（莫宗江绘）

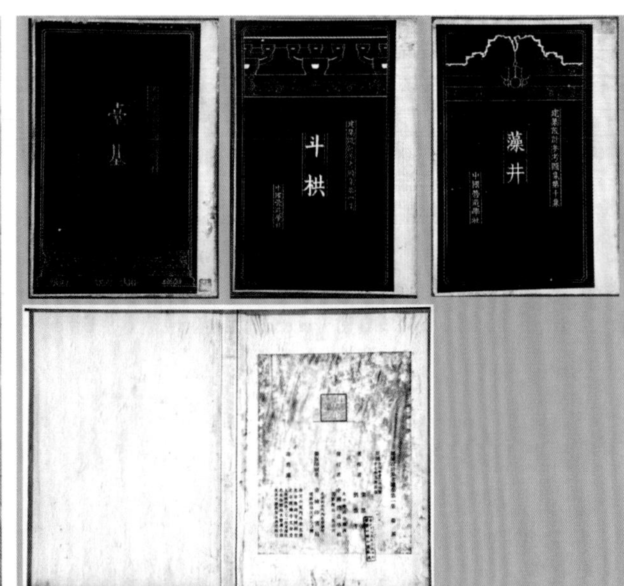

学社部分成果——抗战前出版的部分建筑设计参考图集

学社集中力量（昨天已经讲了）做两个事，一个是画工程作法图，一个就是测量实物。测量实物主要是为了知道宋代的东西，就这个目的。那个时候，各种工作目标都是冲着这个来的。其结果是，我们对清代的东西了解得比较多了，但了解得多了还不足。我们所了解的是看得见的形象，表面上的东西，而具体实践的东西知道得还不多：究竟这个房子是怎么盖的，柱子是怎么做的，梁是怎么做的……不要说我们拿起工具不会做，就是让我们讲它是怎么做的，都讲不出来，在实践上不知道。我们开始对建筑实践有一些认识，那是在什么时候？大概已经是中华人民共和国成立后的五几年了吧。那个过程就是制作古建筑模型。从前我们在营造学社的时候也做模型，但那个时候坐在办公室画图的时候多，具体去做模型的时候少。做这个模型的时候，我差不多天天去看，看看老师傅们是怎么做的。从那个时候开始才对实践有了一些理解。这是一个方面。

第二个方面，对明清以前的东西，就是想在这本《营造法式》里去了解。比方说，打开这本书，你看看里面都是什么东西？这些名词你都知道吗？

F：有的知道，有的不知道，大部分不知道。

C：那个时候就是这样，谁也不知道。不但我们不知道，梁公、大刘公也不知道，谁都不知道这是怎么回事。所以一直努力想把这本书读懂，知道它到底说了些什么。结果呢，我们从这里开始，从第四卷（大木作制度一）开始，什么叫材、栱、飞昂、斗……从这里开始，一样一样地逐渐把这些名词搞通，搞懂。所谓搞懂是怎么个懂法，就是能够把调查实例所看到的具体的实物跟这个书上的文字对上号。拱是什么东西，具体是什么样的，对不上号，后来慢慢地对上了。这就是我们的工作成绩，也可以说我们在全面抗战以前全部的成绩——基本上能把实物所见与《营造法式》的文字对应上了。

八、陈明达先生个人的研究工作点滴

略。

九、关于陈明达先生所撰写的两本专著

略。

十、我近期的一些思考——关于东西方的建筑观念等

（一）问题的提出

C：下面要讲的其实主要是中外不同的建筑观念。

在营造学社工作时还不觉得这是一个突出问题。为什么呢？在那样的社会条件下自然就形成了这个现象：社会上搞建筑的，尤其是建筑师事务所，都是洋人最早发起的，后来中国人也有了自己的建筑师事务所——中国留学生回来了，梁公、大刘公都是留学生，受国外的影响自然就很深。因而建筑行业的那一套东西都是洋的，但当时并没有觉得这里面有什么矛盾，反过来，倒是觉得有些洋人喜欢修中国味儿的东西很有趣。

那个时候我们的目标就是要研究中国建筑，这比较明确。但研究中国建筑的目标究竟是什么，开始的时候很不明确，也可以说这个问题是一步一步明确的。现在回想起来，觉得这样倒好。为什么呢？因为这样，它的发展过程倒是从实践当中感觉出来的。当初的做法要是拿现在的观点来看，叫作盲目，盲目地做，没有明确的目标，觉得中国建筑好像是有点东西，到底是什么呢，说不出来，那就先去作实际调查，看看到底有些什么，就是这么个目标。先是了解清代的建筑是怎么回事，然后才了解更古的建筑和《营造法式》。那个时候所要达到的目标比较简单，就是希望看到一个东西能够说得出来，叫得出来，这是什么，那是什么，那是怎么回事儿。除此之外，还有些不是工作上的而是学术上的东西要做。我们出去测量，休息的时候跟梁公、大刘公我们三四个人就聊聊学术问题。许多问题都是在工作的间隙里学习、交流出来的。比方说，西方建筑三原则——坚固、适用、美观，还有构图、对比、比例等等。按《建筑十书》里所说的，即外国人总结出来的东西，对照着我们的古建筑，我们对西洋建筑学体系就有了一些自己的看法和想法，同时也不知不觉地开始思考我们自己的学术体系了——逐渐发现沿用西方的学术观念，似乎一些中国的建筑现象并不好解释。

F：发现了中国和外国在建筑学上的矛盾?

C：原来我们没有感觉，但是现在有了感觉，这也是逐渐明确的感知过程。就拿我来说，我从五几年开始有这个比较明确的感觉，到现在是八几年了（你想想多少年了），我现在才彻底想通了这个矛盾是怎么回事。

从学术上说，就是我们的基本概念没转过来。基本概念是什么概念？我们已经有的基本概念是外国的，是西洋的，包括我说的那些基本概念，如“坚固、适用、美观”，“比例关系”等等。甚至于什么叫建筑，你查《辞源》，也没有肯定说建筑到底是什么东西。你要再追下去，“建筑”这两个字是怎么来的，会发现建筑不是中国名词，是日本人翻译过来的。所以回想起来，有些老先生（极少数的老先生）思想比我们进步，现在看起来都比我们进步。创办营造学社的朱先生，那时候就了不得。他为什么给学社起名叫“中国营造学社”而不叫“中国建筑学社”？那个时候他就考虑这个问题了。建筑不是中国的名词，营造倒是中国的名词，应

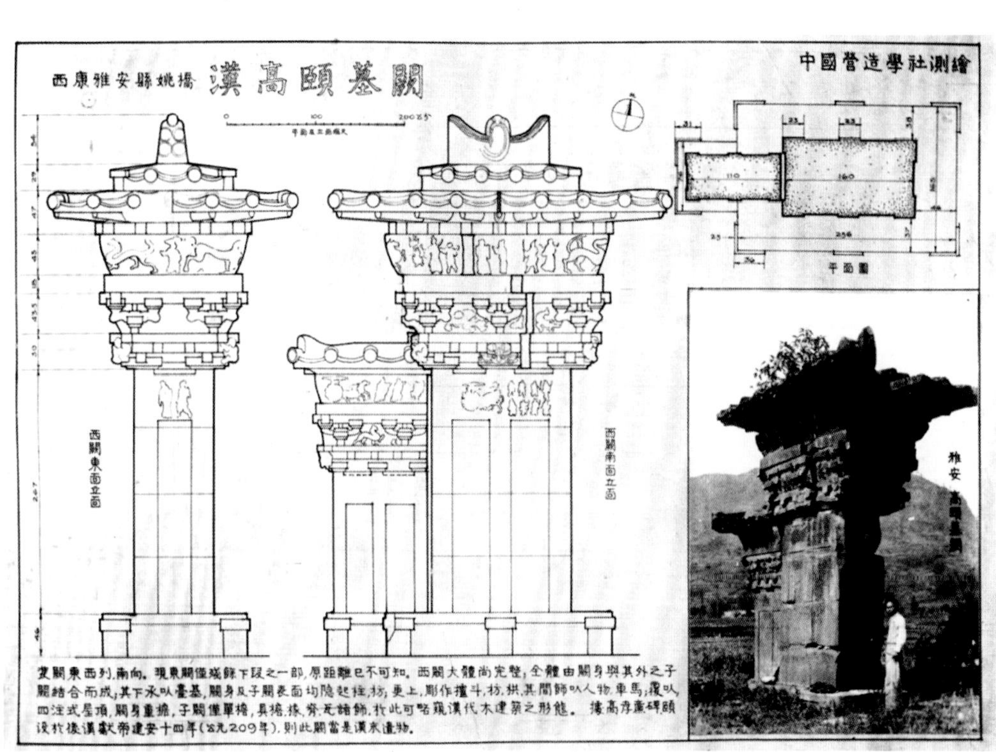

学社部分成果——抗战期间的测绘图

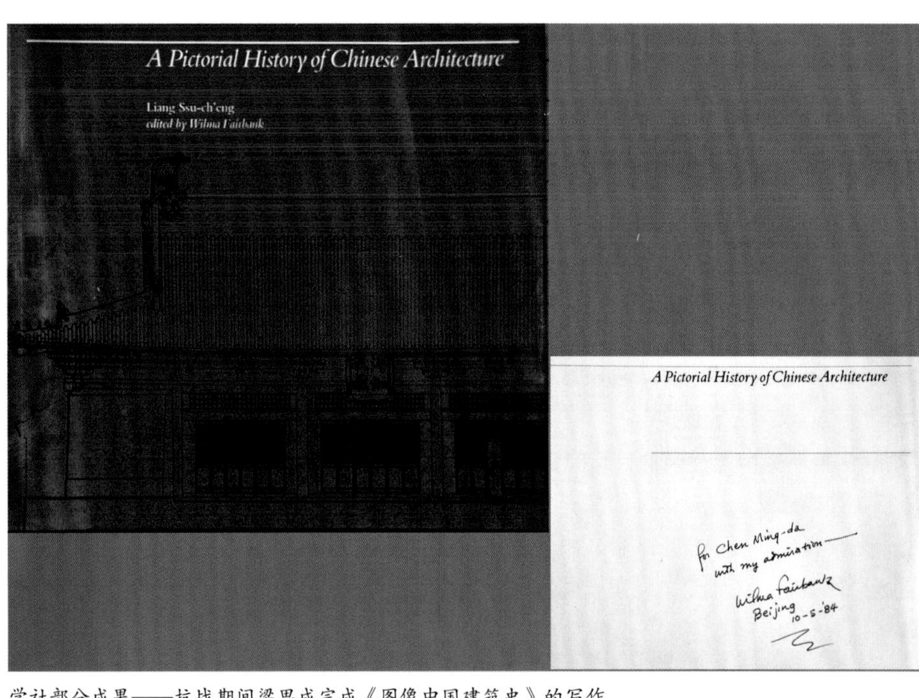

学社部分成果——抗战期间梁思成完成《图像中国建筑史》的写作

当从这一点上去追寻，追索中国古代对建筑究竟是怎么看的，也就是说，要把中国人原有的这个概念搞清楚。现在一谈起来建筑有几种说法，一种说建筑是艺术，一种说建筑是技术，再有一种说一半一半……到底中国古代是不是这么看的，没有人去注意。我们搞了半天历史也没把这个问题搞清楚。我想如果去搞，也不是搞不清楚，是到现在这个问题才暴露出来——中西方不同的问题。这个问题我们还没有认真地接触。现在应当认真地接触并解决这个问题了。

能够想到这个问题，也有个过程。大概新中国成立前几年我改行去搞建筑设计、城市规划。新中国刚成立时，反对建筑设计和施工分开，要并在一起，从设计到施工都要做到完工。我在重庆做了几年建筑设计和城市规划，到1953年又调回北京，回过头来重操旧业，这个时候我忽然想到再搞下去好像没什么可搞的了。实际上，是按照我们过去的办法"没有搞头"了——我们不就是认识那些表面的东西吗？知道它的长短高矮，认识到这个程度以后就饱和了。还有少数不认识的，那就很困难，解释不了，要费很大劲去搞，但这也只是量的积累，没有什么认识上的突破。细想想，事实上还有好多工作要做：你光知道它的名字还不行，你还得知道它的内容。你得一步一步去搞，要知道它的内容，这是一个非常艰巨的工作，得一点一点去探讨。比如我研究这个材、份，现在基本上把材份制搞明白了。这是从1955年以后开始搞的，也花了20多年，知道什么叫材份了，当然还知道一些别的东西。就是要改变一种观念，所谓改变其实是把它推进。有的看似已经到了头了，得把它继续推进。推进的同时，还要把一些老的概念扔掉。这个倒是应了古人所说的"不破不立"。

（二）几个具体问题

略。

（三）回到刚才提出的问题上来

当时建筑界的大部分人，连同各个大学建筑专业毕业的学生，接受的基本上是西方的教育，你买本《建筑十书》翻一翻就知道了，有好多东西就是从那里面来的，是西方人研究了他们自己的古代建筑总结出来的。

反过来说，我们现在应当明确我们的研究目标是什么，也就是说，我们应当从我们自己的古代建筑里面总结出一套东西来——这是我们的目标。说得简单点，就是我们要找出我们自己的、原有的建筑史、建筑理论、建筑学，要找出这一套东西来。一定有，但是未必有完整的文字留下来。可以从零零碎碎的书上找，有时候哪怕是一句半句都有用，何况还有一个比较全的《营造法式》。《营造法式》之所以看起来难懂，就是有好多东西它没有讲，一个字没写，你得去猜。过去说是猜，现在不是猜，我们应当掌握一种方法，掌握了它的规律之后去念它，这就好像现在翻译密码，破解了密码，你才能够懂它到底讲的是什么。我们相信能够找出一套古代的建筑学来。真正把这套中国古代的建筑学找出来，我们基本的工作才算是差不多了。

为什么相信一定有呢？事实上，中国人很重视这个东西，不是不重视。其他各门科学都有，为什么就是建筑没有？是它没有传下来，丢掉了。因为历史很长、注意它的人少等原因，它没有传下来。还有一些东西传下来了，但不是由文字传下来的，是口传的。师父教徒弟，徒弟成了师父后再教徒弟……有些传下来的东西，传了一两千年了，时间久了，就传走样了的也有。这也得考虑。我就常这么想：你得动脑筋想，但不能把想出来的东西当成真的。比方说，老师傅有一句话叫作"檐不过步”，什么意思呢？就是出檐的长度不超过一个步架。现在你去量，差不多是对的，是“檐不过步”。不过，从这个分析来说，它是从这儿到这儿是13材，要按“步”来说，它是两步，这是对的。（陈先生起身找出另一张图指示着）……檐不过步，这是一步，这也是一步。《营造法式》里有，出跳最多是出五跳，出五跳就是150份，150份就是一步。所以，这是两步，这两步等于一稍间，13材。所以，我就在想，“檐不过步”是一种提法，还有一种更大的提法是“檐不过间”，连同斗拱的出檐不超过一间，可能有这么个传说，但没留下来。事实上《营造法式》里面就是这样的。在《营造法式》里面，标准的间等于两椽，也就是两步。因此，把很多这种迹象放在一起的话，也可得到一些东西，可以作参考。

中国人传统的学术观念中，有一个很特殊的东西——阴阳，中国人喜欢讲阴阳。这个阴阳是从什么地方来的呢？它是从太极图来的。你知道太极图吗？

1931—1944年之《中国营造学社汇刊》

F：听说过，但不太清楚。

C：太极图，让我详细说也说不出来。太极图就是一个圆分成两半的那个图形。有那么一套话：“易有太极，是生两仪，两仪生四象，四象生八卦……”中国的好多哲学概念都是根据阴阳五行推演来的。过去认为阴阳五行是一种迷信，这两年慢慢地有人研究了，得到一些结果。这个阴阳五行说实际上是一种哲学概念。现在出的这方面的书不少，你也可以看看讲中国古代哲学的书。譬如医学，中国的医学讲阴阳，若是病了，从大夫那里你会了解到有阴性的病（寒性的病），有阳性的病（热性的病）。过去看中国的医学书总觉得这些是迷信，现在逐渐地明白了，它是一种哲学语言，是根据多少经验积累起来的。过去西方人最不相信的，认为这是胡闹的，现在也相信有它的道理了。我相信中国古代在建筑方面也一样，一定有一套见解，就是丢掉了没有传下来。我们现在可以看出来一些痕迹，像我刚才讲的材份等等，都是重要的痕迹。可以循着这些遗迹，慢慢地找出来它的本来面貌。这是我们研究建筑史的最高目的。但是现在要注意，决不是一步可以走到的，有很多具体问题，研究清楚了才能一步一步达到这个程度。

有个问题要特别小心，就是彻底跟西方建筑划清界线。不是说西方的好，中国的不好，或者中国的好，西方的不好。现在首先要搞清楚中国原有的东西到底有什么，从学术根基上厘清东西方建筑在文化观念上的差异。对我们中国来说，我们中国人自己盖房子到底是什么概念，到底有些什么东西，要一点一点去找，把它找出来。我们做的就是这个工作。过去在营造学社的时候没有这么提，因为那个时候还没有明确认识到这个问题。

成丽整理第一稿

2008年2月28日—3月10日

殷力欣整理第二稿

2012年12月28日—2013年1月14日

殷力欣整理第三稿

2019年12月25日—2020年5月2日

Brief Compilation of the Annual Table of the Society for the Study of Chinese Architecture (Appendix “A Set of Images on the History of China Construction Society”)

中国营造学社年表简编（附录“中国营造学社历程影录”）

CAH编委会（CAH Editorial Board）

	时间	大事记
学社筹备及第一阶段	1919年	朱启钤先生在南京江南图书馆发现宋代李诫编著的《营造法式》（丁本）
	1920年	经朱启钤推荐、协商，商务印书馆影印重刊丁本《营造法式》
	1925年	自1921年起，朱启钤组织陶湘等版本名家将丁本《营造法式》与其他版本互校，于是年刊行仿宋本《营造法式》，世称“陶本”。 朱启钤集合同人，致力于营造学研究，于1925年成立营造学会（自言“民国十四年乙丑创立营造学会，与阚霍初、瞿兑之搜集营造散佚书史，始辑《哲匠路》”），此私人研究机构，即中国营造学社的前身。 至少自1925年起，朱启钤已开始重金聘请传统工匠（如大木匠师路鉴堂等）用传统方法绘制建筑图样（大小木作、彩画作等），工作地点设在朱启钤宝珠子胡同私宅内。 1925—1929年，阚铎、瞿兑之等已开始查阅古文献中的建筑记录，编纂《营造词汇》（未完成，部分手稿收藏于今中国文化遗产研究院）
	1929年	1929年春，朱启钤在天津“发起组织本社”；6月，向中华教育文化基金董事会申请经费补助；7月，获该会批准
	1930年	2月16日，朱启钤撰文《中国营造学社开会演词》（刊载于是年7月创刊的《中国营造学社汇刊》第一卷第1期）
	1931年	学社设文献和法式两部，由阚霍初、梁思成分任主任。 参与维修故宫南面角楼。 梁思成、单士元、莫宗江等于是年加入学社
第二阶段	1932年	刘敦桢加入学社，任文献部主任。 3月，梁思成编著《清式营造则例》脱稿。 春，梁思成等赴蓟县调查独乐寺，后撰写《蓟县独乐寺观音阁山门考》，此乃引进西方科学方法研究中国传统建筑的开山之作。 6月，梁思成等考察宝坻三大士殿。 梁思成、刘敦桢、蔡方荫受故宫博物院委托，拟定文渊阁楼面修理计划，并按计划进行修葺。 梁思成拟定北京内城东南角楼修葺计划。 陶湘发现《营造法式》故宫抄本，经与丁本、四库本等互校，发现已刊行诸多版本中的若干遗漏。 刊行[元]薛景石著《梓人遗制》。 谢国桢、邵力工、陈明达等于是年加入学社
	1933年	4月、11月，梁思成、林徽因、莫宗江等两次调查正定、赵县等地古建筑，其中正定隆兴寺（摩尼殿、转轮藏殿等）、县文庙、开元寺钟楼等为此行的重要发现。 9月，梁思成、刘敦桢、林徽因、莫宗江等第一次赴山西调查大同上下华严寺、善化寺、云冈石窟、应县木塔等重要古建筑实例。 北平市工务局修理鼓楼平座及上层西南角梁，邀学社协助设计，由刘敦桢、邵力工前往查勘，并绘简图说明书，送工务局。 陈仲篪、王璧文等于是年加入学社

续表

	时间	大事记
第二阶段	1934年	1月，北平市文物整理实施事务处，函聘学社为该处技术顾问。 8月，梁思成、林徽因等第二次赴山西晋汾地区，初步调查太原晋祠、赵城广胜寺等十几处古建筑。 9月，刘敦桢、莫宗江、陈明达第一次赴河北西部，调查各类型古建筑约20处，重要者计有易县清西陵、开元寺辽代三殿，定兴北齐石柱、元代慈云阁等。 10月，梁思成受邀赴杭州商讨六和塔重修计划，借机会同刘致平、林徽因调查浙江杭州灵隐寺宋代石塔、宣平延福寺、金华天宁寺大殿等古建筑。 梁思成受中央古物保管委员会之邀，为蓟县独乐寺拟就修葺计划。 为故宫博物院拟修理景山万春、缉芳、周赏、观妙、富览五亭计划。由邵力工、麦俨曾勘察实物，绘制图表，梁思成、刘敦桢二人拟就修葺计划大纲。于1935年12月竣工。 是年应多家客户的不同需求，制作多种古建筑模型，如独乐寺观音阁整体模型、各种典型的辽金斗拱模型等。 是年开始，梁思成、刘致平编辑《中国建筑参考图集》。刘致平、麦俨曾、赵法参、纪玉堂等于是年加入学社
	1935年	2月，梁思成为拟定曲阜孔庙修葺计划，率莫宗江等作实地考察。后作《曲阜孔庙之建筑及其修葺计划》，阐述其文物建筑修缮观念及古建筑年代鉴别方法。 5月，梁思成第一次赴河南调查安阳天宁寺塔、雷音殿等古建筑。 5月，刘敦桢率陈明达、赵正之第二次赴河北西部调查古建筑，重要遗存计有安平圣姑庙，曲阳北岳庙德宁殿（元），定县开元寺料敌塔、考棚、大道观，蠡县石轴桥等。 8月，刘敦桢调查苏州古建筑及古典园林，重要者计有玄妙观三清殿（宋）、罗汉院双塔（宋）、虎丘云岩寺塔（宋初）、二山门、府文庙（宋）、留园、拙政园、木渎镇严家花园、环秀山庄等。 10月，刘敦桢率陈明达、邵力工、莫宗江测绘北平护国寺；后又率陈明达调查北平妙应寺白塔等六座藏传佛教佛塔。 梁思成、刘敦桢出任南京中央博物院建筑设计项目顾问，莫宗江、陈明达为该项目绘制古建筑构件图样。 刊行梁思成著《清式营造则例》。 刊行[明]计成著《园冶》
	1936年	5月14日—7月11日，刘敦桢率陈明达、赵正之第二次赴河南，调查豫西北13县古建筑200余处。其中重要者计有济源济渎庙、奉仙观大殿，登封汉代三阙、中岳庙、少林寺初祖庵、嵩岳寺塔，告成镇周公测景台，汜水窑洞式民居，修武胜果寺塔，博爱明月山宝光寺，巩县石窟寺，开封铁塔、繁塔等。其间，5月28日—6月2日，刘敦桢等在洛阳与梁思成、林徽因会合，对龙门石窟作专题考察。 6月，梁思成、林徽因第一次赴山东调查中部11县100余处古建筑，重要者有历城神通寺四门塔、长清灵岩寺、济宁铁塔寺、泰安岱庙、邹县亚圣庙等。 8月，梁思成率莫宗江、麦俨曾等第三次赴山西调查晋汾地区古建筑，重要者计有太原永祚寺大殿暨双塔、晋祠、天龙山石窟、太古万安寺大殿等。 10月，刘敦桢率陈明达、赵正之第三次赴河北、河南，第二次赴山东调查。重要者计有新城开善寺大殿、涿县辽代双塔、邢台开元寺、磁县南北响堂山石窟、武陟法云寺大殿、肥城汉郭巨祠等。 11月，梁思成率莫宗江、麦俨曾第一次调查陕西古建筑，重要者计有西安慈恩寺大雁塔、长安县香积寺塔、兴平县霍去病墓等。 梁思成为中央古物保管委员会拟定赵县大石桥修葺计划，并赴赵县复勘桥基结构。 学社应蒙藏委员会邀请，参加北平护国寺修理工程。 4月在上海市博物馆举行中国建筑展览会，展出学社所摄历代建筑图片300余幅、所制作观音阁模型及十余座历代斗拱模型、所绘制古建筑实测图60余张，并由梁思成作题为“我国历代木建筑之变迁”的讲演
	1937年	3月，学社为保护正定隆兴寺佛香阁宋塑壁，于1936年向中英庚款董事会申请专款修葺，经该会拨款四千元。由刘致平携同工匠一名再度复勘，并设计保护方案。 6月，中央古物保管委员会与中央研究院负责修理河南登封告成测景台，由刘敦桢拟就修缮计划。 5月，刘敦桢率赵正之、麦俨曾第四次赴河南,第二次赴陕西调查。其中重要者计有西安大小雁塔、咸阳顺陵、宝鸡东关东岳庙、渑池鸿庆寺石窟、汤阴文庙、岳王庙等。 6月，梁思成、林徽因、莫宗江、纪玉堂第四次赴山西，调查五台山佛光寺及榆次永寿寺雨花宫。其中，山西的五台山佛光寺大殿被确认为唐代建筑，其发现意义重大。 1934—1937年，梁思成、刘致平编辑《中国建筑参考图集》共出版10个专集：台基、栏杆、斗拱（2集）、店面、柱础、琉璃瓦、外檐装修、雀替、藻井。 七七事变后，梁思成、林徽因、刘敦桢、刘致平、陈明达、莫宗江等离开沦陷的北平向南方转移；离开北平之前，朱启钤、梁思成、刘敦桢三人共同负责，将学社历年积累的测绘、摄影资料存入天津麦加利银行；滞留北平者，朱启钤继续以社长名义留守并拒绝与日方合作，王璧文等离开学社另谋他就

续表

	时间	大事记
第三阶段	1938年	中国营造学社西南分社在昆明成立，成员计有梁思成、刘敦桢、刘致平、陈明达、莫宗江五人。社址初在昆明循津街“止园”，后迁往市郊龙泉镇。 10月，刘敦桢、刘致平、莫宗江、陈明达调查昆明古建筑50余处，重要者计有土主庙、建水会馆、真庆观大殿、东西寺塔、筇竹寺、文庙、大德寺双塔、妙湛寺金刚宝座塔、松花坝、鸣凤山金殿等。 11月24日至次年1月25日，刘敦桢、莫宗江、陈明达三人作为期两个月有余的滇西北古建筑调查。此行共踏访9县140余处古建筑，重要者计有大理崇圣寺三塔、浮图寺塔、白王坟、西云书院、元世祖平云南碑、观音堂，丽江玉皇阁、忠义坊、宝积宫、皈依堂、大定国寺、民居，鹤庆旧文庙，宾川鸡足山金顶寺金殿、华严寺、悉檀寺，凤仪鸣凤书院，镇南文昌宫、彝族井干式木屋，姚安德丰寺，楚雄文庙，安宁曹溪寺等
	1939年	8月26日至次年2月16日，刘敦桢、梁思成、陈明达、莫宗江等开始为期半年的川康古建筑调查。此行重要发现计有：雅安、梓潼、绵阳、渠县等地汉代石阙，以高颐阙、平阳府君阙、冯焕阙等为典型；彭山、乐山、宜宾、绵阳等地汉代崖墓；夹江千佛崖、广元千佛崖、大足北崖、乐山大佛等历代摩崖造像；峨眉飞来寺飞来殿、新津观音寺、成都清真寺、灌县二郎庙、珠浦桥、广汉龙兴寺、梓潼七曲山文昌宫、南充西桥、阆中清真寺、蓬溪鹫峰寺兜率殿及白塔等各类古建筑。 是年天津水灾，学社存放在麦加利银行的历年测绘资料损失惨重
	1940年	冬，随中央研究院历史语言研究所迁往四川南溪县李庄
	1941年	是年起，学社因无力量外出野外调查，遂集中精力整理西南地区的调查资料。 刘敦桢先后撰写完成《西南古建筑调查概况》《云南之塔幢》《川康至汉阙》等文稿。 经与国民政府教育部协商，营造学社主要成员编入中央博物院筹备处，梁思成、刘敦桢分别担任中央博物院建筑史料编纂委员会主任、副主任，陈明达、莫宗江任史料编纂专门委员。 为保存古建筑重要实例的完整资料，并着眼于战后重建之需，是年开始绘制重要的古建筑模型图。 卢绳、叶仲玑、罗哲文于是年加入学社
	1942年	与中央大学建筑系合作设置“桂辛奖学金”，于1942、1944年举办两届建筑设计竞赛。 梁思成开始撰写《中国建筑史》，林徽因、莫宗江、卢绳等参与其中。 陈明达代表学社参加中央博物院彭山崖墓发掘，于次年完成专著《崖墓建筑——彭山发掘报告之一》。 莫宗江代表学社参加中央博物院成都前蜀王建墓发掘，绘制现状、分析图稿多幅。 王世襄于是年加入学社
	1943年	莫宗江、卢绳测绘了宜宾旧州坝白塔及李庄旋螺殿。 古建筑模型图至是年共绘制完成32种224张，包括宋式木作、清式木作图样，以及五台山佛光寺东大殿和文殊殿、应县木塔、榆次雨花宫、昆明真庆观、南宁曹溪寺、登封告成镇周公测景台、赵县安济桥、梓潼县七曲山文昌宫天尊殿、肥城孝堂山郭巨祠石室、彭山崖墓、乐山白崖山崖墓、定兴北齐石柱、西安灞河桥、灌县安澜桥、渠县冯焕阙、沈府君阙、宜宾旧州坝白塔、宜宾旧州坝宋墓、云南一颗印式民居等重要的古建筑实例。这套图主要由陈明达、卢绳、莫宗江绘制，现存于南京博物院。 刘敦桢、陈明达于是年年底离开学社。刘敦桢任中央大学建筑系教授、系主任，陈明达任中央设计局研究员
	1944年	莫宗江、王世襄、罗哲文测绘李庄宋墓。 刘致平调查成都清真寺。 刊行《中国营造学社汇刊》第七卷第1期。 卢绳、叶仲玑于是年转任中央大学教职
	1945年	梁思成撰写《中国建筑史》和《图像与中国建筑史》完稿。 刊行《中国营造学社汇刊》第七卷第2期。 王世襄转至故宫博物院任职。至此，学社仅存梁思成、刘致平、莫宗江、罗哲文四人。 是年抗日战争胜利
	1946年	梁思成创办清华大学建筑系，刘致平、莫宗江、罗哲文三人随之转入清华大学建筑系任职

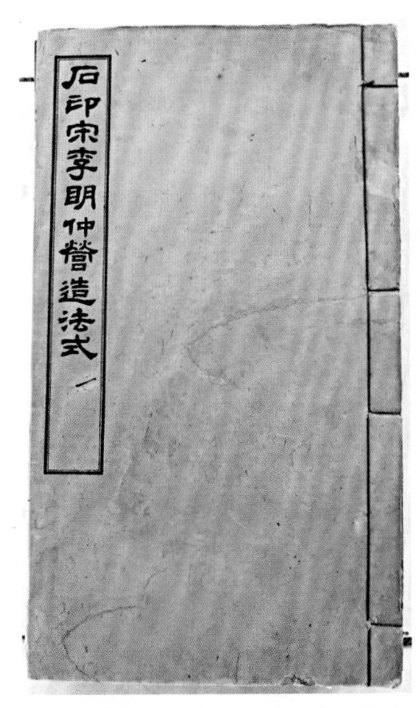

朱启钤先生1919年发现并于1920年重新刊行之丁本《营造法式》

北京宝珠子胡同7号朱启钤故居——20世纪20年代在此筹建中国营造学社

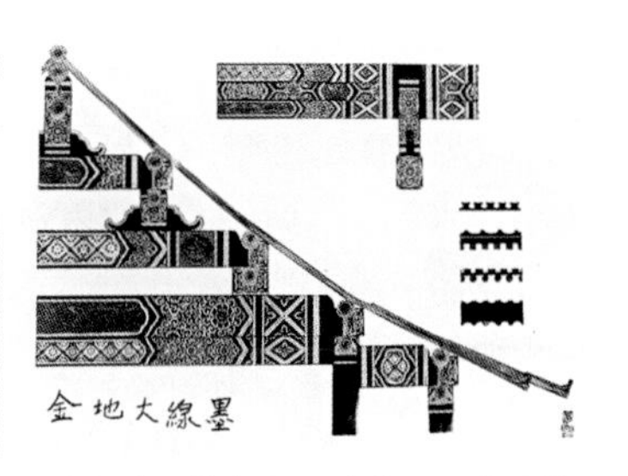

营造学社筹备阶段聘请匠师所绘传统建筑图样之一

营造学社筹备阶段聘请匠师所绘传统建筑图样之二

1932年春梁思成等考察蓟县独乐寺观音阁（上层立者为梁思成先生）

1932年6月梁思成等考察宝坻三大士殿

紫禁城西南角楼之东南角斗拱（1932年）

1932年刘敦桢等考察北京大正觉寺金刚宝座塔（陈明达）

1933年4月梁思成、莫宗江考察正定隆兴寺摩尼殿

1933年4月正定隆兴寺转轮藏殿（檐下者为梁思成）

1933年4月梁思成、莫宗江考察正定阳和楼

1933年9月考察山西途中（左起莫宗江、林徽因、刘敦桢，梁思成摄）

1933年9月中国营造学社考察应县木塔

1933年9月梁思成、刘敦桢、莫宗江考察应县木塔（檐下蹲者为莫宗江）

1933年11月梁思成、莫宗江等考察赵县安济桥

1933年11月，梁思成等考察正定开元寺钟楼（立于梁架者为林徽因）

1934年8月，梁思成、林徽因夫妇与费正清夫妇考察山西临汾途中

1934年9月刘敦桢等调查易县清西陵途经白塔山（图中左起陈明达、莫宗江，刘敦桢摄）

1934年9月调查清西陵之泰东陵隆恩门

1934年9月24日定兴县北齐石柱调查现场

1934年10月刘敦桢、陈明达等调查易县开元寺药师殿

1934年10月梁思成、林徽因调查浙江武义延福寺

1935年2月梁思成、莫宗江考察曲阜孔庙大成殿

1935年5月12日刘敦桢、陈明达、赵正之考察定县考棚

1935年5月13日刘敦桢、陈明达、赵正之考察定州料敌塔

1935年5月16日刘敦桢、陈明达、赵正之考察曲阳北岳庙德宁殿

1935年刘敦桢、梁思成等考察北京正觉寺金刚宝座塔

1935年邵力工等考察昌平十三陵

1935年莫宗江等考察济南大明湖张公祠

1936年5月27日考察汜水窑洞（左起赵正之、刘敦桢、窑洞主人，陈明达摄）

1936年6月5考察（右起赵正之、刘敦桢）

1936年6月9日考察登封嵩岳寺塔（陈明达摄）

1936年6月15日调查河南密县法海寺石塔（立者为陈明达，刘敦桢摄）

1936年6月17日刘敦桢、陈明达、赵正之考察登封告成镇测景台

1936年6月20日调查登封少室山初祖庵大殿（坐门槛者为陈明达）

1936年6月21日调查登封少室山少室阙（图中左起赵正之、陈明达，刘敦桢摄）

1936年6月梁思成、林徽因、莫宗江等考察滋阳（今兖州）隆兴寺塔

1936年6月梁思成、莫宗江等考察历城神通寺塔林

1936年6月考察历城神通寺四门塔

1936年8月梁思成、麦俨曾、莫宗江等考察太原天龙山石窟1

1936年8月梁思成、麦俨曾、莫宗江等考察太原天龙窟2

1936年8月梁思成等考察太原万安寺大殿

1936年10月20日调查河北新城开善寺（图中左起刘敦桢与陈明达，赵正之摄）

1936年10月23日调查行唐封崇寺经幢（图中上陈明达，下赵正之，刘敦桢摄）

1936年10月28日调查邢台开元寺经幢（立者为陈明达）

1936年10月刘敦桢等考察邢台天宁寺塔（攀援测量者为陈明达）

1936年11月3日磁县南响堂山石窟第六、七窟外景（窟外立者为赵正之）

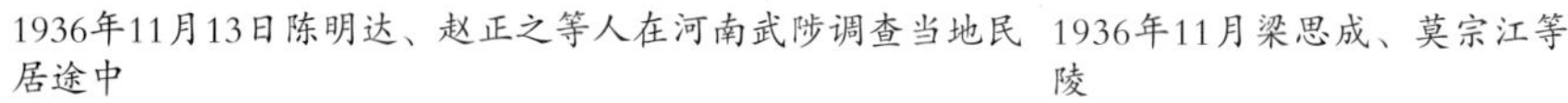

1936年11月13日陈明达、赵正之等人在河南武陟调查当地民居途中

1936年11月梁思成、莫宗江等考察咸阳顺陵

1937年5月梁思成、刘敦桢、林徽因等考察西安华觉巷清真寺（立者为梁思成）

1937年5月梁思成、刘敦桢、林徽因等考察西安等地，林徽因在耀县药王庙

1937年6月赵正之、麦俨曾等考察武安灵泉寺

1937年6月赴五台山途中发现榆次永寿寺雨花宫（立者为林徽因）

1937年6月梁思成、林徽因、莫宗江、纪玉堂等赴五台山佛光寺考察途中

1937年6月五台山佛光寺东大殿（梁思成摄）

1937年6月林徽因在佛光寺东大殿唐代佛像前

1937年6月林徽因测绘唐代经幢（唐乾符四年经幢）

1937年6月林徽因在佛光寺祖师塔上檐

1937年6月梁思成在佛光寺东大殿内工作（莫宗江摄）

1937年6月莫宗江、林徽因在佛光寺后墓塔

1937年冬湖南新宁刘宅（刘敦桢摄）

1938年11月27日大理大崇圣寺碑铭（立者为莫宗江先生）

1938年12月3日刘敦桢等考察大理元世祖平云南碑（立者为吴金鼎、刘敦桢）

1938年12月7日丽江九河之廊桥（图中左一刘敦桢、左四吴金鼎）

1938年12月10日丽江忠义坊（图中左起刘敦桢、吴金鼎、莫宗江）

1938年12月24日调查云南鸡足山金殿（立者为陈明达）

1939年1月11日考察镇南县马鞍山井干式木屋

1939年1月13日调查楚雄文庙前明代牌楼（图中左起陈明达、刘敦桢）

1939年1月13日调查楚雄文庙大成殿（图中左起莫宗江、陈明达）

1939年10月6日考察灌县珠浦桥

1939年10月20日调查四川雅安高颐墓阙1（立者为陈明达）

1939年10月27日调查夹江千佛崖（梁思成摄）

1939年10月31日，调查乐山白崖山崖墓（左起刘敦桢、梁思成、陈明达）

1939年11月2日调查夹江杨公墓阙（立者为莫宗江先生，刘敦桢摄）

1939年12月27日调查渠县冯焕墓阙(图中立者梁思成先生）

1939年12月27日调查渠县赵家村东无铭墓阙（左起梁思成、陈明达）

1939年存放天津麦加利银行的历年测绘资料被水淹损，残存者称为“水残资料”

1940年1月3日考察南充西桥

1940年1月4日在南充西桥（图中左起陈明达、梁思成、莫宗江，刘敦桢摄）

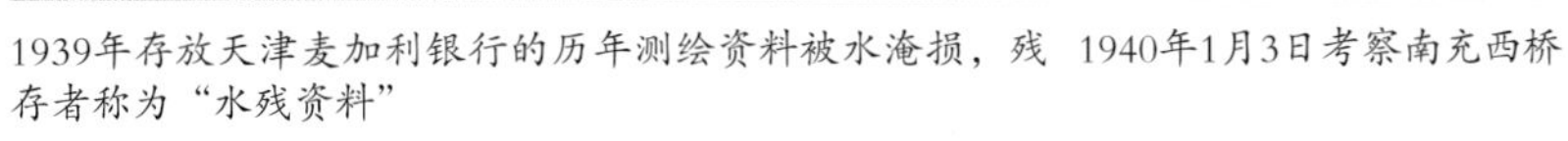

1941年中国营造学社在四川宜宾李庄（前莫宗江，后梁思成）

1942年5月陈明达在彭山江口与川康古迹考察团合影

1942年初勘察彭山460号墓（陈明达摄）

Marking the 90th Founding Anniversary of the Society for the Study of Chinese Architecture and Growing Up with the Big Family of the Society: A Talk with Liang Sicheng's Eldest Daughter Liang Zaibing

纪念营造学社成立90周年 伴着营造学社这个大家庭成长
——与梁思成长女梁再冰老人一席谈

于 葵[*]（Yu Kui）

本文作者与于晓东、梁鉴踏访李庄营造学社旧址

引言

中国营造学社这个成立于1929年的私人学术团体，是在北平的几间民房中悄然成立的，门口没有挂牌，屋内几张桌椅，上班者不过三人。 然而这个不起眼的学术小团体在短短十几年中——其间还经历了战乱、贫困和离散，不仅取得了惊人的学术成果，还开辟了建筑学研究的全新视野和方法，培育出一代业界顶级学术人才。多少年来它的成果也一直在滋养着中国建筑学界。

我的妈妈梁再冰，即梁思成和林徽因先生的女儿，生于1929年，用她自己的话说，“我与营造学社同龄”。梁再冰出生后，从她记事起，她的家庭，父亲梁思成和母亲林徽因，乃至全家的大小事务，几乎无一不与营造学社息息相关。她对学社有着非比寻常的亲切情感，长久以来这份厚重之情深植于老人心底。

回忆幼年时住在北平的生活，当时的梁再冰小朋友常常喜欢搬个小板凳坐在院门口，焦急地等待着野外考察回来的父母。晚年时梁再冰回想起这段生活，不无感慨地说道：“那时我觉得虽然父母对我非常爱护关心，但我总觉得他们有一个比我们更广阔的世界，比我们这个小家要大得多的世界，我很小就有这个感觉，我们这个家只是他们很大世界的一个角落吧。”

提起“中国营造学社”，今天它是一个非常“响亮”的名字，梁再冰老人闻之则以颇为调侃的口吻道：“当年我还真有点不耐烦介绍我父母的工作单位，因为它太小了，我常常需要煞费口舌地解释，但是人家还是搞不明白——中国营造学社到底是个什么单位？”

90年后的今天，在业界乃至外界，人们说起它——中国营造学社，这是一个神奇而富有感召力的名字！2019年12月25日，我们来到“中国营造学社成立90周年纪念展”会上，听着与会学者的精彩发言——“在中国现代建筑学术史上，中国营造学社的名字，和营造学社先贤们富于传奇色彩的学术征程，宛若不灭的灯塔，指引一代又一代年轻学人开启专研之路，投身社会，憧憬美好的世界。同时，营造学社久享的盛名，又似乎变成了聚在灯塔周围的迷雾，愈是接近就愈觉浓厚……”

此刻站在建筑学界群英荟萃的人群中，我们感受到的兴奋和激动真是难以言表。大厅里，我们和大家一起同声诵读营造学社奠基人朱启钤先生为学社成立纪念所题的对联——

“是断是度是寻是尺
如切如磋如琢如磨”

---

* 梁思成先生外孙女。

一、向朱启钤先生致敬

梁思成、林徽因之女梁再冰

母亲梁再冰闻听我将与梁鉴和于晓东两位哥哥一同去参加营造学社成立90周年纪念展时，特别嘱咐说，一定要代表她首先向营造学社奠基人朱启钤先生致敬。母亲说：“晚辈们多尊称朱启钤先生为朱桂老，朱桂老是提出和建立营造学的第一人，他也是我父亲梁思成研究中国营造学的引路人。”

1931—1937年，梁思成加入了朱启钤先生领导下的中国营造学社，这个专门从事中国古建筑研究的机构让梁思成得以施展其志。他更是不负众望，倾注全部心血于古建筑实物考察测绘和资料积累与研究，这也是梁思成建筑研究生涯中非常富有朝气、硕果累累的一个时段。

1919年，朱启钤先生在江南图书馆发现了《营造法式》这本尘封800多年的古书，作者是宋徽宗时代的将作监李诫。这是当时发现的一部最为完备的中国古建筑工艺图书。朱启钤历经艰难终于让陶本《营造法式》成书面世。1925年梁启超（任公）将这本宋代《营造法式》寄给了正在美国宾夕法尼亚大学读建筑学的儿子梁思成，梁思成收到这部奇书时惊叹：“在一阵惊喜之后，随后就给我带来了莫大的失望和苦恼——因为这部漂亮精美的巨著，竟如天书一样，无法看得懂。”

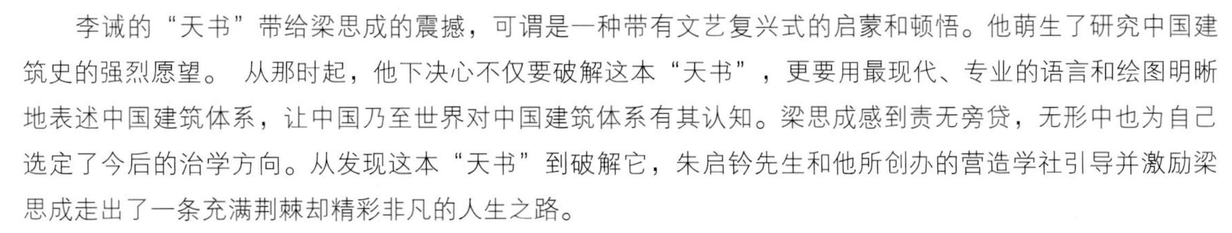

李诫的“天书”带给梁思成的震撼，可谓是一种带有文艺复兴式的启蒙和顿悟。他萌生了研究中国建筑史的强烈愿望。 从那时起，他下决心不仅要破解这本“天书”，更要用最现代、专业的语言和绘图明晰地表述中国建筑体系，让中国乃至世界对中国建筑体系有其认知。梁思成感到责无旁贷，无形中也为自己选定了今后的治学方向。从发现这本“天书”到破解它，朱启钤先生和他所创办的营造学社引导并激励梁思成走出了一条充满荆棘却精彩非凡的人生之路。

梁思成来到营造学社，首先从京城周边实地古建考察入手，虚心学习老工匠们的制作工艺。朱启钤先生在市场上收集到很多散落的宫廷工匠制作所用的帖子、口诀、记录、小本子等，朱桂老将这些记录交给梁思成和同事们，同时为他们推荐了那些建造宫城的木工、砖石、彩画的工匠师傅们。梁思成和学社团队的研究因此得以快速深入，他们很快将口诀和各种资料以及“天书”部分地翻译出来，即用现代建筑语言和建筑师们看得懂的工程图画法展现出来，梁思成、林徽因开始着手撰写《清式营造则例》一书。在该书的序言中，梁思成向朱启钤老先生表达了他深情的致敬：“若是没有先生给我研究机会和便利，并将其多年收集的许多材料供我采用，这本书的完成即使能够实现，恐怕也要推延到许多年后。”

今日人们已颇为熟知梁思成、刘敦桢等营造学社前辈那些经典的古建研究巨著，以及他们如何于荒郊僻野中出色地完成一次次古建实物考察。但是人们不知道的是，在战前的一片混乱中，学社能够骑驴爬山展开古建考察，多有赖于朱桂老出色的组织与安排。学社的山西考察之旅，桂老直接致电当地长官阎锡山，要求给予学社考察诸多急需的协助……营造学社在这7年里可以取得如此辉煌的研究成果，皆与朱老先生的运筹帷幄密切相关。他所秉承的办社理念，卓越的组织才能，引入社会关注并大力筹款；他出色的社会活动能力，开阔的国际视野及他本人对古建的钻研和文史资料的掌握，还有他对工匠和工艺的热爱与熟悉……这一切始终贯穿于营造学社的各项活动中，朱老先生高效的组织与运营令梁思成、刘敦桢和学社成员们可以一心一意潜心研究治学。这个团队成员出色的组合，让这个名不见经传的学社小团体在短短7年中考察了那么多古建实物，做出最为精准的测量，制作世界水平的建筑图录，撰写了至今依然具有时代意义的经典学术研究报告。

二、致敬营造学社团队

谈及“营造学社”这个日益响亮的名字时，母亲说：“这个名字的神来之笔，不在那块招牌而是那群人，在于那个杰出的团队。”营造学社在朱启钤先生领导下，梁思成任法式部主任，文献部主任是刘敦

中国营造学社创始人朱启钤先生

桢，他们在中国建筑研究方面志同道合，彼此十分尊重，坚持长期合作。加上人才济济的研究队伍，这个出色的团队是学社短期内取得丰硕成果的坚实基础和重大成因。

梁再冰回忆幼儿时代，她第一次在学社办公室见到刘致平、莫宗江、陈明达和赵正之等先生时，她看到30多岁的父亲梁思成站在这群20岁上下的小伙子中间，感觉父亲好像同他们的年龄相差无几，他们精力充沛，生机勃勃。

梁再冰对这个与她的家庭密不可分的营造学社有着一种特别的感情和理解。 随着她逐渐长大，她愈发体会到在这个学社成员之间始终有着一种与众不同的共性和默契。朱启钤老前辈、父亲梁思成、母亲林徽因、刘敦桢伯伯、老莫（莫宗江）、刘致平、陈明达以及学社的同人们，他们之间极有共同语言。他们的相通源于一种对建筑营造学共同的认知和理念。学社成员与那位宋代的李诫虽隔着朝代，却也堪称超越时代的“知音”。他们之间有着那种匠人之间对于营造学和艺术的心领神会，有着“心有灵犀一点通”的默契。学社人之间的特殊语系也源于他们对匠人营造艺术的一种特殊理解和悟性。

母亲再冰说她父亲梁思成、刘敦桢和学社成员，“当看到建筑实物的时候，他们会感受到一种特殊震撼……他们不仅会欣赏那些匠人的工艺，更要去探索和发现这些古建是怎么设计出来的，是如何创造出来的。”学社人更能深切感受每个时代营造者们那种非凡的创造性，体验和寻求其中的创意与灵感。所以营造学社的人总让人感到某种与众不同，他们钻研古建筑有独具匠心的体验和认知，有基于匠人和营造者的一种特别感受，只有懂得匠人、有着匠心的大匠学者才能深刻感受和领悟到。

比如建于隋代的河北赵州桥，梁思成惊奇地发现此桥的建筑师是如此富于创造性，而绝不是遵循固有规矩。该桥采用空撞券法，在发大水的时候，水可以从桥上面的小券通过，减少它的压力。这种设计在当时是非常先进的，比欧洲同类桥至少早六七百年。梁思成认为此桥堪称一个天才的独创，他眼中所见的不仅是那桥，更是那个时代的人——那些富有创意的建筑师们。

营造学社是个非凡的学术团队，他的治学有趣而富有创意，更兼有新旧相容，道器相容，中西相融。人们走近他，不仅可以体验到他一丝不苟的工匠精神，更会受到他创新思维的启迪，感受到他那生机勃勃的求知和探索的活力。

三、北平幼时记忆

梁再冰在北平生活的幼童时代，也是梁思成、林徽因和营造学社外出考察的鼎盛时期。 说到儿时北平的家，它位于北总布胡同3号，靠近北平东皇城根，这是梁再冰记忆中的第一个家。父亲梁思成那个时候在营造学社上班，每天早上他总是开着一辆旧汽车去中山公园，学社的办公室就设在公园里靠东面的一排简单平房里。办公室内通透敞亮，长方形大房间中有很多画图桌。从一个孩童的眼里看去，这里的一切都显得新奇有趣，人人都在使用丁字尺和三角板，铅笔削得那么漂亮。

母亲梁再冰儿时的家是一个两进的四合院。房间颇多但都不大，有个很可爱的院子。每当父母外出考察时，梁再冰小朋友常常感到很孤独，她总是搬个小板凳坐在院子里盼着父母早日回来。可是好不容易盼来了回城的父母，大人们不是全神贯注地忙着画图、晒图，就是埋头于大量的古建考察资料研究，或是忙着撰写考察报告。那个时候“家里许多照片都同古建筑有关系，照片里的父亲和母亲不是在房顶上，就是在大梁斗拱之间，有时他们在家里晒蓝图，洗澡盆里常常泡着许多底片，然后拿到院子里晒成蓝图，学社很多同事都在此忙碌，也常见纪玉堂师傅在家里帮忙”。

“每次父亲母亲野外考察回家后，总是特别亲近我们，我和弟弟的童年过得十分愉快温暖。”平日里父亲梁思成上班的时候，“母亲林徽因喜欢在客厅西北角的窗前书桌上静静地写作，妈妈在研究古建之余，还从事一些文学创作。那时我常常依偎在她身边，有时她写累了，或者看我太闷了，便拉着我在院子里散步，儿时这段美好记忆至今常在眼前。”梁再冰说，“我的房间里所有的书桌书柜，都是父亲梁思成亲手设计的，此外，他还特别画图为我设计了房间里的布置和家具。那时我父母常常带着我和他们一起‘工作’，他们画图的时候，我也坐在旁边，他俩还递给我一个小三角板，让我在旁边跟着画，这个情景我还颇有印象，而且我还把我们住的四合院画出来，那时候我觉得我家的院子美丽而宽大。”

说起家里的热闹与聚会，梁再冰回忆说：“我们的这个家园平日里总是高朋满座，是很多朋友经常聚会的地方，学社成员、家里的亲朋好友来来往往，络绎不绝，他们喜欢相聚畅叙于我们北总布胡同的家中。”“我的父母和学社成员以及亲朋挚友之间总是有着无尽的话题，这些志同道合的同僚和挚友非常热衷于思想交流。聚会中一个重要课题就是讨论时局，父亲、母亲、刘敦桢伯伯，学社的同行们感觉他们必须加快中国古建筑考察的步伐，因为根据历史的经验，每一次战争下的古建筑物都要遭殃，他们需要留下一批翔实的古建资料，所以到1936年、1937年，当人们都在考虑如何躲避战争威胁的时候，营造学社反而大大加快了古建考察的步伐。”

“1937年暑假，我已经小学三年级了。父母又要外出考察了，这次他们要到山西五台山去寻找那曾在敦煌壁画上见到的佛光寺，父母请姑姑把我带到北戴河度假。7月上旬，他们果然在五台山发现了这座当时国内仅存的唐代木构建筑。正为此而惊喜不已的时候传来了卢沟桥的炮声，他们迟至7月12号才骑骡子、爬山、坐货车和骑马走出了五台山，经过沙河到代县后才得知七七事变的消息。但闻讯后又即刻出雁门关，绕道大同和张家口平汉津浦两条铁路，那时交通都已不通，最终他们赶回北平。这时母亲林徽因曾写信给我，还画了两张非常精彩的地图，说明了他们进出五台山的路线，母亲还在信中说，‘我们希望不打仗……我觉得现在我们做中国人应该顶勇敢，什么都不怕，什么都得有决心才好……’1937年7月母亲用钢笔写在毛边纸上的这封信竟然奇迹般地保留到今天。”

四、在昆明留守麦地村

1937年7月，在遍地战火硝烟中，前辈梁思成、林徽因带着年幼的母亲（梁再冰）和舅舅（梁从诫）全家迁移到了昆明。

“1938年初，刘敦桢伯伯和刘致平、莫宗江、陈明达先生先后到达昆明。梁林一家和营造学社成员从北平辗转于此地‘聚齐’，北平城中曾经人才济济的营造学社，如今只剩下父亲梁思成、刘敦桢伯伯、刘致平、老莫（莫宗江）和陈明达先生等五名正式人员以及我妈妈林徽因这位无薪的社员了。”此刻他们要抢在炮弹摧毁前，调查测绘古建实物和遗存，留下尽可能多的数据和资料。

当时住在昆明城里，日本飞机轰炸日趋频繁，大批西迁学者整日疲于“跑警报”，完全无法学习工作，他们随身所带的需要保护的国宝重器和书籍典籍也面临战火的威胁。于是一批研究机构决定转移到昆明乡下，梁林一家先是住到昆明郊外麦地村中的兴国庵小庙，继而迁移到邻近的龙头村。

1939年初，营造学社迁入麦地村这座小庙之中，战时的营造学社因此而有了一座“大本营”。学社的古建考察“抢救”工作便立刻铺开，考察、测绘、制图、编撰……各项作业旋即在此启动和恢复。可以说，营造学社在昆明麦地村恢复了正常工作。

1939年秋冬，梁思成、刘敦桢率队对四川、西康古建筑进行了一次范围广泛的大型野外调查。半年中他们走过35个县，调查了古建、崖墓、摩崖、石刻、汉阙等730余处古建古迹；与此同时，林徽因、刘致平则守在这里的兴国庵小庙，学社的办公室设在麦地村的旧尼姑庵中。林徽因坐镇“主持日常工作”，兴国庵简陋的殿堂之中，呈现出一派繁忙的工作场景——尼姑庵大殿成为营造学社的古建研究工作室，工作台上面立着各尊菩萨，绘图桌与菩萨们共处一殿，林徽因他们用大布把菩萨略微遮盖起来，供台下面摆放几张桌子，用木架支撑起一块木板，这便成为特为古建研究自制的绘图台。屋内既无吊灯

梁思成先生考察苏州园林

也没有台灯，采光全靠小窗里透进的自然光线。大量的绘图和文字资料不断摆上案台，厚厚的数据资料亟待查证、分析和整理。

在这座小庙侧面的一间半小屋中，梁林一家暂时栖身其中。此时梁林一家已是家徒四壁了，他们的生活拮据而艰难。说到兴国庵小庙的住房，母亲梁再冰回忆说："我们那一间半的小房子，地上非常泥泞潮湿，那个时候我们的生活的确很艰苦"，"此时恰逢我父母的一些建筑师朋友来小庙看望家人，记得当时有杨廷宝和赵申几位挚友前来，这批建筑师朋友是从上海转战到西南地区的，同时他们还带来了一批技艺精湛的上海建筑工人。朋友们见到我们一家人住房如此困难，便找来他们的建筑工人，帮助我们家做了一点点装修，以略为改善一下我们那拥挤不堪的住房条件"。

谈到小小房间的改造，梁再冰兴奋地回忆说："我妈妈将阻碍采光的窗户去掉，她请来建筑工人把窗台放低，加一小块玻璃，于是房间的采光立刻得到大大改善。同时她还设计了一个很好看的门，刚开始，我觉得我家这个鸽子笼般的小房间里几乎什么都没有，而且空间小得实在太可怜了。于是我妈妈就在墙上做了一个非常小巧的书架，然后她在书架上放了几本书，下面放上一个台桌，旁边设置两个坐凳。我记得做好的时候正好是圣诞节，妈妈又自制了一个花环挂在门上。当时我立刻感觉我们的小房子是那么温馨美丽，曾经破烂不堪的小屋立时让人感觉很是舒心。我当时真佩服我的老妈，觉得她真神了，怎么一下子就能把这样一个小破房间搞得如此舒心可爱。那时我们的生活条件确实很差，但只要有一点点条件，我妈妈就要尽可能美化一下自己的生活和环境。"

五、龙头村新建家园

昆明龙头村，这里有一座历经劫数还依然健在的田园式小院。这是梁思成、林徽因前辈在战火硝烟中临时搭建的农舍宅院。当年在一块借来的土地上，梁思成、林徽因两位建筑师一生中唯一一次为自家搭建了一座临时院落——几间白墙黛瓦的房屋，留空的青石板地基、土坯墙、瓦顶、木地板、花格窗……客厅里还有一座别致的小壁炉。 这座房子建于村边靠近金汁河埂的一片空地上，当年这里曾是桉树成林、田畴水塘，其景致在林徽因眼中宛如一幅优美的图画。

为了这座小院，前辈们几乎耗尽所有，林徽因信中道："我们的房子是最后一批建成的，我们因此必须为每一块木板，每一块砖，甚至每一颗铁钉而奋斗。我们必须亲身投入具体建设之中，帮助搬运材料，参与做木工、石匠等各种活计……"

梁再冰回忆说："我家这所房子，从它打夯土墙到上梁立柱，房屋建造的每个过程工序，妈妈都要我和弟弟到工地去观察，以此了解中国房屋的建造过程。""最后我们的农舍小院终于落成了，父亲梁思成走进屋内，看到最后几块地板尚未完工，而工人已不见踪影，于是梁思成撸起袖子跪在地面上，为虚空的木板敲下了最后的几颗大铁钉。"

说起小院，母亲再冰特别提及那条甬道——当年她和弟弟（梁从诫）在父亲梁思成的指导下，曾亲手为他们这里的新家建造了一条好看又实用的甬道。因为进院后，从大门到房间还有一段距离，每逢下雨进院很不好走。父亲梁思成带着孩子们到邻近瓦窑村捡了些被遗弃的碎瓦、陶罐碎片等，并亲手教两个孩子使用木锤，学着苏州园林师傅的模样，用他们的小手拼出了十朵八朵花饰，这条花纹甬道不仅好看，而且减少了进院踩踏泥泞的窘态。

进入屋内，除了客厅和卧室，我还发现其中有一间标识为"梁林的书房"，为此我特别致电母亲核实，母亲感慨地说道："哪有什么书房啊，母亲整日劳作洗衣做饭，难有时间读书"；"在昆明乡下，我母亲的家务劳动大大增加。过去抗战前，我们家里有厨师、保姆照顾我们的一切，现在她要一人承担所有的家务。因为我父亲和营造学社同事们屡屡外出考察，母亲不得不放下她热爱的文学创作，将全部精力放在家务事上。当时乡下没电也没有自来水，采购则要等到赶集日，母亲常常要用背篓将一周的菜全部背回来。做这一切家务是相当辛苦的"。

"母亲虽然很苦恼，"梁再冰说，"但那时她做这些也是义无反顾的。因为她知道若不去做这些，我父亲梁思成就无法坚持考察工作，为此她必须承担起全部家务。"说到那时的生活，母亲再冰觉得自己有点"惭愧"："在昆明乡下的那段生活，是我童年中很快乐的一段时光。我们和刘伯伯（刘敦桢）家的孩子们整天在外面玩得昏天黑地，妈妈给我们做了很多好吃的东西，回来就开始吃，这个也好吃，那个也好吃，我现在留下一本那个时候的童年日记，每篇日记的末了都是'我快活极了！'想想究竟是谁做的这些呢？当然是我妈妈林徽因，她全力以赴，为我们全家做了这一切。"

六、入川——李庄！李庄！

据母亲再冰的回忆和她幼童时日记所记载，"1940年12月13日上午，我们从四川宜宾坐小木船，终于来到了此行的目的地——距宜宾约60华里的李庄，当木船靠近李庄时，我们孩子们一起大喊：李庄！李庄！"

入川后不到一个月，林徽因肺结核复发，病势来得极其凶猛，一开始连续几周高烧四十度不退。"李庄当时没有任何医疗条件，也没有任何抗生素特效药，病人只能凭借体力慢慢煎熬。母亲失去了健康，成为常年卧床不起的病人。尽管她稍好时还奋力维持家务，协助父亲做研究工作，但身体日益衰退，父亲的生活担子因而加重。"

"更让父亲伤脑筋的是，此时营造学社没有固定的经费来源。他只得时时跑到重庆向国民政府教育部申请资助，但祈求和'乞讨'所得无几，要到的一点钱很快就会被通货膨胀所抵销。抗战后期，物价上涨如脱缰之马，父亲每月薪金到手后，如不立即去买米买油，则会迅速变为废纸一堆。食品越来越贵，我们的饭食也越来越差。为了略为变换食物花样，父亲在工作之余不得不学习蒸馒头、煮饭、做菜、腌菜、用橘子皮做果酱等等，家中实在无钱可用时，父亲只得到宜宾委托商行去卖衣服。把派克钢笔、手表等贵重物品都通通'吃掉'了，父亲还开玩笑地说，'这只表红烧了吧'，那件衣服'可以清炖吗？'"

梁思成、林徽因和梁再冰在北海阐福寺琉璃门

"1941年春天，正当母亲林徽因病重时，三舅林恒（空军飞行员）在一次对日空战中牺牲，外婆和母亲知道后都为此伤痛不已，三舅的后事是父亲在重庆时瞒着母亲到成都去办的。不久又发生了让父亲母亲十分痛心的事情：战前古建测绘考察所得的资料，一批当时营造学社无法带到后方的图片资料，寄存于天津一家银行的地窖中，因为天津发大水，涨水后全部被淹毁。也就是说他们7年的心血和劳动全泡汤了。此时应该是我们家最困难的时候，他们所遭受到的一个接一个的打击相当沉重，我这辈子几乎没有看到过我父亲流眼泪，但是这次听到这批资料损失以后，他跟我母亲伤心得不得了，我父亲当场痛哭起来。后来营造学社的社长朱启钤老先生做了很多工作，奋力抢救这批资料，并将抢救出来的东西想法子带给我父亲。"

但是在如此恶劣的情况和条件下，"父亲母亲并没有悲观气馁，父亲仍然梦想着战争结束后到全国各地再去考察古建筑。""这时父亲和母亲开始重新考虑营造学社今后的工作，他们决心把手头上仍然存着的学社多年的古建考察测绘和拍摄所得的记录和资料整理出来加以补充，这批图片还要附以中英两种写作说明。"

"那时父亲和莫宗江先生承担了大量的绘图工作，而母亲则协助撰写中英文文字解说。由于工作量很大，常常要在夜晚继续赶制画图，那时李庄没有电灯，平常我们晚上靠点菜油灯照亮，即使用了较粗的灯芯也只能得到如豆的灯光，这就是我们全家唯一的一盏可以提着走的马灯，也是父亲母亲干活时最高级的照明设备了。"梁再冰每到夜晚常常看见父亲提起那只"最高级的马灯"走进他那简陋的办公室。画图时，再冰还经常看到"爹爹哼哼唧唧地唱着歌，由于背疼的毛病，爹爹的头'重'得几乎抬不起来，画图时他时常要找个花瓶来支撑自己的下巴"。

然而就是在这盏煤油灯下，他们完成了中英文版《中国图像建筑史》，当然这本书是在他们逝世多年以后，历经了许多曲折方才得以出版的。"现在当我重新看到这本书精美的绘图和文字解说时，我不禁想起了父亲母亲他们在李庄的日子，觉得这本书是用他们自己的血肉之躯换来的。"

今天已经年逾90岁的母亲梁再冰，回望伴着她一起成长的"营造学社"这个大家庭——朱启钤老先生、父亲梁思成和母亲林徽因，刘敦桢伯伯，刘致平、老莫、陈明达、卢绳、罗哲文、王世襄……他们既是父母的挚友同事，也是家里的亲人。年代越久，那份情感也愈加深厚，回忆这个让她倍感亲切而不同凡响的学社之家，老人有太多表达不尽的思绪和情感，说不完的故事……今日在此，特别向学社的先贤和亲人们表达我们深切的怀念和崇高的敬意！

Carrying Forward the Spirit of the Society for the Study of Chinese Architecture: A Biography My Father Mr. Lu Sheng

弘扬营造学社精神
——记我的父亲卢绳先生

卢 岚*（Lu Lan）

本文作者卢岚（卢绳先生之女）

2019年12月25日，我和二姐卢倓作为营造学社前辈的亲属代表应邀赴京，参加了“中国营造学社90周年纪念展览”开幕式暨座谈会，活动在中国建筑设计院举办。

展览的学术专题篇在展厅东翼，包括实地调查、《营造法式》研究、营造文献·工艺·样式雷图档、书写中国建筑史、文物保护、陵墓调查与研究、石窟寺调查与研究、城市·民居·园林、新的中国建筑共9个主题，系统介绍了1929—1946年中国营造学社先贤们的学术征程和研究成果，以及营造学社之道在20世纪五六十年代的拓展和延伸。展览汇集了许多鲜为人知的史料，使我们对父辈的研究工作有了更加深入的了解。我们作为营造学社精英的后人，衷心希望后辈学子能传承营造学社的研究精神。

一、学社简史

中国营造学社成立于1929年，创办人是北洋政府时期的交通系大员朱启钤先生。朱启钤曾官至代理国务总理，后因为支持袁世凯复辟而饱受非议，并因之退出政坛。其后，朱启钤专注于中国传统建筑的研究与保护，并最终投资创办了中国营造学社。中国营造学社发轫于中国建筑学者在美国庚款资助下于1929年开始的关于《营造法式》的系列主题讲座。后来渐成气候，从松散的个人的学术讲座发展成有组织的学术团体。

营造学社成立之后，以天安门内旧朝房为办公地点。学社内部分为由刘敦桢主持的文献部与由梁思成主持的法式部。文献部更着力于古代历史文献的发掘与整理；而法式部更着力于建筑之结构、造型与细部之法式制度的探索与研究。两个部门都在发掘古代文献资料的基础上，充分重视古建筑实际案例的考察与测绘，从而从根本上改变了古代中国建筑史研究的方向与局面。建筑史的研究从文献发掘，到实例考察，从案例分析到制度探究，形成了一个前后贯通的科学而缜密的研究方法论格局，并且在极其短的时间内，取得了令世人瞩目的学术成就。

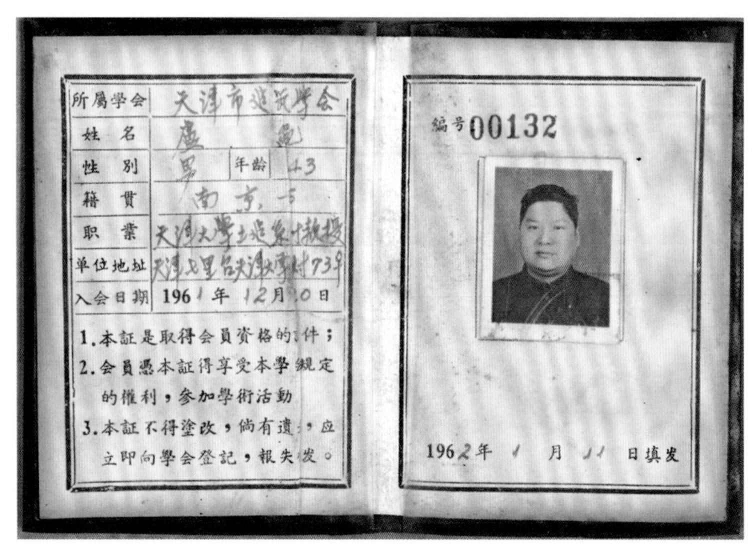

所屬學会	天津市建筑學会		
姓名	盧繩		
性别	男	年龄	43
籍貫	南京市		
職業	天津大學土建系教授		
單位地址	天津[illegible]73号		
入会日期	1961 年 12月 [illegible]日		

1.本証是取得会員資格的証件；
2.会員憑本証得享受本學会規定的權利，参加學術活動
3.本証不得塗改，倘有遺失，应立即向學会登記，報失。

編号00132

1962年1月11日填发

卢绳先生的建筑学会会员证

抗日战争期间中国营造学社被迫南迁，辗转经过武汉、长沙、昆明，最终落脚在四川宜宾的李庄。中国营造学社旧址位于翠屏区李庄镇西1.5千米的上坝村月亮田，穿斗结构民居组成的四合院，坐西向东，由于前有金陵大学租用的五排四间土墙民居，故从北面三排两间内的大门进出，南面的房屋也有小门进出，六排五间的主体建筑后面也开有小门，以进入由土围墙组成的小院，总占地面积约400平方米，建筑面积约240平方米。大后方的营造学社在极其艰苦的条件下坚持古建筑调查与研究，其间出版了大量专业著作，编辑出版了《中国营造学社汇刊》第七卷，1946年停止活动。中国营造学社为中国古代建筑史研究做出了重大贡献。

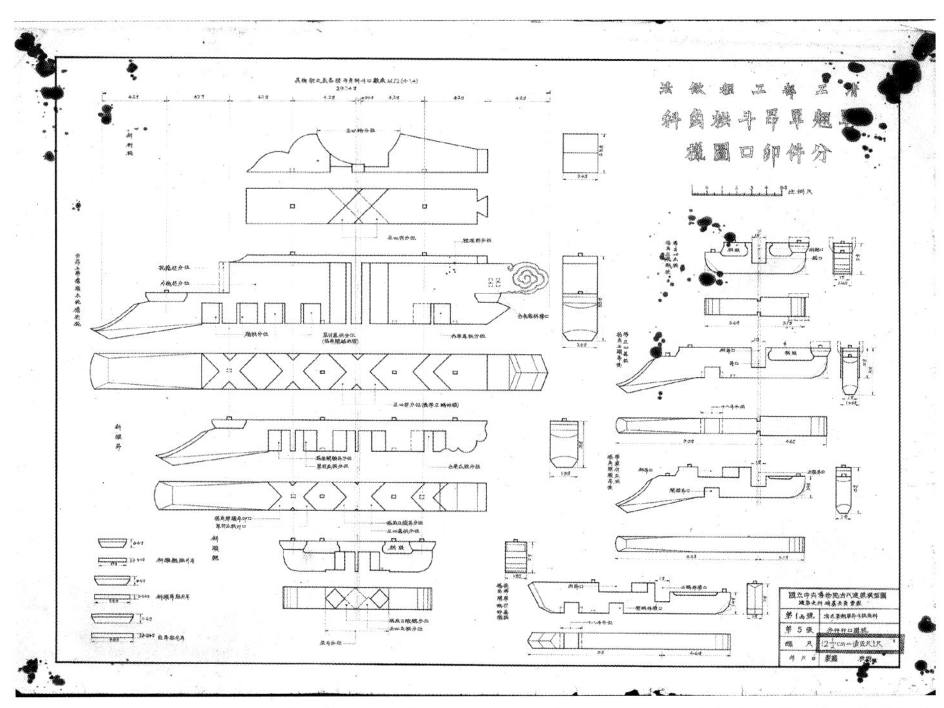

营造学社李庄时期卢绳先生所绘古建筑模型图——清式单翘单昂斗拱角科分件

二、我的父亲卢绳先生与中国营造学社

1918年3月29日，父亲卢绳出生于南京的望族。我爷爷的古典文史功底很深厚，他曾经创办过私人学堂。父亲8岁那年爷爷去世，之后由大伯父卢冀野先生抚养成人。卢冀野先生原系中央大学（现南京大学）国文系教授，素有“江南才子”的美誉。在大伯父的栽培下，父亲从小就受到文学艺术的熏陶，对于史籍文献甚是精通。1937年父亲进入国立中央大学读书，他最初考取的是航空工程系，一年后发现自己对学习建筑学更有兴趣，于是第二年通过考试，转入了建筑工程系。当年的中央大学建筑工程系淘汰率极高，到毕业时最初考进去的十几人仅能留下几人。父亲自小思维敏捷，美术功底很好，加之学习努力，成绩非常优秀，所以在学习时期颇受各位老师的赞扬。他尤其喜欢学习中国建筑史，对其中博大精深的文化知识情有独钟。

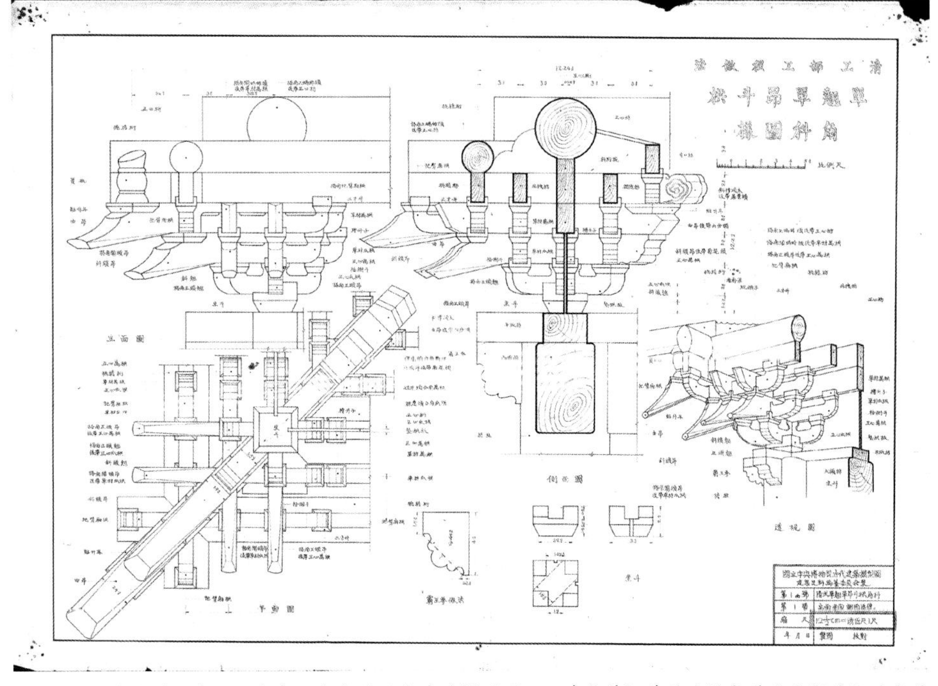

营造学社李庄时期卢绳先生所绘古建筑模型图——清式单翘单昂斗拱角科平立侧透视及分件

父亲于1942年从国立中央大学建筑工程系毕业之时，就不畏艰辛前往由于战乱而迁往四川李庄的中国营造学社，追随梁思成、刘敦桢诸位先生学习和研究中国建筑。

中华人民共和国成立后，父亲应梁思成先生之邀到北京大学建筑工程系任教。1952年全国高等院校进行院系调整，他所在的北京大学建筑工程系合并到清华大学，而他由梁思成先生举荐，应徐中先生的邀请来到天津大学创建土建系。数年以后，每当梁思成先生提起此事，还为没有将父亲留在清华大学而感到遗憾。父亲作为建筑教育家，先后在中央大学、重庆大学、北京大学、中国交通大学等院校为新中国建筑教育做了大量的工作，而对天津大学建筑学院的诞生和学科建设更是做出了不可磨灭的贡献。

全国院系大调整后，建筑教学上掀起了轰轰烈烈的“社会主义内容，民族形式”的热潮。当时天大建筑系学术思想十分活跃，建筑理论、建筑设计在探索民族形式上都有很大发展，中国建筑史的教学一度达至巅峰。当时，系里教授中国建筑史的教师只有父亲一人，所有教学和编制各种教学材料的工作都由他

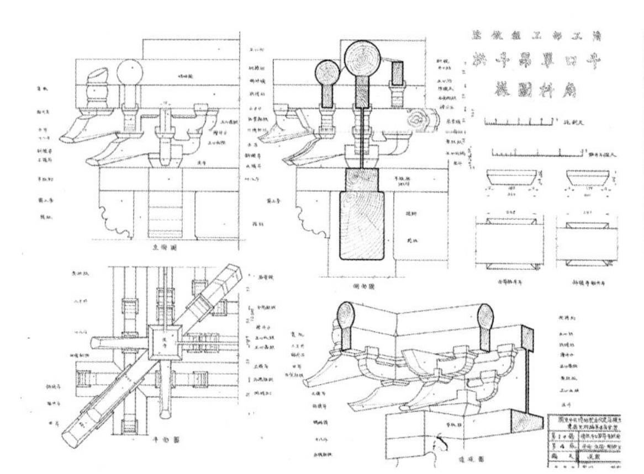

营造学社李庄时期卢绳先生所绘古建筑模型图——清式斗口单昂斗拱角科平立侧透

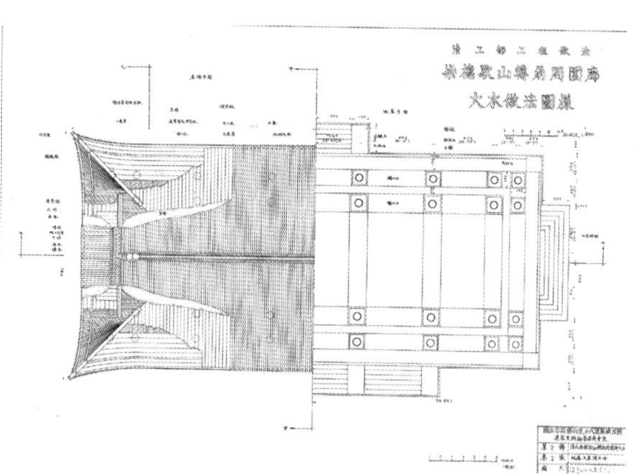

营造学社李庄时期卢绳先生所绘古建筑模型图——清式七檩歇山转角周围廊大木地基及屋顶平面

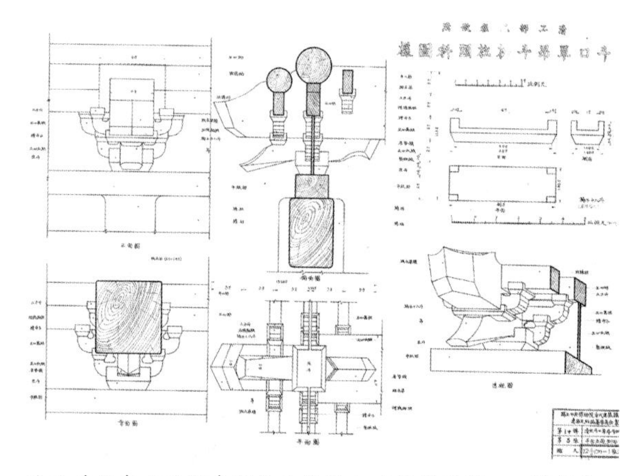

营造学社李庄时期卢绳先生所绘古建筑模型图——清式斗口单昂斗拱柱头科平立侧背透

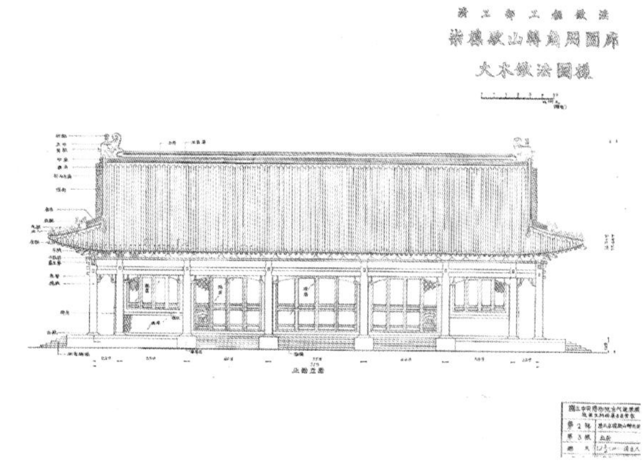

营造学社李庄时期卢绳先生所绘古建筑模型图——清式七檩歇山转角周围廊大木立面

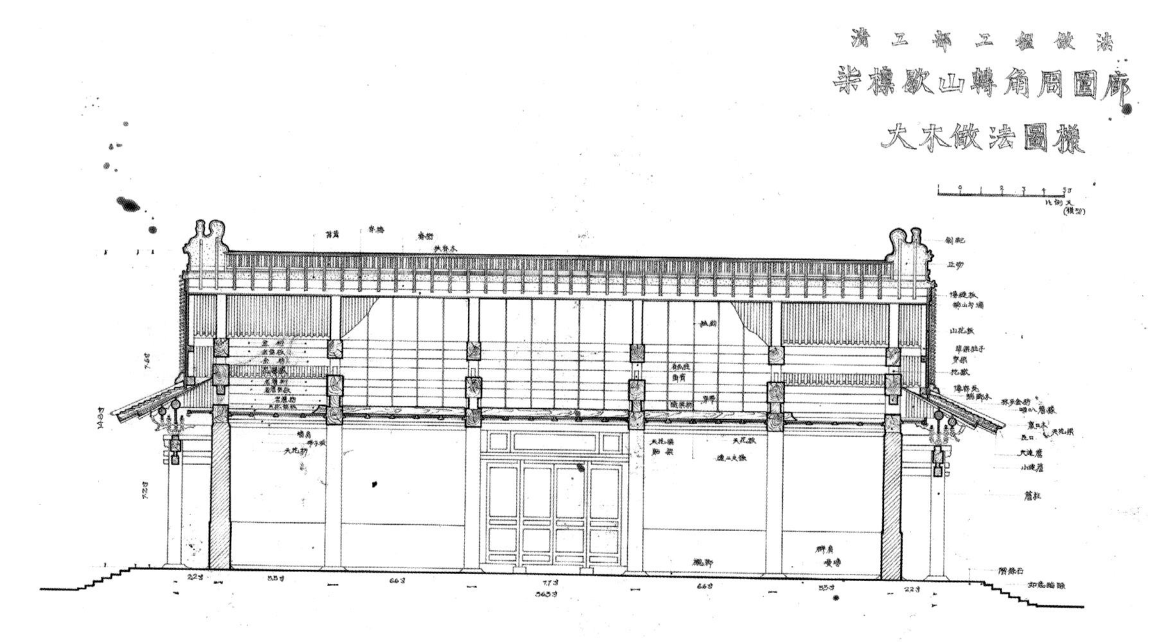

营造学社李庄时期卢绳先生所绘古建筑模型图——清式七檩歇山转角周围廊大木断面

负责。父亲教授建筑历史是在教学生在建筑设计中怎么运用中国建筑历史的财富，他把中国建筑史和建筑设计结合得极好，不仅教授建筑史，还亲自辅导设计课，非常认真地帮学生改图。他的授课形式十分多样，有讨论——分析、讨论并总结创作经验；有讲授——讲解建筑活动的概况；有参观实物——看照片、放幻灯，通过描绘形象巩固学习，以为创作借鉴；也有实际操作——让学生实际动手进行感受。父亲在课堂上手脑并用，以其独特的教学方法征服了每一位学生。他一手娴熟的黑板图着实令学生咂舌，他执粉笔如行云流水，正画倒勾，顷刻间把一幅幅宫殿或庙宇的建筑群鸟瞰图准确而生动地描绘在黑板上，学生们暗暗在下面说："只这一手就堪称绝技，够我们学一辈子的。"

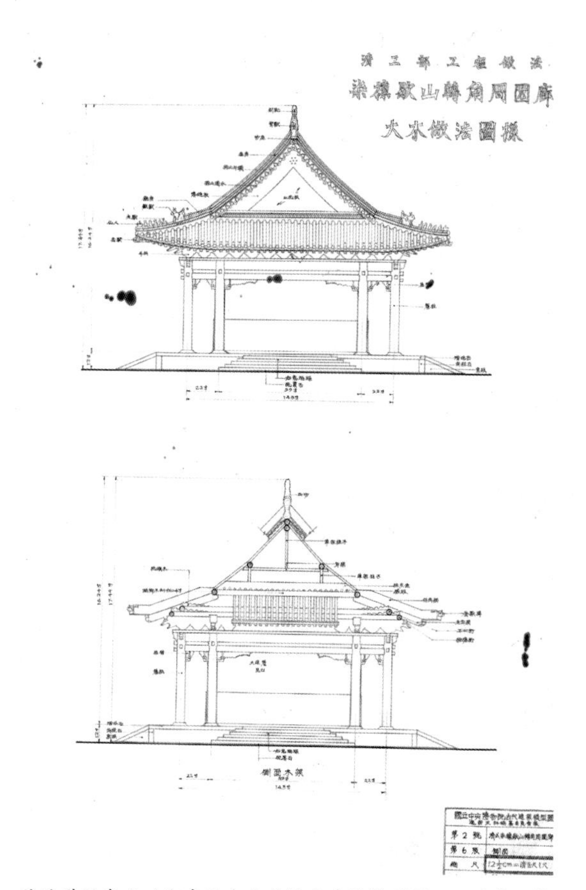
营造学社李庄时期卢绳先生所绘古建筑模型图——清式七檩歇山转角周围廊大木侧面

父亲在建筑教育方面，再三强调"博"与"精"的重要性。由于建筑学的综合性，他要求学生既要有宏观方面（即建筑外围多方面）的修养，又要有严格精深的训练。因为自己是"科班"出身，他极其重视建筑技术运用与艺术手法的推敲。父亲的学术造诣很高，他通晓古今，将理工与人文、理论与实践密切结合。他在课堂讲学时经常结合文献碑史，即使讲述枯燥的古建筑结构，学生们也很少产生倦意。他讲课涉及的知识面很广，从绘画到戏曲表演艺术，从诗歌到小说……凡是他认为有助于学生理解的东西，他都会讲，使学生能够触类旁通，全方位学习知识，而且他常常喜欢采用类比的方法，让学生深入理解他所讲授的建筑概念。

父亲的语言表达也很独特，因为他对各种事物有着敏锐的洞察力和独到的观点，而且往往评论尖锐，一针见血，经常一两句话使得学生哄堂大笑，使建筑史教学显示出特有的生机和活力。天津大学的老校长李曙森先生经常夸赞："听卢先生讲古建史真是学识和艺术的双重享受！"

父亲的才情，可谓是有口皆碑，他的诗、文、画、建筑无一不精，因此他被众人称为具有"文艺复兴色彩"的人物。父亲幼承家学，雅擅诗词，其中国传统文化底蕴非常深厚。从学生时代开始，他就不断有诗文和绘画作品问世并发表。自从选择建筑作为自己的终身职业后，他始终是以艺术家与诗人的视角去观察与认识建筑的。他总是比别人更敏锐地去感受美，每勘察一处古建筑，测绘既毕则诗词已就，内容多为思古之幽情。很多老师对父亲都十分钦佩，觉得他很有学者风范，谈吐之间引用很多古代典籍，而且对戏剧有着很深入的了解，不仅熟知流派知识，而且能从更大的范围将它作为艺术的一个门类进行剖析，真所谓融会贯通。他的才学至今仍给同事们留下了深刻的印象。

父亲一生迷恋于中国古建筑的研究和教学，从不计较个人得失，不顾自身遭遇坎坷，仍然一如既往、锲而不舍。1973年被查出冠心病后，他非常担忧学校的古建筑研究后继无人，多次催促领导物色接班人，说到动情处几次伤心落泪。"四人帮"倒台不久，他抱病走上讲台，为学生讲授中国建筑发展史。尽管当时他身体已十分衰弱，仍坚持讲了两个多小时，在学生热烈的掌声中完成了人生中的最后一课。

父亲不仅学术上独树一帜，著述等身，桃李满天下，是卓有成就的建筑历史学家和建筑教育家，而且内外兼修，心胸开阔，为人宽厚儒雅。他的学术成就、品行为人得到国内外专家学者的称颂。他的一生是坎坷而丰富的，他热爱祖国，忠实于教育事业，为我国的科学研究事业不断攀登，兢兢业业，奋斗终生。他锲而不舍、执着追求的敬业精神，渊博的学识和永不满足、严谨务实的学风，永远值得我们怀念和学习。

三、卢绳与天津大学建筑系的建筑历史教学与科研

天津大学建筑学院与中国营造学社有很深的学术渊源——在20世纪40年代，北洋大学（天津大学前身）建筑系师生就参加了由朱启钤先生策划提议、由张镈先生主持的古都北京中轴线建筑测绘，至今以图纸严谨精美享誉学界。父亲于1942年从国立中央大学建筑工程系毕业之时，就不畏艰辛前往由于战乱而

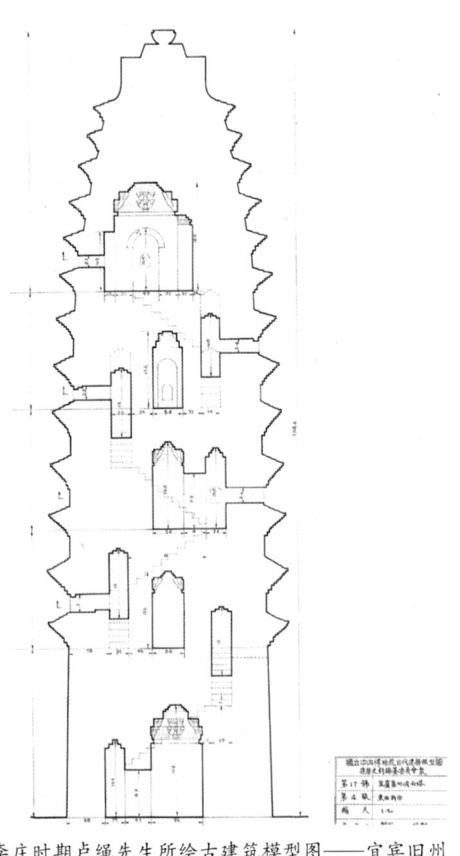
营造学社李庄时期卢绳先生所绘古建筑模型图——宜宾旧州坝白塔东西断面

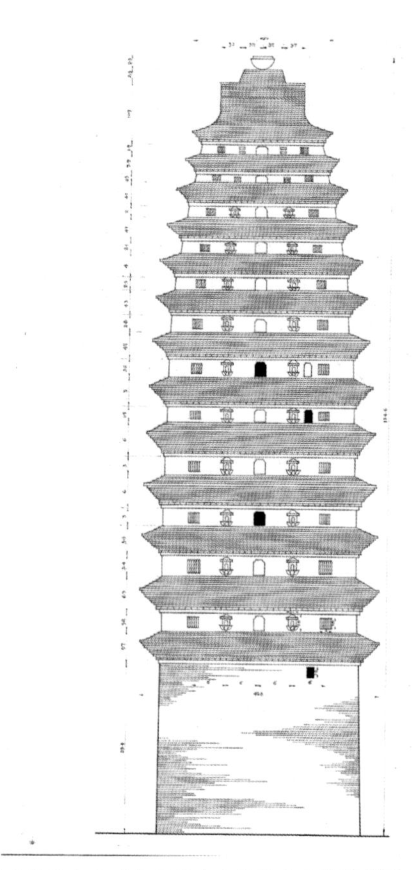
营造学社李庄时期卢绳先生所绘古建筑模型图——宜宾旧州坝白塔东立面

迁往四川李庄的中国营造学社，追随梁思成、刘敦桢诸位先生学习和研究中国建筑。中国营造学社上承千古，下启20世纪上半叶的中国建筑研究风范，奠定了中国近现代建筑历史研究的学术体系，是中国学者以新的科学方法研究中国传统建筑的学术团体，在中国建筑历史研究学术思想流变的过程中具有继往开来的历史地位和作用。父亲在中国营造学社时期的主要学术活动是协助梁思成编写《中国建筑史》，主持明代建筑旋螺殿、宜宾地区古建筑、前蜀王建墓的测绘发掘，并且于1943年整理相关资料完成《旋螺殿》一文，发表于《中国营造学社汇刊》1944年10月第七卷第1期。

20世纪50—60年代，天津大学土建系建筑学专业广大教师充分发挥积极性，在父亲的主持下带领学生用现代测绘方法开展以承德避暑山庄及外围寺庙、北京紫禁城内廷宫苑、沈阳故宫及关外三陵、明十三陵、清东西陵等为代表的大规模古建筑测绘与研究。此举赢得了学术界、建筑教育界的广泛关注与尊重。

1964年夏，父亲率天津大学土建系建筑学专业学生对满族特色鲜明的塞北皇宫沈阳故宫、福陵、昭陵进行了测绘，绘制了大量精美翔实的测绘图。2003年沈阳故宫及关外三陵申报世界文化遗产，参加验收的联合国教科文组织的专家们都为精美的文物测绘图纸所震惊，给予了颇高的评价。

秉承前辈的学术遗产，天津大学建筑学院坚持不懈开展古建筑测绘工作，至今已近80年，为中国建筑研究和国家的文物保护事业，贡献了自己的一份力量。每年王其亨教授在向同学们作测绘实习动员时，一代代年轻的学生和教师，仍会被营造学社前辈的事迹感召和激励，从他们的学术成果中学习并受惠。

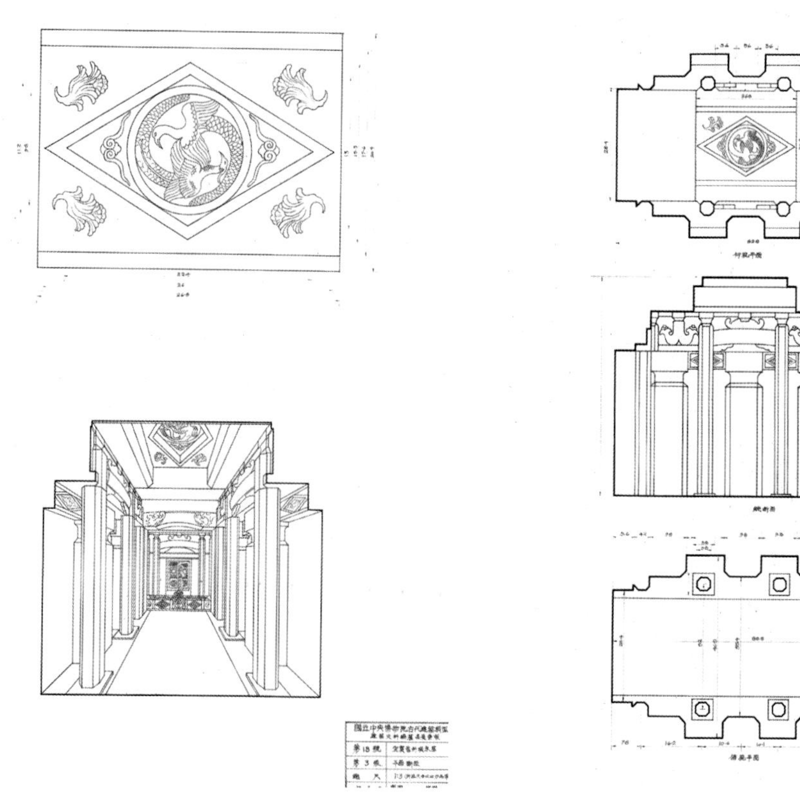

营造学社李庄时期卢绳先生所绘古建筑模型图——宜宾旧州坝宋墓

营造学社李庄时期卢绳先生所绘古建筑模型图——宜宾旧州坝宋墓平断面1

营造学社李庄时期卢绳先生所绘古建筑模型图——宜宾旧州坝宋墓平断面2

The Society's Outstanding Architectural Heritage Protection Practice and the Academic Inspiration: Commemorating the 90th Founding Anniversary of the Society for the Study of Chinese Architecture

中国营造学社建筑文化遗产保护实践典范及其学术思想精神启示
——纪念中国营造学社成立90周年

崔 勇*（Cui Yong）

提要：本文通过故宫文渊阁楼面修理计划、修理故宫景山万春亭计划、杭州六和塔复原状计划、曲阜孔庙之建筑及修葺计划等建筑文化遗产保护实践活动，分析与论述中国营造学社在保护建筑文化遗产过程中所遵循的原则与规范以及所做的保护工程对于后来的建筑文化遗产保护具有的典范意义。

关键词：中国营造学社，建筑文化遗产保护，守旧如旧保护原则与规范，中国营造学社学术思想精神

Abstract: Based on the Forbidden City Wenyuan Attic Floor Repair Plan, the Forbidden City Jingshan Wanchun Pavilion Repair Plan, Hangzhou Liuhe Pagoda Restoration Plan, Qufu Confucian Temple and Its Repair Plan and related architectural heritage protection practice, this article analyzes and discusses the principles and norms followed by the Society for the Study of Chinese Architecture in the process of protecting the architectural heritage, as well as the Society's exemplary role in the architectural heritage protection.

Keywords: The Society for the Study of Chinese Architecture, Architectural Heritage Protection, Conservation Principles and Norms, the Academic Ethos of the Society for the Study of Chinese Architecture

引 言

我的博士论文《中国营造学社研究》[①]从学术思想的角度系统地论述了中国营造学社在推进中国建筑史学研究发展过程中的历史贡献与学术地位及历史缺憾。但由于交稿仓促，当时还没有意识到建筑遗产保护与研究的重要性，因此在论文的整体构架中缺少了一个非常重要的章节，那就是中国营造学社的建筑遗产保护实践及其典范意义。我一直认为《古建园林技术》是中国营造学社及其《中国营造学社汇刊》的历史延续。借此中国营造学社成立90周年庆典之际，特撰写此文弥补《中国营造学社研究》缺憾，权作庆典的纪念。

一、中国营造学社建筑文化遗产保护的实践

（一）故宫文渊阁楼面修理计划[②]

修理文渊阁楼面是中国营造学社真正意义上践行文物建筑保护的第一次尝试。因为在此之前，中国营造学社曾经会同相关单位共同修理过紫禁城角楼倾斜部分及涂抹墍茨，至于建筑结构及实用方面，因存在

①崔勇：《中国营造学社研究》，南京，东南大学出版社，2004。
②蔡方荫、刘敦桢、梁思成：《故宫文渊阁楼面修理计划》，载《中国营造学社汇刊》，1932，3（4）。

* 中国艺术研究院建筑艺术研究所研究员、博士研究生导师。

故宫旧影——阁前水池栏杆

《中国营造学社汇刊》第三卷第4期所载《故宫文渊阁楼面修理计划》

《中国营造学社汇刊》第三卷第4期所载《故宫文渊阁楼面修理计划》所附照片

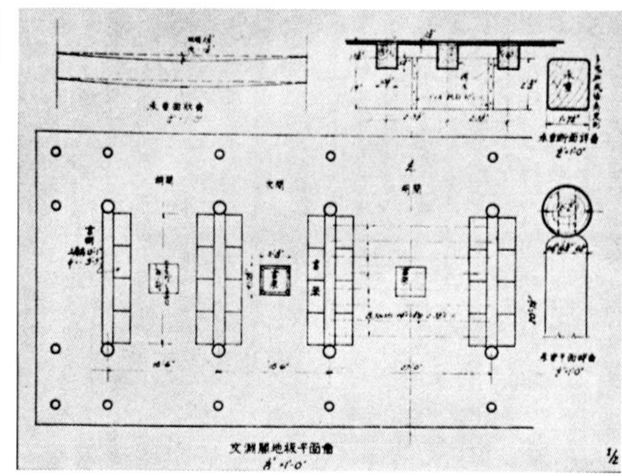

《中国营造学社汇刊》第三卷第4期所载《故宫文渊阁楼面修理计划》附图

《中国营造学社汇刊》第三卷第4期所载《故宫文渊阁楼面修理计划》正文

故宫文渊阁东碑亭琉璃宝顶修理现场

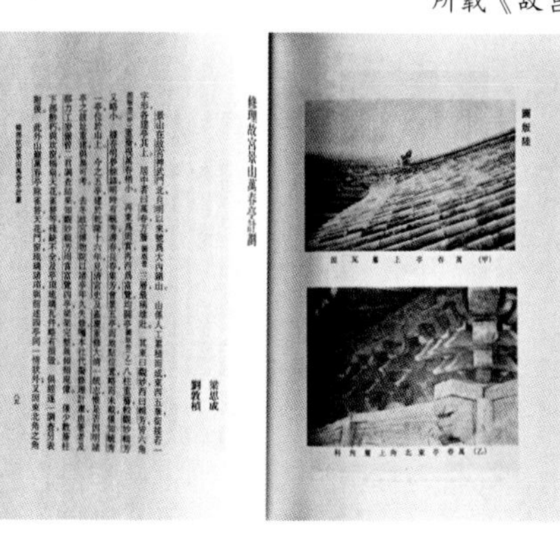

《中国营造学社》第五卷第1期所载《修理故宫景山万春亭计划》

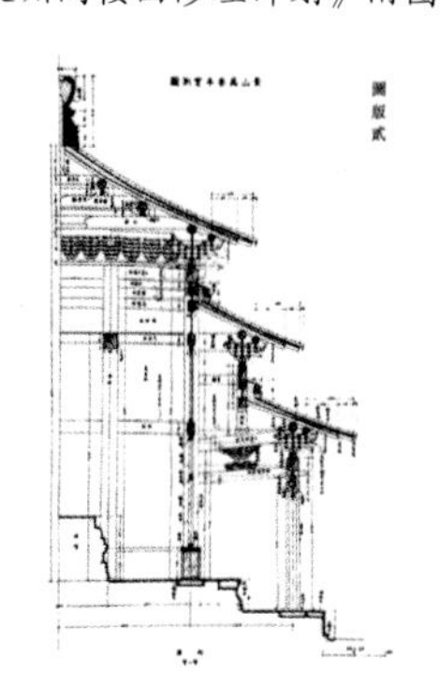

《中国营造学社》第五卷第1期所载《修理故宫景山万春亭计划》附图

问题较为简单而未能加以修理，这是初次实践经验。

根据《中国营造学社汇刊》第三卷第4期专刊记载，1932年10月，故宫博物院总务处处长俞星枢因文渊阁楼面凹陷而嘱托中国营造学社进行专业性检查，以便修理。社长朱启钤偕同文献部主任刘敦桢、法式部主任梁思成前往勘察。故宫文渊阁基本上属于仿照浙江宁波天一阁制度而建造。在勘察文渊阁的过程中发现，文渊阁各层书架上部倾倚并大有颠仆之势；上层地板中部向下凹陷；各层内外柱及墙壁大体完整并无倾斜崩陷现象。

中国营造学社同人经过认真研究勘察的结果进一步发现，各层书架之所以倾倚并有颠仆之势的现象，是由于上层地板中部下陷，二者是因果关系。为避免因倾倚造成颠仆，故宫博物院管理人员早已将《四库全书》全部取下书架，另用木箱装贮而存入别的库房。无疑对上层地板中部凹陷进行处理、补救，是需要解决的主要问题。

在实施过程中，中国营造学社同人发现，仅外部观察不足以有恃无恐，因此而认为有拆卸楼板、检查柁梁楞木之必要。拆卸两层楼板之后发现，虽然没有拆毁各柁梁探究其拼合的状况，但就其外观可知，其中的施工是较为潦草的，而且铁箍厚度仅有四分之一英寸（注：1英寸=2.54厘米）、宽三英寸，每隔三英尺（注：1英尺=30.48厘米）四英寸搁置一横条，致使各柁梁中部无不向下垂曲，这是楼面下陷的原因。

同时还发现，书架的倾斜并非由于地板凹陷所致，而是因为书架皆倚木板隔断墙放置，而此板墙面均用麻刀灰涂抹，这些泥土大部分堆积在板墙脚部，而将书架排挤至倾斜，与楞木地板之凹陷实际上没有关系。在此基础上，中国营造学社制定了文渊阁修理实施计划并进行了验算。

经过验算分析得出的结果是，由于楠木柁梁实为拼合而成而不是整块巨材，其应张力度至多只能为整块黄、松木之半。换句话说，每平方英寸的荷载宜在六百磅（1磅≈0.45千克）之内，而实际情况是柁梁的每平方英寸承受一千二百余磅的荷载，超过容许荷载力约一倍。此乃柁身弯曲的原因。此外，柁梁铁箍过少，且与两端接榫过狭，并无雀替辅助，这是造成凹陷的次要原因。

综合上述勘察验算结果，中国营造学社同人认为，中央书架下的龙骨以及南北向大柁梁所承受的荷载皆较容许荷载力更

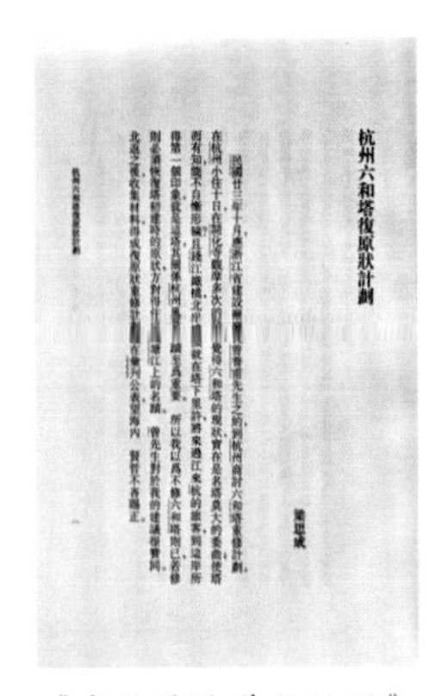

《中国营造学社汇刊》第五卷第3期所载《杭州六和塔复原状计划》

《中国营造学社汇刊》第五卷第3期所载《杭州六和塔复原状计划》所附照片

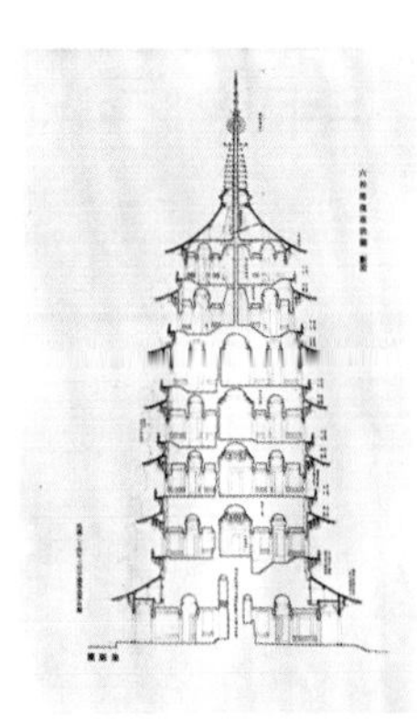

《中国营造学社汇刊》第五卷第3期所载《杭州六和塔复原状计划》附图

大，宜设法早日调换新材料代替业已垂曲的旧材料。调换的方法不外乎用木柁或工字钢梁及钢筋水泥梁数种。建筑物修旧如旧的原则的含义：在美术方面，应以保存原有外观为第一要义；在结构方面，当求不损伤修理范围外之部分。

（二）修理故宫景山万春亭计划①

1933年冬，故宫博物院因为景山五亭年久失修而嘱咐中国营造学社代拟就修理计划，中国营造学社派邵力工、麦俨曾两位前往调查，得知其中观妙、辑芳、周赏、富览四亭梁架完整，无倾颓现象，仅少数檐柱下部腐朽，坎窗、隔扇、天花、雀替、亭顶琉璃瓦等略有部分残缺。景山山巅的万春亭雀替、天花、门窗、琉璃诸项除与前述亭同一情状外，其东北角金柱下部腐朽，由于台基下沉牵动附近梁架，檐口向下呈垂曲状，倘若不及时修理，数年后其颓势势必波及其余部分。在实测并绘图的基础上拟就如下修理计划。①基础：补救之策宜以不惊动现有基础为原则，另于亭之南北面相度地势筑拥壁数曾以防山土之再崩溃。②柱：因亭之檐柱下部腐朽并脱落，须按原有尺寸更换新柱，东北角椽望、斗拱、梁枋等也须拆除更换新柱，柱须用花旗松整材而不宜碰接包镶，柱底与顶部均涂防腐剂。③梁枋：东北角上业已腐朽的枋额应照原有尺寸换用花旗松之梁枋，其余各部梁枋裂缝者须加铁箍保护。④斗拱：用柏木补换腐朽斗拱。⑤檩椽望板：按照原有尺寸更换东北角飞檐、瓦口、连檐、望板、檩等。⑥老角梁、子角梁：亭之四角老角梁和子角梁因备受风雨摧残，可以换用钢筋混凝土构件，以求其稳固。⑦屋面瓦脊：用搜集之旧瓦与琉璃使其恢复原状，以水泥盖板替换已腐朽的宝顶。⑧装修：已腐朽的坎窗、隔扇均须用简单、经济实惠的木材替换。⑨彩画：在美术上以保存原有外观为第一要素，未修理各部之彩画均宜照旧，不事更变，梁柱、雀替、门窗、天花等处所新绘制彩画俱应仿古，与旧有者保持一致。⑩栏杆：为安全起见，在四周檐柱外宜添置铁栏杆，其样式须简单而实用。

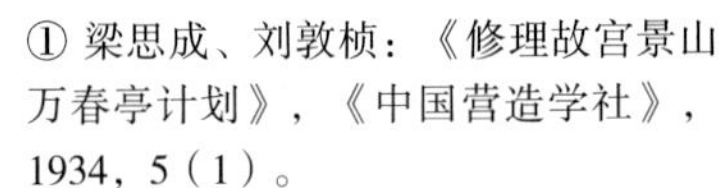

① 梁思成、刘敦桢：《修理故宫景山万春亭计划》，《中国营造学社》，1934，5（1）。

② 梁思成：《杭州六和塔复原状计划》，载《中国营造学社汇刊》，1935，5（3）。

（三）杭州六和塔复原状计划②

开宝三年（970年），吴越王于南果园建寺造六和塔，内藏舍利以镇江潮，塔高九级，五十余丈。撑空突兀，跨陆俯川，海船夜泊者以塔为指南，后损毁于兵火。宋孝宗隆兴元年（1163年），六和塔经修复成七层楼塔，内则可登道，环壁刊《金刚经》列于上下。明嘉靖三年（1524年），六和塔又遭损毁。明万历年间（1573—1620年）、清雍正年间（1722—1735年）支取内库银两先后重建六和塔。无奈在道光三十年（1850年），六和塔又一次毁于太平天国之战乱，光绪二十六年（1900年）又得以重修。六和塔几经损毁，至20世纪30年代，人们见到的即是光绪二十六年修复的形貌肥矮、十三层檐部全是木构的六和塔。十三层的楼塔，其实是个外壳，最下层为敞廊，上十二层有板壁遮盖，里面包着砖造的塔身，塔身保存完好，内部搭道可以登临，内在的十三层实际是"七明六暗"。1934年10月，梁思成应浙江省建设厅厅长曾养甫之约到杭州商讨六和塔重修问题。充分了解有关六和塔的史略、现状后，在原状推测的基础上，梁思成参照辽宋时代的楼塔和建筑遗构以及《营造法式》拟定修复计划。

六和塔原构檐部及平座之所以毁损，最显而易见的原因自然是檐及平座皆以木构成，而木是"非永久"材料，对于水火自然缺乏抵抗力，次要的原因乃是木檐平座与砖身之间缺乏坚固的联络，以致木部脱离。至于塔内砖身经过久远的年代是否稍有移动而致木部脱离，也是值得考虑的，用钢筋混凝土取代木材是较为妥善的，而且若将檐部及平座做成整圈的箍子缠绕塔身，则不但使檐部与平座有不可分离的联络，还可以紧束砖身使得塔身不能向外倾散。因此复原施工的第一步首先是在不损害塔身的前提下拆除光绪年间重修的木壳，使塔身露出并加建斗拱檐部。八面每面用钢筋混凝土做成四个棱形柱，柱下用石质柱础及柱櫍，柱上用栏额及普拍枋连络。柱额之上施以钢筋混凝土斗拱。 檐柱与塔身之间也用钢筋混凝土乳栿（梁）联络。其上之望板、檐椽、飞子等也一律用钢筋混凝土制为整箍紧缠塔身。每层檐部斗拱、椽子、望板以及其上之平座与斗拱，均为整个钢筋混凝土箍子，如层层腰带紧绕塔身，使砖身永无向外崩倒之机。最上层顶也用钢筋混凝土制作成八角形尖顶，尖顶为空心须弥座。在砖身第七层顶上做钢筋混凝土塔

《中国营造学社汇刊》第五卷第3期所载《杭州六和塔复原状计划》附图

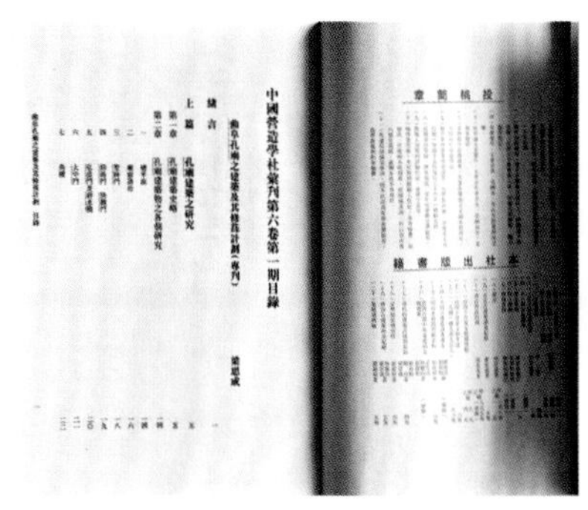

《中国营造学社汇刊》第六卷第1期所载《曲阜孔庙之建筑及修葺计划》1

《中国营造学社汇刊》第六卷第1期所载《曲阜孔庙之建筑及修葺计划》2

《中国营造学社汇刊》第六卷第1期所载《曲阜孔庙之建筑及修葺计划》3

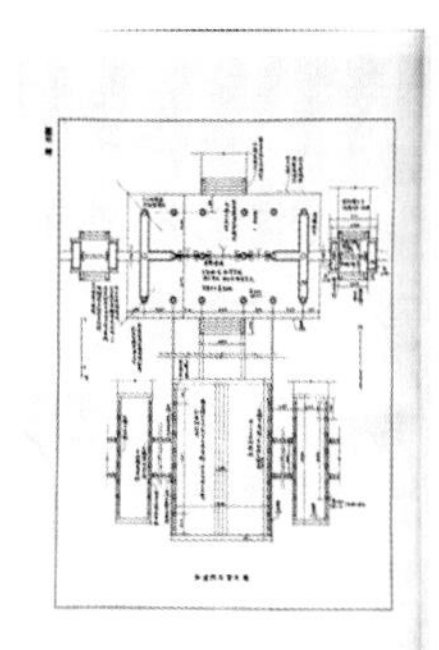

《中国营造学社汇刊》第六卷第1期所载《曲阜孔庙之建筑及修葺计划》4

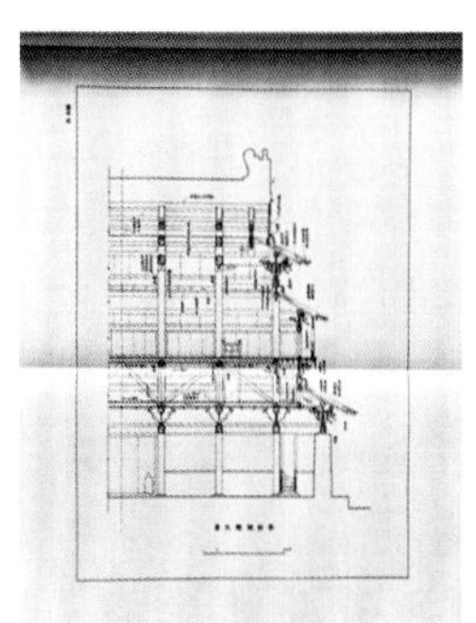

《中国营造学社汇刊》第六卷第1期所载《曲阜孔庙之建筑及修葺计划》5

心柱及柱脚板，上端伸出须弥座以上以穿铁刹。须弥座之上用铁板制成仰覆莲座。其上铁刹及承露金盘则穿在刹心柱之上。至于塔的第六、七层内现有的刹柱，则拟保存原有的形制以引起来往游人历史瞻观的兴趣。各层平座栏杆拟用钢筋混凝土制作望柱、栏板、蜀柱诸部，而其上寻杖责用三寸或三寸铁管。为防水计，各层檐水泥望板须按水泥成分加八分之一防水粉，望板之上用二成水泥八成煤渣混合物瓦，既可以减轻负载，又可以防止瓦上生草。外面全部颜色的配合拟用宋代法式原式，外柱深红色，栏额斗拱用青绿彩画。柱色宜用彩色水泥。斗拱栏额或用彩色水泥制成简单化的宋式彩画，或用油色彩画均可。外壁全部宜用米色水泥以代原来纯白色石灰墙以求坚固耐久。塔内登高踏道改为舒缓通道，铁梯上所用栏杆则宜作宋代形式以求一贯。塔内黑暗处宜置安全灯，铁刹之上更可装灯使每夜长明不熄，夜行者以塔灯为指南。塔身高耸山头，宜用避雷针以保证安全，塔之四周及东部宜作庭园布置以求其自然环境之优美。

（四）曲阜孔庙之建筑及修葺计划[①]

曲阜孔庙是中国营造学社同人接受的一个重大建筑遗产保护项目，故特别引以为重。

1935年2月，梁思成带领莫宗江奉国民政府教育部和内政部命令到山东曲阜勘察孔庙并接受修葺任务，在将近一个月的时间内，除1933年重修的寝殿、同文门及弘道门外，几乎对每座殿宇均做过详细测量，并在平面图上详细地注明结构上损坏的部分情形及位置，此外还拍摄了相关照片320余幅。至7月拟就修葺计划与工料预算报请国民政府相关部门审核。

在这次修葺孔庙的工程中，中国营造学社同人与历史上每次重修时匠师们的做法有根本上的不同。以往的重修目标往往是将已破敝的庙庭恢复为富丽堂皇、工坚料实的殿宇，若能拆去旧屋而另建新殿，在当时更是颂为无上的功业或美德，但中国营造学社同人的观念与方法则是：必须对各个时代的建筑文化遗产负有保存或恢复原状的责任，在进行保护设计之前须知道建筑物的年代以及建筑物的时代特征；对于建筑物的损毁处须知道其原因及补救的方法，同时还须将知性与理性应用到建筑物本身上去，以求现存建筑物寿命最大限度地延长，绝不可以像前人那样拆去旧建筑而建造新建筑。在露明的结构部分改用极不相同的材料（例如用小方块洋灰砖替代大方块铺地），致使参观孔庙的人得见与原用材料所给予的极不相同的印象，则是中国营造学社同人需要极力避免的。在不露明的地方，凡有需要之处，必须尽量地用新方法、新材料（如钢梁、螺丝捎子、防腐剂、隔潮油毡、洋灰铁筋等）以补救旧材料古方法的不足，但不是万不得已不得改变原形。在保护规划设计上要将今日所有的关于力学与材料的知识尽量用来补救孔庙现存建筑在结构上的缺陷，同时在外表上极力维持或恢复现存各殿宇建筑物初始时的建筑形制。所采取的具体方法是，从结构及历史两方面着眼，用《营造法式》与历史文献相对照以定其年代。在确定年代的过程中一个有趣的发现是，在2000年的历史长河中，无论朝代如何更替，在各朝统治者的崇拜及保护下，孔庙这处庙宇的尊严从未受到过损害，即便是偶有破坏，不久即被及时修复。在建筑物方面，孔庙由原来的三间至宋代已发展到三百余间，世代修葺从未有过懈怠。就此而言，孔庙恐怕是人类文化史中唯一的一处寓有丰厚的历史、科学及艺术价值的建筑物，因此在梁思成的专著《曲阜孔庙建筑及其修葺计划》的上篇《孔庙建筑之研究》中专列“孔庙建筑史略”“孔庙建筑物之各个研究”“曲阜孔庙建筑年谱”等章节对此予以全面论述。

本文的重点是论述梁思成及其中国营造学社同人的建筑文化遗产保护实践，对孔庙建筑本身的结构与建筑形制等方面的情况就不赘述，只就孔庙建筑修葺计划及实施情况分别予以论述。

1.孔庙修葺史略述要[②]

公元前478年，鲁哀公下令将孔子生前居住的三间破旧的房子改造为孔子的祀庙，按照周礼的规定，天子七庙、诸侯五庙、大夫三庙、士一庙，而平民百姓不得立庙。孔子曾经做过鲁国的大司寇，是诸侯国的三卿之一，地位相当于周天子的大夫，但孔子很快就去官，死的时候仅仅是一个布衣而已。鲁哀公为孔子立庙实在是非常之举。尽管这样，与当时卿大夫的庙堂相比较，孔子的庙堂显得寒酸、简陋，但有意思的是权贵们

① 梁思成：《曲阜孔庙之建筑及修葺计划》，载《中国营造学社汇刊》，1935，6（1）。

② 参见刘德增：《孔庙》，1–7页，北京，华语教学出版社，1996。

的庙堂随着江山易主、权威转移而颓废荒芜，而孔子的庙堂因孔子作为万世师表的思想灵魂诉诸人世间不散而绵延不绝、香火旺盛，这是自权贵至平民之所以青睐孔子的见证。秦始皇嬴政视儒学为异端邪说而实行焚书坑儒，孔庙在秦代自然得不到重视。汉代自汉武帝刘彻登上历史舞台推崇儒家学说并独尊儒术以来，作为尊孔崇儒的表现之一，孔庙的修葺日渐被重视，以致孔庙成为人们心目中的圣地，至建宁元年（168年），曲阜所在地鲁国开始拨款大规模地修治孔庙，增补了围墙，装修了庙宇，并疏通了排水沟。汉代末年，孔庙由于战乱再一次遭遇荒废，至魏文帝曹丕登上帝位的当年（220年）便诏令鲁郡修复孔庙。北魏郦道元《水经注》中记有："庙屋三间，夫子在西间，东向；颜母在中间，南向；夫人隔东一间，东向；夫子床前有石砚一枚，作甚朴，云平生时物也。"唐代至李渊子孙坐天下的时期曾经多次修葺孔庙，遗憾的是唐代修葺的孔庙是什么样子以及规模如何，则不见有文字记载。宋代曾经先后七次修葺孔庙，尤其由宋真宗赵桓天禧二年（1018年）下令的第三次修葺规模盛况空前，兴建了一批殿、堂、廊、庑，房屋总数达到315间。可悲的是1021年金兵入侵，捣毁了孔庙的盛迹。女真族曾是一个文化上较为落后的部族，当他们入主中原后被中原文明所折服，并拜伏在孔子的塑像之下，被捣毁的孔庙得以修复，在历时4年的修葺中，孔庙的规模超越前代，殿堂达到360余间，而且装饰较前代更华丽，正殿大成殿和两庑的屋顶用绿色琉璃瓦剪边，青绿彩画、朱色油漆、栏杆帘栊、柱首雕龙，极尽豪华富贵之景象。孔庙的修葺在元代又有了新的发展，仿照皇宫的规模在庙庭四周建有四座角楼。明代自朱元璋始，明朝皇帝便把修治孔庙作为尊孔崇儒的重要表现，先后修葺孔庙21次，

明代最大的一次修建是在弘治十三年（1500年）开工的。引发这次大兴土木的原因是弘治十二年（1499年）六月十六日孔庙遭雷击引起火灾，火势迅速蔓延烧毁了斋厅、东庑、寝殿、西大成门、大成殿、启圣殿等，共烧毁房屋123间。翌年，当朝天子孝宗朱祐樘派遣大员会同山东地方官府着手修复，并调集京城和各王府的能工巧匠汇集曲阜。在修复大成殿时，孝宗特遣太子太保、户部尚书兼谨身殿大学士李东阳去曲阜监工。此次大修至弘治十七年（1504年）正月竣工，历时4年，耗费白银152600余两。竣工之后，工程主持人黄绣绘制一幅详尽而准确的孔庙建筑图刻于石碑上，李东阳为此图作序，记叙了工程始末及新庙庙制。现将序言中的要言辑录如下，其曰："庙之制，中为大成殿十楹，崇八丈，邃有奇，广倍其半。为左右庑百余楹，后为寝殿八楹，前为杏坛，又前为奎文阁，楹视寝数，崇略与殿等，又前为门四重，中为桥三。殿之左为家庙，后为神厨，前为诗礼堂，为神库，又前为燕申门。殿之右为启圣王殿，后为寝，前为金丝堂，又前为启圣门。前左右为斋室，室之外为快睹、仰高二门，与观德、毓秀二门而四，又左右为钟鼓楼，与角楼而六。阁之前后为碑亭各四，前四亭则本朝御制，而祝敕诸文皆附焉。惟坛及楼及中门仍旧，自余或创或益，并从新制，材干坚厚，构缔完整，像设端伟，绘饰华焕，悉臻其极，盖一代之盛典，天下知大观，皆备于此。"此话并非溢美之词，这次大修无论是建筑规模，还是质量，抑或是装饰程度，都是空前绝后的。至此，孔庙基本定型。尽管后来屡有修治，但仅仅是局部的扩建和改造而已。清朝同样高举"尊孔"的大旗并不断修葺孔庙，在清代200多年的时间中共修治孔庙14次，其中规模最大的一次是在雍正三年（1725年）动工的。这次大修的起因也是一场雷火。雍正二年（1724年）六月初九申时（15—17点），疾风暴雨、雷电交加，大成殿遭遇雷击起火，火势蔓延至其他殿堂门廊，烧毁房屋133间，除崇圣祠外，其余皆为一片瓦砾。当朝天子世宗胤禛诏令工部侍郎马腊会同山东巡抚陈世倌、布政使博尔多重修。此次修建图纸经世宗亲裁。到雍正八年（1730年）九月十六日竣工，历时6年，动用国库白银157000多两。此次修葺孔庙基本上按照明代弘治年间的样式重修，不同的是把正殿正门的绿琉璃瓦改为黄琉璃瓦，两庑改为黄瓦剪边。如此这样，瓦的色彩也上升到帝王的规格。至此，孔庙成为所谓天下第一庙。

2.孔庙通常破坏情形——其原因及修补原则及实施

（1）梁：根据孔庙梁裂、梁弯、梁脱榫情况采取相应的修缮措施。

（2）柱身倾斜：针对柱身倾斜而采取的措施是将柱移正归位，在可能的范围内加用坚强的角替或斜柱以增加构架的刚强性。

（3）桁椽及飞椽之朽坏：孔庙桁椽及飞椽之朽坏的补救办法是，视腐朽的程度而改换经过了防腐处理且干透了的新材料，并在其上涂抹臭油（即沥青）。

（4）斗拱外倾：斗拱外倾的补救办法是，或设法减轻屋顶净重，或用钢条箍将正心桁整周箍住，或在每步桁上用螺丝钉住使得桁不能向外倒倾，或在每架梁头上加垫脚木块并用皮钉在梁上以阻止桁向外滚下。

（5）额枋弯下：额枋弯下的补救措施是将主要建筑物之额枋一律换上外包木皮的工字钢梁以保存原形。

（6）承椽枋弯拧：孔庙大成殿承椽枋弯拧的补救措施是，将承椽枋斜斫使得其上面可以全面承受椽尾之压力，然后在枋下加钢梁一道以担负重量。

（7）斗拱毁坏：斗拱毁坏的补救办法是，将柱头斗拱斗口略加大，将坐斗也加大加长，改用柏木取其螺旋木纹，不易裂变，也不致压扁，在正心斗拱及翘、昂的四角加安角铁，其上下安钢板，做成凳子状，钢板可与角梁用螺丝联络之。

（8）角梁毁坏：角梁毁坏的补救办法有三，一是换用工字钢梁，二是换用新木角梁，三是就旧角梁加钢捎子。至于戗脊渗漏引起的角梁腐朽的补救办法亦应如此。

（9）砖墙倾斜：砖墙倾斜的补救办法是，将墙拆下，用白灰砂子垒砌，以受压。

（10）阶基或月台倾斜：阶基或月台倾斜的补救办法同角梁毁坏的具体做法。

（11）踏道走动：踏道走动的补救办法是，将踏道全部拆下，在其下用白灰砂子垒砌坚固砖基，基础须深至结冰线以下，然后将踏道石归安，用水泥砂子垒砌。

（12）石栏杆走动：石栏杆走动的补救办法是拆下归安，用水泥砂子垒砌。

（13）屋盖渗漏：屋盖由望板、苫背、三层瓦合成，分量尤为沉重（若是琉璃瓦），渗漏的主要原因是屋盖全部向下向外斜溜以致各部接缝脱离，加之瓦缝野草丛生，而使屋盖渗漏严重。对屋盖渗漏，最妥当的补救办法是用灰泥煤渣混合弥补。

（14）砖墩门过木弯朽：砖墩门过木弯朽的补救办法是，全部拆下，重砌地基，使得地基深入结冰线以下，砖墩石改用白灰砂子垒砌，门上过木改用钢筋混凝土。

（15）地面砖裂：地面砖裂的补救办法是，或一律换用新砖，或用白灰砂子修补铺砖。

（16）油漆彩画：油漆彩画的补救办法是，或将古彩画未破坏者尽量保存之，或在可能的范围内须极力避免油漆，或将石柱上油漆彩画洗去，或重绘恶劣之彩画。

（17）装修：装修如有损坏，宜按原形填补，散脱者修补。损坏处宜加角铁以求牢固。

（18）拉扯：凡建筑物内榫卯之受张力者，一律施用钢板或钢条拉扯。在可能范围内，视其情形需要，宜在木材两面夹安之，用铁捎穿通材质整厚，两面用螺丝紧之，铁钉之用宜极力避免，而代之以螺丝。

3.孔庙各殿宇修葺概要表（此略，详见《中国营造学社汇刊》第六卷第1期）

《曲阜孔庙之建筑及修葺计划》按照建筑构建部分名称、现状、修葺方法将孔庙各殿宇修葺情况详细地列出表格。这一表格涉及大成殿、奎文楼、棂星楼、圣时楼、仰高门、快睹门、碧水桥、弘道门、弘道门东西掖门、大中门、大中门东西掖门、东南角楼、同文门、驻驿、院墙、葵文楼东西掖门、观德门、毓粹门、碑亭、大成门、金声门、东庑、杏坛、寝殿后院门、圣迹门、圣迹殿院门、圣迹殿后墙、燎所、启圣门、启圣殿东西碑廊、金丝堂、乐器库、启圣殿前三座门、启圣殿、启圣殿寝殿、承圣殿、诗礼堂、礼器库、诗礼堂后影壁、孔宅故井、井志碑亭、崇圣祠前三座门、崇圣祠、家庙前三座门、家庙、孔子故宅门、孔子故宅门赞碑及碑亭、后土祠、神庖北房、神庖东房、神庖西房、神庖院门、神厨北房、神厨东房、神厨西房等处建筑的各部位的修葺，无论是建筑保护实施还是观念与方法均为参照。仔细研读这份概要表，诸多方面值得后学借鉴。 此外，有关孔庙修葺施工说明书的编撰，以及孔庙以外的建筑保护工程实践均可借鉴。

（五）天坛修复与应县木塔测绘及故宫北京中轴线古建筑测绘

中国营造学社参与天坛修复（1935年）的学术指导与专业学技术顾问[①]、对山西应县木塔用现代测绘的科学方法予以全面的测绘（1935年）[②]、参与建筑大师张镈为避免毁于抗日战争而主持的故宫测绘及北京中轴线古建筑测绘（1941—1944年）[③]，为中国营造学社成罗哲文后来提出的中国特色的文物保护单位实行“四有”原则（即：一、规定保护范围，根据该建筑的情况，可划出重点保护范围、一般保护范围和建设控制地带；二、设立保护标志和说明；三、建立保护管理机构，根据该单位的范围大小、建设情况，设立文物保管所、研究所、研究院、博物馆或委托专门机构、专人管理，把保管的责任落实到实处；四、建立科学记录档案，将该文物建筑保护单位的历史沿革、文物价值、建筑的形制、结构、艺术特点等，详细地用文字记录、测绘图纸、照片和影像、录像以及模型等记录下来）[④]提供经验与借鉴。

（六）中国营造学社建筑遗产保护的典范意义

通过故宫文渊阁楼面修理计划、修理故宫景山万春亭计划、杭州六和塔复原状计划、曲阜孔庙之建筑及修葺计划、天坛修复与故宫及北京中轴线古建筑测绘等建筑遗产保护的实践以及所体现出的观念与方法，可以总结中国营造学社同人的建筑文化遗产保护实践诉诸后人以典范意义，并启示中华人民共和国成立后的中国建筑文化遗产保护法规制定[⑤]，2000年国家文物局颁布《中国文物古迹保护准则》，规定：“保护是指保存文物古迹实物遗存及其历史环境进行的全部活动。保护的目的是真实、全面地保存并延续其历史信息及全部价值。保护的任务是通过技术和管理的措施，修缮自然力和人为造成的损伤，制止新的破坏。所有保护措施必须遵守不改变文物原状的原则。文物古迹的价值包括历史价值、艺术价值和科学价值。”中国营造学社成员之一的国家文物局古建专家组组长罗哲文提出的文物建筑保护的“四有”原则

1935年中国营造学社参与天坛修复——天坛圜丘全景鸟瞰

应县佛宫寺木塔立面彩图

① 崔勇：《1935年天坛修缮纪闻》，载《建筑创作》，2006（4）。

② 梁思成：《山西应县佛宫寺辽释迦木塔》，见《梁思成全集》，第十卷，北京，中国建筑工业出版社，2007。

③ 单霁翔、刘曙光：《北京中轴线古建筑测绘图集》，北京，故宫出版社，2016。

④ 罗哲文：《关于建立有东方建筑特色的文物建筑保护维修理论与实践科学体系的意见》，见《罗哲文历史文化名城与古建筑保护文集》，北京，中国建筑工业出版社，2003。

⑤ 见2000年国家文物局委托国际古迹遗址理事会中国国家委员会颁布的《中国文物古迹保护准则》。

（保存原来的建筑形制、保存原来的建筑结构、保存原来的建筑材料、保存原来的工艺技术）则是基于中国营造学社在文物建筑保护实践中的理念[1]。现概括为如下几点：

（1）文化遗迹与文物建筑具有历史价值、艺术价值和科学价值；

（2）文物建筑保护与修复必须坚持修旧如旧的建筑保护原则；

（3）文物建筑保护要保留原有的建筑形制、结构、材料、营造法式与建造工艺。

① 罗哲文：《罗哲文历史文化名城与古建筑保护文集》133-135页，北京，中国建筑工业出版社，2003。

二、中国营造学社的学术精神启示

建筑学家吴良镛院士在《发扬光大中国营造学社所开创的中国建筑研究事业》一文中将中国营造学社的学术思想精辟地概括为“旧根基、新思想、新方法”，具体表现为科学与人文并举、传统与现代融合、启蒙与救亡共存、理论与实践统一、事业与人才并重等几个方面。

在科学研究中，一方面科学理性向人文学科渗透，另一方面人文精神向科学理性融入，就可能使学术研究成果既渗透着科学的人文精神，又不乏人文化的科学精神，从而走向科技、人文相结合的新的学术境界。中国营造学社同人们的身心里既灌注着丰厚的传统文化底蕴和激扬文字的人文气息，又洋溢着浓郁的现代科学理性精神，因而创造出彪炳千秋的学术成果。

中国传统学术研究思想与方法习尚考证、注释，这一习尚延至明清之际达到极致，“辩章学术、考证源流”成为学术研究的不二法门，一批国学大师应运而生。在朱启钤看来，要研究中国古代建筑营造学，还需“依科学之眼光作有系统之研究”，梁思成、刘敦桢分别以法式、文献的门径实施朱启钤的学术战略思想，加之文献考证与田野考察的佐证，并辅之以现代科学测绘的手段，中国营造学社因而在很短地时间内取得远超欧美学者的实绩。

20世纪30年代抗日战争爆发，中华民族处于生死存亡的关头，在这种关键性的历史时刻，哲学家、思想家李泽厚所说的“救亡与图存”成为那个时代思想文化发展的主潮。弘扬作为国学之一的中国建筑营造学，疏通中国传统建筑源远流长的发展脉络，确立中国民族建筑在世界建筑中的历史地位与发展道路，是对“五四”新文化运动之后民族文化发展的响应。中国营造学社同人们正是顺应这一历史潮流，责无旁贷地为民族文化复兴谱写了可歌可泣的篇章。

中国营造学社同人们一方面将建筑历史与理论研究成果呈现在《中国营造学社汇刊》《清式营造则例》《营造法式注释》《中国建筑设计参考图集》《中国建筑史》等经典历史文献中，另一方面在从1930年成立至1946年终止的16年间，先后调查全国15个省220多个县的建筑历史遗构，测绘了2000多个建筑单体，对没有实物证明的先秦两汉、唐、宋、辽、金等朝代的建筑通过结合文献的方式有了基本了解，同时也基本上掌握了自魏晋朝至明清之际的建筑实物资料，其理论研究与实地考察、田野测绘的实践理性精神为后学树立了光辉的典范。

近代佛教大师弘一法师说过：“应使文艺以人传，不可人以文艺传。”其意为艺术要由人来传递，目的是保持艺术的世代沿袭，而不是在艺术的传递中炫耀传人，以致忽视艺术本身的内在历史联系。中国营造学社学术思想研究的传承即是这样。建筑文化遗产保护事业的历史延续与人才的培养以及传承沿袭是事物发展过程中的必然结果。继梁思成、刘敦桢登峰造极的历史时刻之后，刘致平、陈明达、莫宗江、王世襄、罗哲文等后学继往开来，将中国建筑文化遗产保护事业继续发扬光大。

中国营造学社正是依靠这种矢志不移的学术思想精神，在20世纪三四十年代中国内忧外患、民族危在旦夕的恶劣社会环境与颠沛流离、饥寒交迫、无比艰辛的生活条件下，能够在贫穷落后的乡野间取得举世瞩目的辉煌的学术成就，建立了中国现代建筑历史与理论学术思想体系及典范，在调研的基础上抢救、保护了南禅寺、佛光寺、独乐寺、应县木塔等标志性的建筑文化遗产，确立了中国建筑在世界建筑史上作为三大体系之一的历史地位，培养了一批前赴后继的建筑文化遗产保护与研究人才，在国际学术界产生了广泛而深远的影响，令人叹为观止。刘梦溪在《中国现代学术要略》中说得好：“学术思想自有其独立性，既顺世而生，又异世而立，可不是顺势而生，她顺世却不随俗，而就其存在来说，又有异世甚或逆世的特点。”掩卷沉思，回顾中国营造学社的历史足迹，点点滴滴，犹记心头。

中国营造学社同人及所取得的学术成果闪现着现代理性之光，其学术建树与学术思想所蕴含的开创意义和精神价值堪称时代之楷模，也足以作为中国近现代学术经典而垂范后世。但由于时代文化历史发展趋势的影响，人力、财力及精力的失缺，乃至最终的机构解体致使中国营造学社的学术思想发展遗留些许学术研究本身的历史局限以及诸多方面的未竟之业，这为中国文化遗产保护与研究的后学者奠定扎实的学术基础，也提供了拓展历史空间的平台。

鉴于此，在笔者看来，开拓性、创造性地保护与研究并传承中国建筑文化遗产是势所必然之大业，沿着中国营造学社开辟的学术思想发展道路，我们势必要在如下几方面做出努力。

其一是要加强建筑遗产文化内涵的挖掘与阐释的力度。真正意义上的中国建筑文化遗产保护与研究肇始于1930年成立的中国营造学社，此后的90年间，行业的专家与学者不遗余力地在建筑遗产的历史考察、文献考证、田野考古、实体测绘、形式与技法论证等方面均取得了洋洋大观的丰硕成果，为建筑文化遗产保护与研究深入发展奠定坚实的学术基础。但在严格的学术研究意义上，这只是指出了作为研究对象的建筑文化遗产是什么或者有些什么，但关于建筑文化遗产为什么会这样，即在揭示并阐发其中所蕴含的博大精深的文化内涵上则显得意犹未尽，甚或力不从心，属于科学研究的前科学阶段，距离系统、科学地研究、传承与创造尚有距离。朱启钤先生早就说过："研求建筑营造学非通全部文化史不可，而欲通文化史非研求实质之营造不可。"我们对建筑文化遗产保护与研究的赓续发展不能再囿于传统的口传身授的匠作之为，要在文化阐释上作进一步的推演，这需要不拘于专业的大文化视野与学术胸襟。文化即人化，建筑作为文化的载体所蕴含的自然的人化或人化的自然意味有待于深入探究。

其二是从史实研究上升到系统理论研究与中国古代建筑学的学科建设的高度。中国传统建筑有自身的营造法式与建筑语言表达方式，梁思成将《营造法式》与《清代工程则例》视为解读中国建筑的两部语法读本。由于受到特殊的历史时空与研究人员的精力的限制，加之中国传统建筑没有系统、专门的论著而散见于经、史、子、集之中难以寻觅的事实，中国营造学社同人们在进行中国建筑文化遗产保护性抢救与研究过程中无暇或来不及对丰厚的传统建筑文化遗产进行理性的梳理，使之上升到系统的理论与学科建设的学术高度。建筑历史与理论研究不是考证与论证资料的汇编，应当在此基础上有系统的理论建树与独树一帜的中国建筑学科体系建立的学术思想表述。否则，我们的中国建筑文化遗产保护与研究工作在对古代建筑文化语言无知、对西方建筑文化与语言表达食而不化的双重被动情形下，无论是在理论研究还是在保护性工程实施过程中，只能是因缺失建筑自身表达的语境之而茫然不知所措。中国古代崇尚天人合一的生存智慧所孕育的人为环境与自然环境有机结合的营造哲理引发赖特有机建筑观的阐发，我们不能坐守以待，有关中国建筑设计原理与美学思想有待于系统研究。

其三是拓展中国建筑文化遗产保护与研究工作的新视野、新思路。对这一学术论题，笔者以为吴良镛院士在《论中国建筑文化的研究与创造》一文中论述得很中肯，现引述如下："改革开放以后，文物保护工作的情况发生了很大变化，建设规模变大，内容变多，时间紧急，保护规划工作一般跟不上，并且由于投资者各种方式幕前幕后的介入，法制的不完善，这项工作的复杂性与日俱增，破坏文物的行为此起彼伏，几乎日有所闻，文物保护工作异常艰辛，收效不一。当前的客观情况要求必须积极推进并开拓文物保护工作，包括扩大保护工作内容（例如适当地再利用），争取更多的专业工作者合作，吸收社会各阶层热心人士参与，唤起全社会的认识与关注，乃至争取决策者的秉公支持，力挽当前混乱局面。在所有这些工作中，出于专业职责和对历史与后人负责任的考虑，文物学术界有识之士在发掘史实、参考国际成功经验与理论、密切与规划工作者结合、投身实际、提出切实措施等方面当义不容辞。"[①]中国的现代化建设发展与建筑文化遗产保护是一"二律背反"[②]的社会文化悖论现象与问题，何以从国计民生、历史主人公、历史责任的角色理智处之，是历史赋予我们的机遇与挑战。

① 吴良镛：《论中国建筑文件的研究与创造》，见《中国建筑的城市与文化》，339页，北京，昆仑出版社，2009。
② 李泽厚：《批判哲学的批判》，10页，合肥，安徽文艺出版社，1994。

Passing the Torch：The Society for the Study of Chinese Architecture

“薪火”燎原的中国营造学社*

周学鹰** 芦文俊***（Zhou Xueying，Lu Wenjun）

摘要：1929年，中国营造学社创立，在朱启钤先生组织、统领下，在梁思成、刘敦桢两位先生扛鼎及众社员协力助推下，取得了极其丰硕的学术成果。直到现在，它仍如灯塔一般，照亮中国建筑史学科未来发展之路，为一代代建筑学人指明方向。它是中国建筑史学科的里程碑，亦是方兴未艾的中国建筑考古学科萌芽与壮大的奠基者。在中国营造学社成立90周年之际，扼要回顾、铭记中国营造学社及其诸位前辈学者的卓越贡献，及其日益深远的巨大影响。尤其是在中国建筑史学科肇始，就已孕育着中国建筑考古学科。未来中国建筑史学科、建筑考古学科的发展与壮大，某种程度而言，是中国建筑学科发展与壮大的必然要求与前置条件。中国古典建筑历史文化是我国建筑科学发展之源。

关键词：营造学社，朱启钤，北梁南刘，建筑史学，建筑考古学

Abstract: In 1929, the Society for the Study of Chinese Architecture was founded. Under the organization of Zhu Qiqian, the leadership of Liang Sicheng and Liu Dunzhen and the assistance of other members, the Society has made extremely rich academic achievements. Until now, it is still like a lighthouse, illuminating the road to the future development of Chinese architectural history, and pointing out the direction for generations of architects. It is a milestone in the discipline of Chinese architectural history and the founder of the budding and growing discipline of Chinese architectural archaeology. On the occasion of the 90th anniversary of the Society for the Study of Chinese Architecture, this article briefly reviews its outstanding contributions and profound influence. Especially since the establishment of the discipline of Chinese architectural history, the Chinese architectural archaeology has been gestated. To some extent, the future development of the disciplines of Chinese architectural history and architectural archaeology is the inevitable requirement and precondition for the growth of the discipline of Chinese architecture. The history and culture of Chinese classical architecture is the root of the development of Chinese architectural science.

Keywords: the Society for the Study of Chinese Architecture, Zhu Qiqian, Northern Liang and Southern Liu, Architectural History, Architectural Archeology

20世纪初叶的中国，经历着巨大的社会变革，面临新的社会思潮、外来科技文化及日寇入侵等的全方位冲击。鉴于此，此时期有见地的中华先贤们在内忧外患之中，均积极探索、重新思考与审视我国自身的文化体系及其在世界文明史上的地位。其中，中国古代建筑作为数量最多、规模最大的重要文化表征与物质载体，自然被纳入有识者的研究范围。

另一方面，此时期不少欧美和日本学者来华考察、研究中国古建筑。他们出版了相关学术著作，一定程度上引起了世界对中国建筑文化的重视，也进一步激发起中国学者自身的重视与热情，促使其奋起直追。

在此特殊背景下，民国时期中国人研究我国古代建筑的专业学术团体——营造学社，因缘而生。

* 本文得到国家社科基金资助，批准号:17BKG032；江苏省社科基金资助，批准号：18LSB002。

** 周学鹰，南京大学历史学院考古文物系教授、博导，中国建筑考古专业委员会副主任委员，南京大学东方建筑研究所所长，南京大学中国文化与文物研究所副所长。

*** 芦文俊，南京大学历史学院考古文物系硕士生。

一、营造学社缘起：筚路蓝缕朱启钤

中国营造学社创始人朱启钤先生　《中国营造学社汇刊》第一卷第1期书影

1.醉心中国营造学的朱启钤

中国营造学社创立于1929年，归功于朱启钤先生，地址在北平天安门西朝房内①。

朱启钤先生为清光绪举人②，清末民初政治家、实业家，“我国古建筑研究的奠基人，著名古建筑专家”③。他认为“中国之营造学，在历史上，在美术上，皆有历劫不磨之价值”；更急切意识到“挽近以来，兵戈不戢，遗物摧毁，匠师笃老，薪火不传。吾人析疑问奇，已感竭蹶。若再濡滞，不逮数年，阙失弥甚”④。急需沟通儒匠，深惧我国传统营造学之失传。

鉴于此，朱老很早便投身于古建理论研究、实践探索。“溯前清光绪末叶，创办京师警察，于宫殿、苑囿、城阙、衙署，一切有形无形之故迹，一一周览而谨识之”。且“蓄志旁搜，零闻片语，残鳞断爪，皆宝若拱璧。即见于文字而不甚为时所重者，如《工程则例》之类，亦无不细读而审详之”。他还“先后从事于殿坛之开放、古物陈列所之布置、正阳门及其他市街之改造”⑤，改建北京中山公园⑥等。

2.成立中国营造学社

1919年，朱启钤先生在南京图书馆偶然发现手抄本宋《营造法式》，立即委托陶湘先生等专家对其校勘译注，于1925年正式刊行，使海内学子渐知我国古代营造之学。自此，朱老治营造之学兴趣愈浓，也深感个体独立工作之不易，组建研究中国古建筑专门机构的愿望愈发强烈。1930年，在朱启钤先生的倡导与努力下，中国营造学社在北京宝珠子胡同7号正式成立⑦。可见，发现与释读《营造法式》为促成中国营造学社诞生的重要契机。

之所以命名“营造学社”，朱启钤先生曰：“本社命名之初，本拟为中国建筑学社。顾以建筑本身，虽为吾人所欲研究者，最重要之一端，然若专限于建筑本身，则其于全部文化之关系，仍不能彰显。故打破此范围，而名以营造学社，则凡属实质的艺术，无不包括。由是以言，凡彩绘、雕塑、染织、髹漆、铸冶、抟埴、一切考工之事，皆本社所有之事。推而极之，凡信仰、传说、仪文、乐歌，一切无形之思想背景，属于民俗学家之事，亦皆本社所应旁搜远绍者。”其实，这完全可视为朱启钤先生对自己建筑观的深刻阐释：建筑是文化事业之重要组成，营造是比建筑更综合的概念。“研求营造学，非通全部文化史不可。而欲通文化史，非研求实质之营造不可”⑧。至此，朱启钤先生提出与明确了中国营造学的学科性质，把研究对象从作为物质载体的建筑实物，扩展到一切与建筑相关的文化事业，文化与技术并举，作为营造学社最初的学术思想，奠定了此后的学术思路。今天读来，越显深刻。

当然，营造学社的成立并非一蹴而就，而是在朱启钤先生的多番努力与实践下“十年磨一剑”的成果。1919—1929年，除《营造法式》校勘出版外，朱启钤先生还成立了“营造学会”，广搜中国古代营造散佚史书、图籍，组织制作古建筑模型、举办展览会等，这些都是营造学社成立之前奏⑨。为筹集资金，朱启钤先生不惜出售自己多年珍藏，同时上书给中华教育基金会申请补助，终得到专项经费，为营造学社成立提供了有力支撑。学社成立后，朱启钤先生担任社长，不遗余力筹备基金，统筹安排组织机构，大力引进各方面人才，为学社后续发展付出了全部心力。

因此，如果说成立营造学社是国人研究中国古建筑的重要起点，是中国建筑史学研究之滥觞，那么朱启钤先生便是其最重要之开创者，也是我国传统古建筑研究的先行者，筚路蓝缕，终启中国营造之学。而一代建筑史学巨匠“北梁南刘”均认朱启钤先生为师，均是其学生⑩。“他们当时都作师生的关系”⑪。

二、营造学社辉煌：一代宗师“北梁南刘”

营造学社一经成立，便立即展开中国古建筑研究工作。

① 罗哲文：《罗哲文文集》，390页，武汉，华中科技大学出版社，2010。

② 马辉、于立文：《中国书法家大辞典》，第4卷，1886页，哈尔滨，黑龙江美术出版社，2011。

③ 李剑平：《中国古建筑名词图解辞典》，297页，太原，山西科学技术出版社，2011。

④ 朱启钤：《中国营造学社缘起》，见中国营造学社编《中国营造学社汇刊》，第1卷第1册，1~2页，北京，知识产权出版社，2006。

⑤朱启钤：《中国营造学社开会演词》，见中国营造学社编《中国营造学社汇刊》，第1卷第1册，1页，北京，知识产权出版社，2006。

⑥ 周简段：《神州轶闻录：名胜游记》，87页，北京，新星出版社，2017。

⑦ 朱海北：《中国营造学社简史》，载《古建园林技术》，1999（4），10页。笔者按：1930年，应为1929年。

⑧ 朱启钤：《中国营造学社开会演词》，见中国营造学社编《中国营造学社汇刊》，第1卷第1册，4~9页，北京，知识产权出版社，2006。

⑨ 崔勇：《中国营造学社研究》，62页，南京：东南大学出版社，2004。

⑩ 北京市文史研究馆：《京华纪事：第1辑》，364页，北京，北京出版社，2017。

⑪ 陈伯超，刘思铎：《中国建筑口述史文库：抢救记忆中的历史》，159页，上海，同济大学出版社，2018。

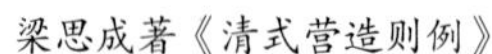
梁思成著《清式营造则例》

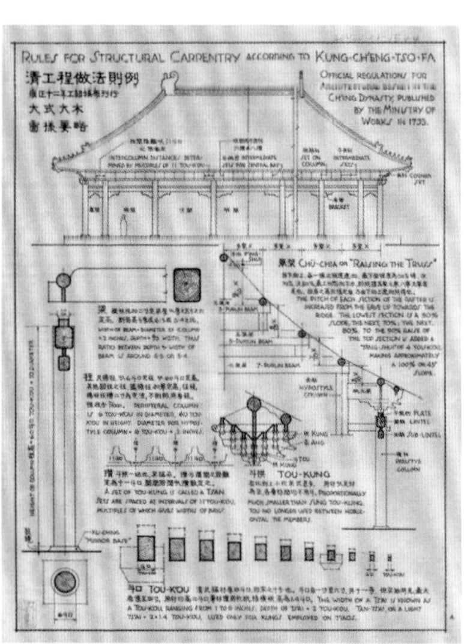

梁思成绘清式大木做法要例

刘敦桢著《苏州古建筑调查》

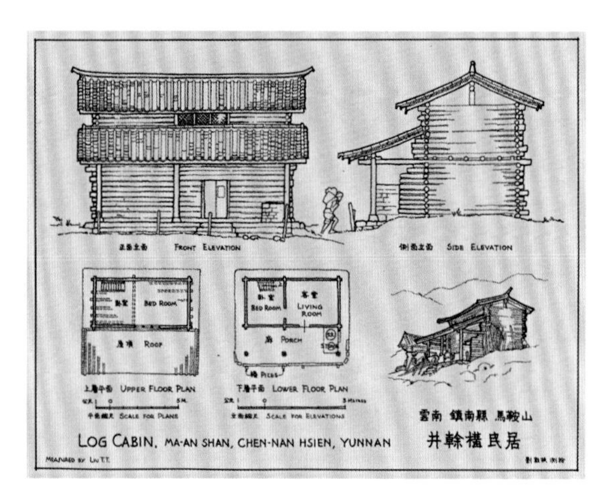

刘敦桢率陈明达、莫宗江考察镇南民居之测绘图

学社下设法式、文献两部，由梁思成先生、刘敦桢先生分任主任，并聘请一批受过系统建筑教育的专门人才，两室分别或合作进行研究工作，包括古建筑实地调查、测绘、研究，相关文献资料搜集、整理、探究等，田野调查、理论探索并重。即便抗战开始后，北平沦陷，学社南迁，在条件极其困难的窘境下，营造学社众成员也未曾停下研究的步伐，尽其所能对我国重点地区的重要古建筑实物进行争分夺秒的科学考察，以免其泯灭于战火、虫灾等，发表了众多高质量的学术调查报告、专著与论文，积累了许多有重大价值的历史文献资料。其最重要的学术成就，应是出版共7卷23期的《中国营造学社汇刊》。

先后加入营造学社的梁思成、刘敦桢两先生，是其主将，“可以说是中国营造学社的两根顶梁柱，朱启钤先生的左右臂”①。他们发表了大量具有学术代表性、开创性的成果，带领学社正式走上以“建构中国古代建筑史”②为基本宗旨的学术路径。“南刘北梁”之说本就源自朱启钤先生③，并称中国建筑史学科奠基人。

下文仅就中国营造学社时期的“北梁南刘”略作说明。

1.北梁

初入学社的梁思成先生，基于其深厚的建筑史学素养，向朱启钤先生提出两点建议：“一是必须开展田野调查与古建筑测绘；二是要由清代建筑向上追溯历史的发展脉络，以期探索与建构作为东方三大体系之一的古代中国的建筑体系和历史构架”④。这奠定了营造学社研究中国古建筑的基本方法，在此后的学术探索中，梁思成先生亦如此实践。

梁先生利用现代科学勘察、测量、制图技术，与比较、分析等方法，进行古建筑的调查研究⑤，发表了大量极具学术价值的专文。譬如，赴蓟县调查独乐寺，撰写出堪称经典的考据性学术论文——《蓟县独乐寺观音阁山门考》⑥，这是中国人写的第一篇有关中国古代建筑研究的学术专文。此外，《宝坻县广济寺三大士殿》《正定调查纪略》《赵县大石桥》《记五台山佛光寺建筑》等论文，在海内外学术界均引起重大反响。

与此同时，基于文献古籍的整理研究、建筑实物的调查参考及对工匠经验的搜集，梁思成先生于1932年完成《清式营造则例》，重点关注清代官式建筑，也是“第一本阐述中国古建筑做法的现代读物”⑦。

① 罗哲文：《中国营造学社的重要历程》，见四川省政协文史资料和学习委员会著《鏖战神州的川军将士》，292页，成都，四川人民出版社，2018。
② 王贵祥：《中国传统建筑及其现代意味》，见中国文物学会编《建筑文化遗产的传承与保护论文集》，63页，天津，天津大学出版社，2011。
③ 金磊、洪再生：《重走刘敦桢古建之路徽州行系列 建筑评论 12》，7页，天津，天津大学出版社，2016。
④ 王贵祥：《〈中国营造学社汇刊〉的创办、发展及其影响》，载《世界建筑》，2016（1），21页。
⑤ 林洙：《中国营造学社史略》，49页，天津，百花文艺出版社，2008。
⑥ 梁思成：《蓟县独乐寺观音阁山门考》，见《梁思成文集》，卷一，39页，北京，中国建筑工业出版社，1982。
⑦ 林洙：《中国营造学社史略》，90页，天津，百花文艺出版社，2008。

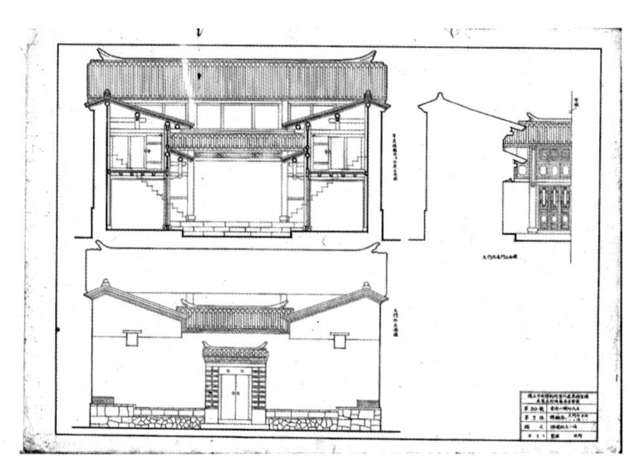

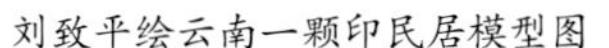

刘致平绘云南一颗印民居模型图

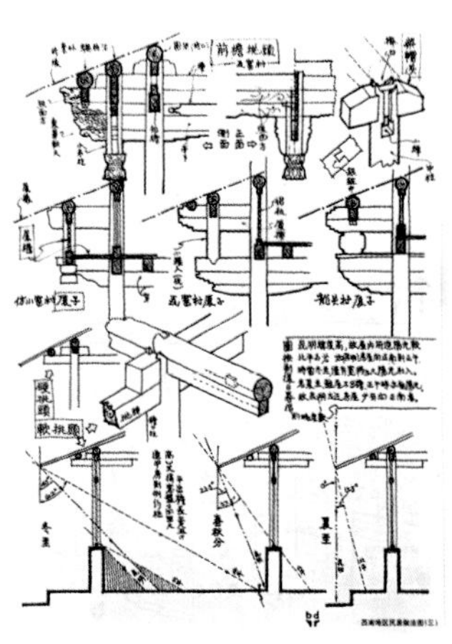

刘致平绘云南民居分析草图

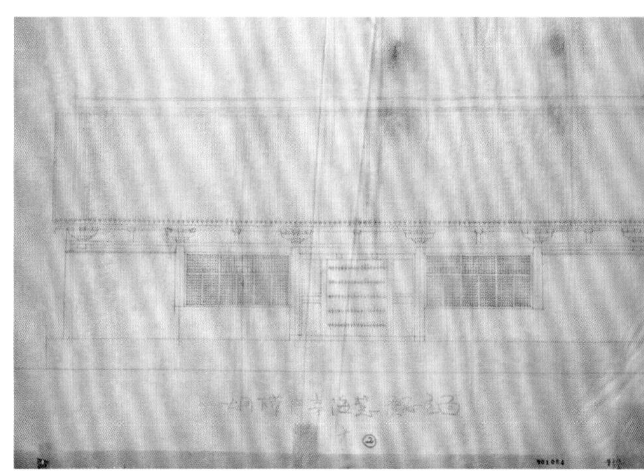

莫宗江绘海会殿图

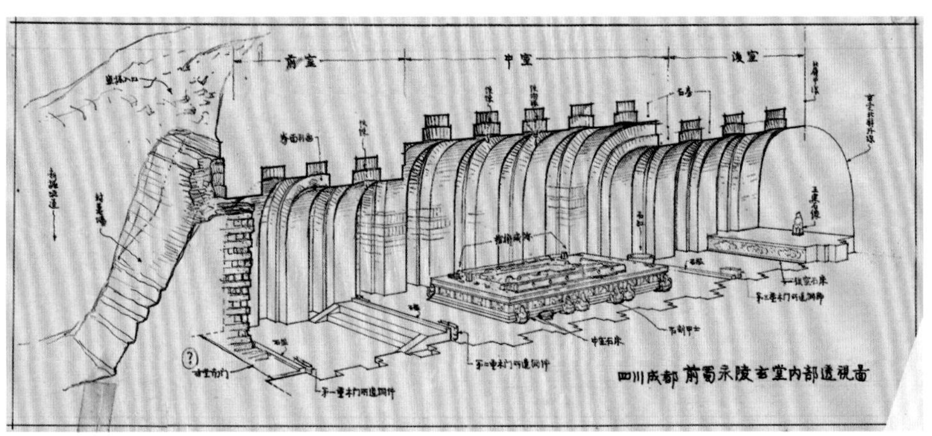

莫宗江绘成都前蜀永陵王建墓图

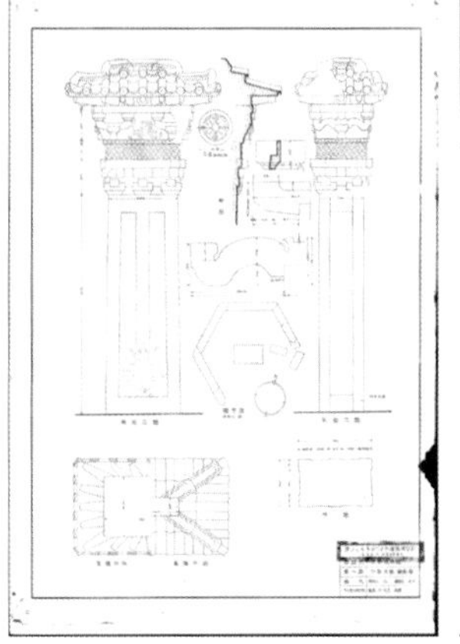

陈明达绘冯焕阙图

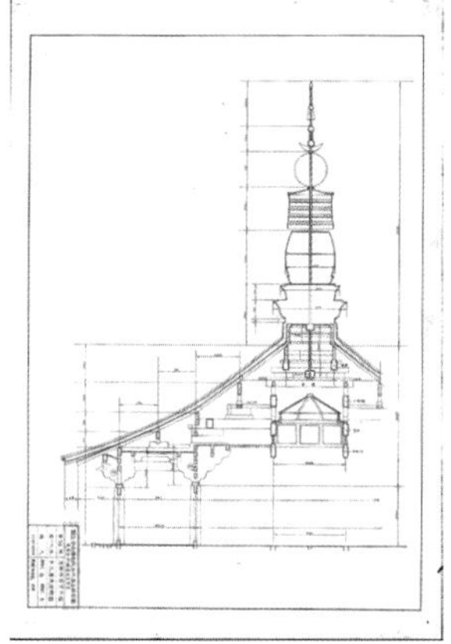

陈明达绘应塔五层东西断面图

2.南刘

刘敦桢先生国学功底深厚、融贯古今、精于考据，在《营造法式》校勘方面做了不少细致工作，亦发表大量义献考证研究文章。其中，《大壮室笔记》[①]《六朝时期之东西堂》[②]等，至今仍是研究两汉、三国至南北朝建筑历史的必读之作。

同时，他十分重视对古建遗构的实地调查研究。如《北平智化寺如来阁调查记》《定兴县北齐石柱》《河北省西部古建筑调查纪略》《苏州古建筑调查记》等，都是其在营造学社期间的学术专文，为理清当时国内古建筑实例遗存做了准备。此外，刘敦桢先生着重系统考察了西南地区古建筑，于1941年完成《川、康古建筑调查日记》《西南古建筑调查概况》[③]，这些也是后期营造学社杰出成果之一。

3.新生力量加入

营造学社发展壮大，不断吸引新成员加入，为我国建筑史学研究及时注入新生力量[④]。譬如：

刘致平先生1934年加入法式组，协助梁思成先生编辑《中国建筑设计参考图集》；10年间实地考察北京、河北、四川、云南等多地建筑，其间着重参与伊斯兰教建筑及民间居住建筑的调查研究[⑤]。

莫宗江先生于1931—1937年，随梁思成、刘敦桢、林徽因等人调查、发现、研究了蓟县独乐寺、宝坻广济寺、正定隆兴寺、赵县大石桥、应县木塔、五台山佛光寺等一批唐、宋以来的重要古建筑。全面抗战开始后，莫宗江又随梁思成到云南、四川一带，继续从事古建筑研究，在极其艰苦条件下又调查了一大批古代建筑，并协助梁思成开始宋《营造法式》研究，完成《中国建筑史》的写作。1944年，莫宗江主持了成都五代时期前蜀永陵的调查，他对陵墓的形制、墓中的石雕艺术以及石雕所表现的古代乐伎与乐器等都做了深入的探究，详细阐述了陵墓的历史价值和艺术价值，在学术上取得了重要成果[⑥]。在抗日战争时期，参与华北、西南等多地古建筑考察与测绘；1942年，曾参加中央研究院对王建墓的发掘工作。尤其是，莫

① 刘敦桢：《大壮室笔记》，见刘敦桢著、刘叙杰编《刘敦桢建筑史论著选集》，1~24页，北京，中国建筑工业出版社，1997。

② 刘敦桢：《六朝时期之东西堂》，见刘敦桢著、刘叙杰编《刘敦桢建筑史论著选集》，149~153页，北京，中国建筑工业出版社，1997。

③ 刘敦桢：《西南古建筑调查概况》，见刘敦桢著、刘叙杰编《刘敦桢建筑史论著选集》，111~130页，北京，中国建筑工业出版社，1997。

④ 林洙：《中国营造学社史略》，56页，天津，百花文艺出版社，2008。

⑤ 陶宗震：《纪念刘致平先生》，载《南方建筑》，2000（3），53-60页。

⑥ 周文业等：《清华名师风采 工科卷》，686页，济南，山东画报出版社，2012。

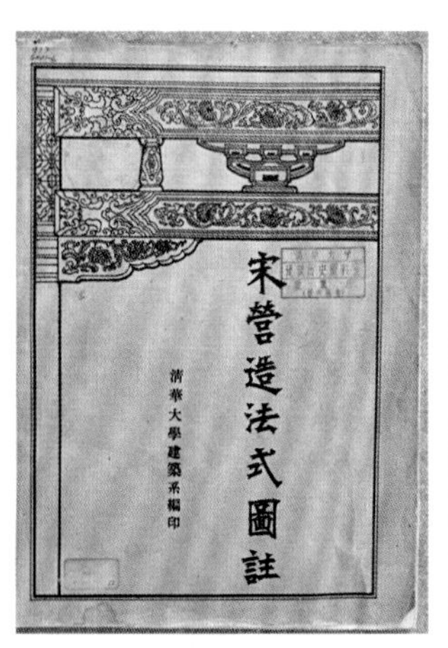

宋營造法式圖註

這部圖片是根據梁思成先生以前研究營造法式時所繪製圖樣翻印的，因為這些圖片並未全部完成，所以始終沒有出版，現因教學急需作參考，所以把已完成的這部份圖翻印出來。

1954.4.8.

清华大学建筑系编印《宋营造法式图注》书影组图

先生画得一手漂亮的建筑制图，协助梁思成先生完成《清式营造则例》《中国建筑史》中的大量建筑插图[①]。

陈明达先生于抗战期间，协助刘敦桢先生进行西南地区建筑调查。1942年，又被学社派往中央博物馆，参与彭山崖墓发掘，绘制了全部墓葬的建筑结构图纸，此为过去考古工作所未曾做过者[②]。这些实际上均属于建筑考古方面的研究工作。

单士元先生攻研建筑历史与理论，参与《营造法式》校订工作，编纂出《明代营造史料》六辑。

罗哲文先生于1940—1945年加入营造学社，在梁思成先生亲自指导下，担任练习生、绘图员等[③]。参与《中国营造学社汇刊》第七卷1、2期的编辑出版以及《敌占区文物建筑表》和《全国重点建筑文物简目》等编写。此不一一枚举。

由此，在梁思成、刘敦桢两位先生带领下，在营造学社全体成员协力下，通过一次次田野调查与测绘记录，逐渐梳理出历代古建筑重要实例遗存之现状；也通过一篇篇研究成果的发表，不断填补中国建筑史学的空白。据此，中国古建筑沿革的基本脉络逐渐清晰，为我国建筑史学科的创立、古典建筑文化、文物建筑保护、修缮等夯实了根基，指明了探索方向。

三、营造学社解体：生生不息，星火燎原

抗战胜利后，“由于国家政权变革，学社人员分散，经费无来源等种种原因，旧中国营造学社从此结束”[④]。在此大背景下，营造学社走向解体似乎是必然结果。虽然令人扼腕，但此后事实表明，营造学社存在的意义不仅在于构建起中国建筑史学研究的学术体系，更在于其发掘与培养了中国第一代建筑史学大家。正是营造学社期间的科研活动，开拓与奠定了学术之路，积累了大量知识成果。即使在营造学社解体后，他们仍继承其研究方法与学术传统，继续从事中国古建筑研究，成为中国建筑史学科的学术中坚。

梁思成、刘敦桢两先生，毕生致力于中国建筑史学科的创建。

1.梁思成先生创立清华大学建筑系

离开营造学社后，梁思成先生经多次修改最终出版《中国建筑史》[⑤]，这是一本由中国建筑史学专家较系统编写的建筑史论著。虽然当时营造学社已解体，但梁思成先生坦言：“本篇之作，乃本中国营造学社十余年来对于文献术书及实物遗迹互相参证之研究，将中国历朝建筑之表现，试作简略之叙述，对其蜕变沿革及时代特征稍加检讨，试作分析比较，以明此结构系统之源流而已”[⑥]。因此，该专著也是营造学社期间的学术积累。此外，从1940年开始，梁思成先生便正式着手对《营造法式》进行具体研究，并在莫宗江、罗哲文两助手协同下，于营造学社解体前，完成了部分制度图样及文字注释工作，为之后这部《营造法式》研究的经典学术著作——《营造法式注释》的出版做好充足准备，此可谓营造学社研究中国古代建筑里程碑式的成果[⑦]。

刘敦桢离开学社后长期领导中央大学工学院、南京工学院建筑系

1946年，梁思成先生创办清华大学建筑系。以清华大学为大

① 崔勇：《中国营造学社研究》，179页，南京，东南大学出版社，2003。

② 殷力欣：《梁思成先生在共和国时期的贡献——兼与杨鸿勋先生商榷》，见金磊主编《中国建筑文化遗产19遗产守望背景下的探新之旅 “重走刘敦桢古建之录徽州行暨第三届建筑师与文学艺术家交流会”纪略》，132页，天津，天津大学出版社，2016。

③《罗哲文先生生平》，载《古建园林技术》，2012（2）。

④单士元：《中国营造学社的回忆》，载《中国科技史杂志》，1980（2），85页。

⑤ 梁思成：《中国建筑史》，天津，百花文艺出版社，1998。

⑥ 梁思成：《中国建筑史》，21页，天津，百花文艺出版社，1998。

⑦ 崔勇：《中国营造学社研究》，76页，南京，东南大学出版社，2004。

陈从周《说园》封面

郭湖生《中华古都》封面

刘致平《中国建筑类型及结构》封面

刘致平《中国居住建筑简史——城市、住宅、园林》封面

刘致平、陈明达先后任职于中国建筑技术研究院建筑历史研究所

本营，新一批学术传人迅速成长起来。例如，傅熹年先生，攻研中国建筑历史与理论，相继发表《中国古代城市规划、建筑群布局及建筑设计方法研究》[①]《傅熹年建筑史论文集》[②]等众多高质量论著，见解独到，内容丰富，独具开创性。郭黛姮先生主要致力于我国宋代建筑史学研究，是《中国古代建筑史：第三卷》的最重要作者，主持维护与修建了大量传统建筑及建筑群等。

2.刘敦桢先生返回中央人学工学院建筑系

刘敦桢先生在营造学社解体后，亦不断发表新著。如营造学社迁到西南，进行古建筑勘察期间，刘先生对古代桥梁尤为关注。离开营造学社后，发表专文《中国之廊桥》，开拓桥梁史研究新领域。此外，他基于营造学社期间的调查与进一步研究，于20世纪50年代连续发表专著——《中国住宅概说》[③]《苏州古典园林》[④]。此为关于中国民居与园林两领域的开创性研究，大大拓展了新时期我国建筑史学科的研究范围。另一深具影响力的成果，应是20世纪60年代初，刘先生带领建筑史学界完成部分史料的断代编排和初步分析，最终于80年代其主持编写、“八易其稿”的权威著作——《中国古代建筑史》[⑤]出版。该著体例完备，内容丰富，论述精要，可谓迄今为止最扼要而系统论述我国古代建筑史的专著。

1943年，刘敦桢先生离开营造学社，重返中央大学工学院建筑系，此后再未离开教学岗位，培养了众多建筑学人才。如陈从周先生，师从刘敦桢先生，尤以研究园林见长，其著作《说园》[⑥]《苏州园林》[⑦]《扬州园林》[⑧]等，拓展我国古典园林研究，功力深

① 傅熹年：《中国古代城市规划、建筑群布局及建筑设计方法研究》，上、下册，北京，中国建筑工业出版社，2001。
② 傅熹年：《傅熹年建筑史论文集》，天津，百花文艺出版社，2009。
③ 刘敦桢：《中国住宅概说》，北京，建筑工程出版社，1957。
④ 刘敦桢：《苏州古典园林》，北京，中国建筑工业出版社，1979。
⑤ 刘敦桢：《中国古代建筑史》，北京，中国建筑工业出版社，1984。
⑥ 陈从周：《说园》，上海，同济大学出版社，1984。
⑦ 陈从周：《苏州园林》，上海，同济大学教材科，1956。
⑧ 陈从周：《扬州园林》，台北，明文书局，1987。

厚，视角独到，境界高妙，寓造园理论、实践技巧于一炉，堪称古今结合之完美学术典范，对新时期中国建筑历史与理论研究具有相当的启发意义①。再如郭湖生先生，致力于中国古代建筑历史与城市研究，出版了《中华古都》②，并在刘敦桢先生提出的研究东方建筑史观点的基础上，于20世纪80年代进一步从理论上对东方建筑研究做了深层探讨，发表《我们为什么要研究东方建筑》专文，标志着中国建筑史的研究进入第三个新的阶段③。

3.其他成员举例

此外，曾在营造学社学习、参与协助科研的众多后起学者，在梁、刘两位的教育、培养下，独立开展学术研究，成为当时中国古建筑学界极具影响力的代表人物。例如：

刘致平先生陆续出版《中国建筑类型及结构》④《中国居住建筑简史——城市、住宅、园林》⑤《中国伊斯兰教建筑》⑥等专著，涉及面广泛而又精深，是继中国营造学社解体、梁思成与刘敦桢先生之后，学术研究成就最杰出的一位⑦。

莫宗江先生1946年到清华大学工作，一直协助梁思成先生研究中国建筑史⑧。“最初的清华建筑系，其实就是营造学社的班底，刘致平、莫宗江、罗哲文，以及梁思成在重庆的助手吴良镛，都去了清华任教，再加上营造学社多年积累的资料……”⑨他是“国徽的主要设计者之一，曾协助林徽因先生让景泰蓝重获新生”⑩。

陈明达先生专研古代建筑技术，发表《应县木塔》⑪《营造法式大木作制度研究》⑫《中国古代木结构建筑技术：战国—北宋》⑬等，其著述丰富，研究水平颇高，是中国营造学社学术思想延续的最好见证，不一一赘述。

罗哲文先生“新中国成立后，在国家文物局历任要职”⑭。留有《中国古塔》《中国古代建筑简史》《长城》《长城赞》《长城史话》和《中国帝王陵》等著述⑮。曾历任国家文物局文物处秘书、工程师，古建筑专家组组长，第六、七、八届全国政协委员等⑯，其呼吁遗产保护研究等社会活动的影响力更为重要、突出。

因此，在营造学社孕育之下，我国最早一批建筑史学学术精英成长起来。作为中国建筑史学的摇篮，营造学社的影响力已远超其所处的年代。

同时，营造学社成员们离开后，又多从事建筑学教育，桃李不言，下自成蹊，培养出中国崭新一代的建筑学者。

在以梁思成先生、刘敦桢先生为代表的第一代建筑史学家的培育下，新一代建筑学者通过各自的学术成果，进一步填补了中国古代建筑研究的空缺，扩展了新时代中国建筑史学的研究内容与研究深度。其中，由刘叙杰先生、傅熹年先生等多位新一代建筑史学家主编的五卷本《中国古代建筑史》论著的问世，

《罗哲文古建筑文集》封面

宿白《白沙宋墓》封面

傅熹年《傅熹年建筑史论文集》封面

① 周学鹰：《陈从周与〈说园〉》，载《建筑创作》，2006（8），164~167页。
② 郭湖生：《中华古都》，台北，空间出版社，1997。
③ 林洙：《中国营造学社史略》，194页，天津，百花文艺出版社，2008。
④ 刘致平：《中国建筑类型及结构》，北京，建筑工程出版社，1957。
⑤ 刘致平：《中国居住建筑简史——城市、住宅、园林》，北京，中国建筑工业出版社，1990。
⑥ 刘致平：《中国伊斯兰教建筑》，乌鲁木齐，新疆人民出版社，1985。
⑦ 崔勇：《中国营造学社研究》，173页，南京：东南大学出版社，2004。
⑧ 中华人民共和国人事部专家司：《，中华人民共和国享受政府特殊津贴专家、学者、技术人员名录》，1992年卷， 第2分册，41页，北京，中国国际广播出版社，1996。
⑨ 张立辉：《梁思成与林徽因画传》，186页，北京，当代世界出版社，2017。
⑩ 赵志龙：《匠人吟草》，117页，北京，华龄出版社，2017。
⑪ 陈明达：《应县木塔》，北京，文物出版社，1980。
⑫ 陈明达：《营造法式大木作制度研究》，北京，文物出版社，1993。
⑬ 陈明达：《中国古代木结构建筑技术：战国—北宋》，北京，文物出版社，1990。
⑭ 从玉华、陈卓：《民国风度 2》，171页，北京，北京联合出版公司，2017。
⑮ 曾荣禄：《和谐西部论坛》，126页，北京，中国广播电视出版社，2010。
⑯ 罗训森：《中华罗氏通谱册》，第2册，808页，北京，中国文史出版社，2007。

其资料翔实，文献丰富，论述全面，补充与完善了前人研究，是一套高质量的建筑史学著作。

因此，可以说我国建筑史学界的研究人才绝大部分直接或间接师承于营造学社[①]。中国营造学社的历史意义仍在延续，其中也包含对中国建筑考古学科的影响。

杨鸿勋《建筑考古学论文集》封面

四、营造学社传承：孕育中国建筑考古学科

1.中国营造学社的建筑考古学实践

20世纪初叶，现代学术意义上的中国考古学兴起并蓬勃发展，大量具有一定规模的田野发掘工作陆续开展，这一时期的考古活动涉及城市遗址、建筑遗迹、墓葬、石窟等多个建筑相关方面，自然引起了当时以营造学社为代表的中国建筑史学界的关注。营造学社初期，梁思成、刘敦桢两先生便以其敏锐的学术眼光看到了考古学对于建筑史学研究的作用，梁思成先生还曾赴殷墟考古发掘现场参观学习。其他成员，如莫宗江、陈明达先生等也曾代表营造学社参加了一系列的田野调查及考古发掘活动。这足以说明，中国建筑史学在其发展初期，即营造学社时期，就已经与同样勃兴于20世纪初的中国现代考古学产生了千丝万缕的联系。这种联系也体现在早期建筑史学的相关研究成果中，如中国营造学社对古建筑进行实地调查测绘，采用形制对比的方法，与文献考证相结合进行古建筑研究，这与现代考古学的类型学研究方法十分相似。因此，可以说，以《中国营造学社汇刊》部分成果为先声，梁思成先生的《梁思成全集》、刘敦桢先生的《刘敦桢全集》中部分经典篇章为体现的众多营造学社时期及其影响下的学术成果，一定程度上促成了之后“建筑考古学”的诞生，奠定了我国建筑考古学科的根基。

此后，宿白先生发表专著《白沙宋墓》[②]，其中对墓室内仿木建筑部分的研究，堪称考古与建筑史学科交流、合作的早期范例。报告首先对墓室布局、仿木结构、建筑彩画等建筑信息进行科学提取与再现；后以仿木建筑构造、装饰的形制特征为依据判断墓葬年代的早晚关系，并首次将《营造法式》的价值扩展到考古领域；进一步由建筑遗例分析当时的社会面貌和文化机制，体现出考古学研究中的“透物见人”理念[③]。这种对墓室建筑“有什么”“是什么”“为什么”的表层、中层、深层研究，体现了宿白先生对“建筑考古”的深刻认识与着力践行。

此外，陈明达先生基于亲自参与的彭山崖墓发掘与墓葬建筑结构的测绘工作，发表《崖墓建筑（上）——彭山发掘报告之一》[④]，以及基于调查写成《巩县石窟寺的雕凿年代及特点》[⑤]等文章，充分将考古类型学、历史学、艺术史学与建筑史学等融会贯通，通过对古代建筑遗迹的探讨，进行建筑科学技术水平及文化特性分析；傅熹年先生的《傅熹年建筑史论文集》，收录其对陕西省扶风县召陈村西周建筑遗址，唐大明宫含元殿、玄武门、重玄门，唐长安明德门，元大都大内宫殿的原状及复原探讨，则是难得的建筑考古案例剖析。

由此可见，无论是营造学社的成员，还是营造学社影响下的建筑史学者，都已经展开了建筑史学与考古学相结合的研究，建筑考古始终贯穿于建筑史学研究的过程之中。也正是在梁思成、刘敦桢两位先贤初创，陈明达、宿白等先生继续探索的基础上，同样身为梁思成先生学术传人的杨鸿勋先生正式提出“建筑考古学”为独立之学科，标志性事件即为《建筑考古学论文集》的出版。书中内容包括从田野调查、发掘、测量、绘图到室内工作以及全部考古材料与历史材料的综合研究，集中反映了其杰出的建筑考古实践成果，基本建立起建筑考古学科的架构，系统揭示了“建筑考古学”研究的认识论和方法论，具有重要的理论、方法与实践意义，在海内外建筑史学界引起巨大反响，为众多中外学者所推崇。

综上，在这些前辈建筑史学家、建筑考古学家的努力下，建筑考古学科孕育并得到初步发展。

2.卢绳《漫谈建筑考古》

曾经有学者认为：“在我国，有关建筑考古学研究始于（20世纪）50年代，在最近十多年中取得较大进展”[⑥]。

实际上，在1948年11月29日《中央日报》副刊《泱泱》第646期《漫谈建筑考古》一文中，卢绳先生就已深刻论及建筑考古，并涉及中国营造学社对中国建筑考古学科的重要意义：“紫江朱桂辛先生启

① 林洙：《中国营造学社史略》，193页，天津，百花文艺出版社，2008。
② 宿白：《白沙宋墓》，北京，文物出版社，1957。
③ 赵献超：《〈白沙宋墓〉与建筑考古——纪念〈白沙宋墓〉出版60周年》，载《文物》，2017（12）。
④ 陈明达：《崖墓建筑(上)——彭山发掘报告之一》，载《建筑史论文集》2002（3）；陈明达：《崖墓建筑(下)——彭山发掘报告之一》，载《建筑史》2003（1）。
⑤ 陈明达：《巩县石窟寺的雕凿年代及特点》，见河南省文化局文物工作队编《巩县石窟寺》，11~20页，北京，文物出版社，1963。
⑥ 金哲等：《新学科辞海》，672页，成都，四川人民出版社，1994。

钤，喜工艺，广收藏，又以民初掌内务部时，数辈营造之役，对中国建筑，尤具卓识，民国十八年左右，应友人之请，组织中国营造学社，邀集同道，从事研究，并决定从调查实物下手，而佐以历代营造图籍之整理，以期相互发明，二十年来，华北暨西南各省，足迹殆遍，在有计划的建筑考古工作中，此实为最理想、最有价值的组织"①。

1942年卢绳先生从中央大学建筑系毕业后，即前往李庄参加中国营造学社，其间"协助梁思成编写《中国建筑史》，参与刘敦桢主编的《中国古代建筑史》的编撰工作，主持并参与明代建筑螺旋殿、宜宾地区古建筑、前蜀王建墓的测绘发掘……"②。

1953年，卢绳先生任天津大学建筑工程系建筑历史教研室主任③。值得提出的是，天津大学"古建筑测绘这一遵循卢绳先生的思路长期坚持的教学环节，既是天津大学建筑系的学术传统，更是卢绳先生在建筑系创办之初即创立的治学精神的具体体现，受到了国内外学者的高度评价"④。

卢绳先生"对天津大学建筑学院的诞生与学科建设做出了不可磨灭的贡献"⑤。

3.中华人民共和国成立后的中国建筑考古学

此后的1965年，夏鼐先生先后两次请梁思成先生推荐建筑史学人才，到其领导的考古研究所，"专门从事建筑遗址的考古学研究及'建筑考古学'分支学科工作"。直至1973年，杨鸿勋先生调进当时的中国科学院考古研究所⑥。实现了夏鼐先生"搞建筑史研究，必须将考古与建筑结合起来"的愿望⑦。

自20世纪70年代开始，传统考古学逐渐与多种自然科学、技术科学等相结合，开辟了以专业划分研究领域的"特殊考古学"或"专业考古学"，"建筑考古"学科即是其一。

值得提出的是，著名建筑考古学家杨鸿勋先生，进一步明确"建筑考古学"的概念与基本内涵，以及其作为一个学科存在的必要性。1982年，杨鸿勋先生以"陶复"为笔名，发表《建筑考古三十年综述（1949—1979）》⑧一文。该文落脚点在建筑遗址的考古，指出所谓"建筑考古"指的是针对建筑遗址所进行的考古勘察、发掘与相关研究。1987年，杨鸿勋先生出版专著——《建筑考古学论文集》，正式阐释"建筑考古学"的意义，他认为，"建筑考古学"是从普通考古学分化出的一门相当重要的分支学科，"建筑史学将随着这门新生的分支学科的发展，而得以步入实质性的研究阶段"⑨，指出其核心在于复原研究等。

杨鸿勋先生建筑考古学论著丰硕。"如果说《建筑考古学论文集》是建构建筑考古学的基础理论与方法论，《宫殿考古通论》是运用建筑考古学的观点与方法探讨数千年中国宫殿建筑历史渊源的话，那么《大明宫》(《即大明宫研究》)则是运用建筑考古学观念与方法论针对中国古代建筑鼎盛时期唐代宫殿建筑大明宫及其建筑群落全方位地予以历史与美学统一的建筑史学观照"⑩。或有人认为，杨鸿勋先生"创立建筑考古学"⑪。

曹汛先生认为"建筑考古学"既是建筑史的一个分支学科，又是可以与建筑史学并行的独立学科，认为其以史源学、年代学考证、类型学为研究方法，强调文献考证与实物考证并重。其中，古代建筑鉴定是建筑考古的重点和核心⑫。

2009年，宿白先生出版《中国古建筑考古》专著⑬。实际上，宿白先生早就在北京大学考古系开授"中国古代建筑考古"课程⑭。同年，侯卫东先生提出，要重视早期建筑考古与复原的研究。因为，古代建筑的复原研究曾经是中国古代历史建筑研究的重要领域⑮。

学者徐怡涛认为，"建筑考古学"的定义应是："综合运用历史学、考古学和建筑学相关学科的理论、知识与方法，以现存建筑或与建筑相关的遗迹为研究对象，研究其年代问题，明确建筑形制的区系类型和渊源流变关系，并通过辨析建筑遗址，复原建筑的历史面貌"⑯。

当然，由于"建筑考古学"实际是建筑史学与考古学交叉的特性，其诞生与发展应基于一定的建筑史学与考古学基础之上。

① 卢绳：《漫谈建筑考古》，见《卢绳与中国古建筑研究》，260页，北京，知识产权出版社，2007。

② 马国馨：《建筑中国六十年 人物卷1949—2009》，77页，天津，天津大学出版社，2009。

③ 白丽丽：《天津大学建筑学院胡德君教授专访》，见《卢绳与中国古建筑研究》，375页，北京，知识产权出版社，2007。

④ 童鹤龄：《卢绳先生的建筑史观与教学思想》，见《卢绳与中国古建筑研究》，393页，北京，知识产权出版社，2007。

⑤ 卢佾等：《回忆卢绳的先生生涯》，见《天津大学建筑学院院史》，21页，天津，天津大学出版社，2008。

⑥ 中国文物研究所：《文物·古建·遗产：首届全国文物古建研究所所长培训班讲义》，219页，北京，北京燕山出版社，2004。

⑦ 金磊：《中国建筑文化遗产 18 20世纪中国建筑发展演变的科学文化思考》，109页，天津，天津大学出版社，2016。

⑧ 陶复：《建筑考古三十年综述(1949—1979)》，见《建筑历史与理论：第三、四辑》，南京，江苏人民出版社，1982。

⑨ 杨鸿勋：《建筑考古学论文集》，1页，北京，文物出版社，1987。

⑩ 崔勇：《建筑考古学的观念与方法及价值意义——兼评建筑考古学家杨鸿勋新著〈大明宫〉》，见《建筑评论》编辑部主编《中国建筑图书评介报告》，第1卷41页，天津，天津大学出版社，2017。

⑪ 王巍：《中国考古学大辞典》，94页，上海，上海辞书出版社，2014。

⑫ 曹汛：《"问学堂论学杂著"苦海，北大开课蠡言》，载《建筑师》2003（3），第105页。

⑬ 宿白：《中国古建筑考古》，北京，文物出版社，2009。

⑭ 赵春青：《考古半生缘》，31页，上海，上海古籍出版社，2016。

⑭ 侯卫东：《重视早期建筑考古与复原的研究》，见朱光亚编著《刘敦桢先生诞辰110周年纪念暨中国建筑史学史研讨会论文集》，135页，南京，东南大学出版社，2009。

⑮ 徐怡涛：《试论作为建筑遗产保护学术根基的建筑考古学》，载《建筑遗产》，2018（2），2页。

建立天津大学建筑学院建筑历史教学体系的卢绳

五、结语

肇始于1929年的中国营造学社，由朱启钤先生所创，以梁思成、刘敦桢两位先生为主将，是中国建筑史学科成长、壮大的摇篮，也孕育了中国建筑考古学科。中国建筑考古学的成长和不断向前推进，离不开中国营造学社及其众多成员，乃至在其影响下的众多建筑学者的学术传承与协力推动。就笔者所见现有史料而言，卢绳先生是国内最早明确提出“建筑考古”概念者。

中国传统建筑源远流长，自成体系；中国考古学科引进消化，自有特色。现代的中国建筑历史学科与考古学科约略同时建立，各自发展，相互借鉴，殊途同归。就建筑史学角度而言，考古遗址、墓葬等均属于记载人类活动的建筑遗迹；从考古学角度看，无论地上建筑单体，还是地下建筑遗址，均可以借鉴考古学的理论与方法。建筑与考古密不可分，建筑考古学科一定程度上展现了考古学未来发展的学术方向之一[①]。

未来中国建筑史学科、建筑考古学科的发展与壮大，不仅是自身学科拓展的问题，某种程度而言，更是中国建筑学科发展与壮大的必然要求与前置条件，中国古典建筑历史文化是我国建筑科学发展之根源，没有传统建筑文化滋养的现代中国建筑之花是长不好、长不大的。走尽弯路后，最终或许只能认祖归宗。此诚如刘致平先生所言，“终必华化”[②]。从这个角度而言，就可以比较容易客观理解与评价普利茨奖获得者王澍先生的成功实践，表明“国际建筑界对中国现代建筑的关注与认同”[③]。

但也不得不提出，今天中国建筑史学科仍然有着数不胜数的学术课题亟待探索。“在学术研究中，我们已知者是沧海一粟，我们未知者则如浩瀚星辰”[④]。对中国建筑考古学的研究范畴、学科理论、方法论等问题的认识仍然在探讨和深化中，未来的建筑考古之路仍然漫漫，若要进一步得到发展与突破，需要当代研究者及新生力量的加倍努力。

中国营造学社“薪火”燎原，生生不息（如东北大学恢复成立[⑤]）。中国建筑考古学继往开来，任重道远。

① 周学鹰：《厚墙无柱：土木混合建筑体系——漫谈古建和考古之一》，载《中国文物报》，2020-02-11（4）。

② 陶宗震：《纪念刘致平先生》，载《南方建筑》，2000（3）。

③ 金磊：《建筑评论6》，62页，天津，天津大学出版社，2014。

④ 周学鹰：《草顶、擎檐柱与重檐——漫谈古建和考古之三》，载《中国文物报》，2020-02-18（4）。

⑤《中国营造学社今年在东北大学恢复成立》，载《建筑设计管理》，2012（11）。

Inheriting the Path of "Building" with the "Craftsmanship"
以"匠人情怀"承继先贤"营造"路

刘志华*（Liu Zhihua）

本文作者刘志华

2020年，因"新冠疫情"的缘故，各个行业都经历着波折坎坷，我作为一名投身古建设计修缮与营造事业近40年的"资深匠人"，面对这突发的"困境"，心中虽有忧虑，但也借此机会沉淀下平和的心境，做了些积极准备，以迎接挑战；此外，得益于中国传统建筑文化一脉相承的"匠人精神"，我在恶劣的条件下，仍然秉承坚韧、执着、精益求精的执业态度，努力做好每一件分内事，但求对社会、对工程问心无愧。也许正是因为这些中国传统文化的熏陶，我们在疫情下尚可坚持以企业之力继续寻觅建筑发展之道。

今年也恰逢建筑界前辈朱启钤先生创办的中国营造学社成立90周年，梁思成、刘敦桢等建筑界先贤们在物质条件极端匮乏的年代，依靠锲而不舍的学术钻研精神，为中国传统建筑文化传播于世界建筑殿堂开创了崭新路径，他们的"故事"一直激励着我。如今，我们后学之辈之所以能成长壮大，就是因为站在了先贤"巨人肩膀"之上，因此我们理应以虔诚敬畏之心传承并发扬他们的丰厚精神遗产，尤其重要的是彰显他们对中国传统建筑文化的赤诚情怀。我本人走上建筑遗产设计修缮与营造之路，仔细想想，离不开各界朋友的帮衬，更在于工作中不断体味并沉浸其中的情怀，对古都北京的爱深深浸润到对古建文化的"情怀"之中。以下谈三点体会。

一、以匠人精神传承营造之道

作为土生土长的北京人，我爱北京的山山水水、胡同及四合院，也景仰7.8千米的明清中轴线，还读过《永乐大典》中元朝李洧孙的鸿篇《大都赋》的片段。面对北京中轴线申遗进程的加速，市委书记蔡奇表示，保护、传承、利用好中轴线这份独一无二的历史遗产任务艰巨。无疑，它要求我们营建工作者精心谋划实施，在深挖中轴线历史文化与当代价值的同时，树立精品意识，以对历史与古都负责任的态度扎实工作。

回眸走过的路，我要感谢在东城区房管所的工作经历，它让我真实感悟到中国营建技法的高超智慧，一幢建筑与一处院落的坚韧之美来自何方。在这里我亲身领悟到何为必然坚守的"匠人营造"之道，这是真正的秘诀。

"营造"这个词，在老北京曾盛极一时，如营造社、营造掌柜等等。记得当时房管所去密云招工，我问应聘师傅是做什么工种的，他回答说是在私人营造社里做糊匠的，这裱糊工艺的故事就非常丰富。资深的裱糊匠特别善于利用材料特性，在用竹架杆做房顶时，把纸糊在架子上，裱糊匠用刷子一刷浆糊就利利索索，绝无错漏之处。如遇到住家对匠人不理解，不够尊重，俗称"不懂事"的户主，工匠们干活时往往会"留一手"，比如在做房顶时故意在房瓦间隐蔽处插一个小麦秸，这样一下雨便会滴漏，虽外表看不出漏点，但这对屋顶修缮是关键的。只有请师傅们再过来，户主"端正态度"后，匠人们便悄悄把麦秸拔出，马上房顶完好如初。再如"砌墙"的行当，听起来很普通，但要做得合理、耐用、规矩，还需兼顾环保的特性，做法就很有讲究，其要点甚至不是一般规模建筑公司可以完成的。我曾去十三陵庆陵考察过，发现其围墙的砌墙工艺跟老房管局竟然相同，省工省料且节能保温，这说明从古至今人类的营造都要兼顾必要的节俭与节能。

因为切身感受到匠人们不凡的工艺和钻研精神，在近年主持完成的一系列建筑遗产改造修缮项目中，我

* 中兴文物建筑装饰工程集团有限公司董事长，中国文物学会工匠技艺专业委员会副会长。

都要求团队必须将“匠人精神”贯彻到每个环节，正因为时时想到营造学社的“认真”二字，多年来我们的工程立足京城也遍布全国，相继获得了很多荣誉与奖项。如在东城区雨儿胡同旧四合院改造项目中，我们负责其中几户四合院的修缮改造任务，在设计施工过程中，我们坚持“修旧如旧”的原则，哪怕一块旧的砖头都不会丢弃，在施工中重新恢复利用；即便为了改善居民生活质量，适度增加厨房、卫生间等必要生活设施，也以尊重历史信息为原则，绝不能偏离“科学修缮”的主题。工程验收时，该项目得到了东城区政府、北京市政府领导的充分表彰，并荣获了北京市建委颁发的样板工程称号。

历史上，梁思成率营造学社团队曾考察过清西陵和清东陵，十分荣幸的是，我们也曾参与主持过这两个项目的修缮工作。开工前，我特意将施工人员叫到一起开会，认真宣讲了如何才能将工程干好，真实再现历史以不负前人。在我印象中最典型的是妃子墓的做法。因年久失修，妃子墓已经风化严重，如何修旧如旧，真实地还原历史信息，这就需要仰仗历史资料与匠人们的技能。在仔细分析了原有材料、工艺后，工匠师傅用清灰、白灰膏等材料结合在一起，再结合现代水泥工艺，达到硬度、韧度上的平衡，按传统的工艺方式涂抹在项目本体上，在此基础上又开始适度的压制，这样墓冢的表面非常光滑好看，又不存积水，最终依照传统形制完成了妃子墓的修复。

这些年，我们对传统与历史建筑的修缮保护还涉及20世纪建筑遗产的重要项目，如长春伪满皇宫博物院修缮保护，该建筑具有独特的历史文化价值和爱国教育价值，为经典的中日结合宫殿建筑，其历史意义可见一斑。对它们的修复更体现“匠人”精神和国家提倡的研究型修缮的宗旨，并解决了典型工艺与材料相统一的一系列问题。

在我们执行修复工作前，经现场勘察发现，伪满皇宫博物院的屋面瓦要经常更换，原因在于东北地区天

雨儿胡同（组图）

清西陵

清东陵

气寒冷，特别是秋冬之交，水分侵入后冻害严重。为了改变这一现状，我们开始了一系列调研，如原来的老瓦原产地及原材料，研究瓦的吸水率，组成材料的颗粒细度及成分，瓦的尺寸、厚度等；此外，我们得到伪满皇宫博物院的大力支持，院方请来伪满皇宫最初设计、建设方——清水建筑公司的日本匠人后人丸田洋二先生，得到大量的日式构件信息，融合了中国的传统优秀古建筑元素。通过现场研究、论证，我们形成初步修缮保护方案，征得设计和文物保护行政主管部门认可后，便开始着手模拟试验，从实践中找寻答案。加工地选址在北京房山、吉林省缸窑镇、山东曲阜等地，加工后再做冻融试验，但结果并不理想。正当研究处于一筹莫展的时候，伪满皇宫博物院院长王志强提出参考东北地区常见腌制酸菜的大缸的特性，这种缸常年不裂，光洁如新，可以从中借鉴制瓦的工艺及材料，增加抗冻融效果。于是，我们便在制作当地大缸的原材料基础上不断调整配方，加之对烧制工艺不断试验、改进，最终研制成功，应用效果良好。像这样的工艺细节，这样的为精致而投入科研、论证，在这个项目中还有很多实例。因为项目的出色完成，中国古迹遗址保护协会等单位为我们颁发了全国优秀古迹遗址保护项目的荣誉证书。目前，该项目一期、二期、三期的围墙修缮等项目又委托给我们公司来做，这是对我们的信任，更给我们坚守匠人之路以信心。尤其要提及的是伪满皇宫博物馆的馆领导等负责同志，因为他们有对文化遗产的敬畏，对工程精益求精，管理上严格有序，我们才能走到一起，我们都是文化遗产的真正的保护人。同这样的业主合作，对于我们工作能力的提升有极大帮助。

二、哈雷机车寻“古驿站”是发现与守护之途

我是一个对新鲜事物充满好奇的人，也有很多看似超越自身年龄的爱好，比如对哈雷机车的喜爱。我和北京很多哈雷机车发烧友组成了车友会，我被推选为会长。哈雷机车诞生于1903年，逾百年的传世历程锻造了它自由、个性、独立、进取、品位的品牌内涵，这与我热爱冒险、独立奋进的个性相吻合。喜爱哈雷，不仅因为我享受自由驰骋的畅快感，更因为它带给我比汽车更优越的驾驶便利；哈雷机车是现代的交通工具，如今借助它走上古建筑、古村落、古遗址的考察之路，我认为也彰显了一种传承创新、顽强前行的精神内核。

多年前，我便开始策划并实施骑乘哈雷机车沿茶马古道考察沿途“古驿站”风貌的活动。古驿站无论规模大小、等级如何，我都希望能实地考察它们的保护现状，也可能是受到中国营造学社前辈们当年田野考察卓越壮举的感召，我一直认为，我的每一次考察之旅都是在向先贤们真诚致敬。每次考察行程都经过精心策划，目前范围设定在北京周边及河北地区，这些年积累下来所到古驿站也有不少，而围绕古驿站进行考察的收获，往往给我带来极大的惊喜、启迪与满足，它让我坚信我的考察方式是有特色和意境的，必定有所获。

如位于长城内侧、怀来与北京交界处的镇边城，是一个名副其实的石头城，西边是山，城内分三街六巷七十二胡同，古城墙上可以走人，至今我一共去过三次。一进古城都是三合院，三合院门头有拴马桩，但没有

伪满皇宫同德殿

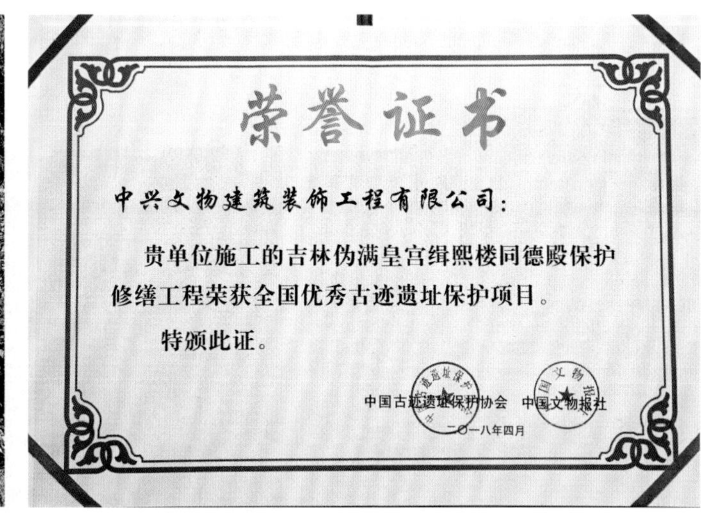

荣誉证书

中兴文物建筑装饰工程有限公司：

贵单位施工的吉林伪满皇宫缉熙楼同德殿保护修缮工程荣获全国优秀古迹遗址保护项目。

特颁此证。

中国古迹遗址保护协会　中国文物报社

二〇一八年四月

由中国古迹遗址保护协会颁发的荣誉证书

上马石；三合院之间相通，形成U字形，符合当时保卫要塞地区的需要，交通灵活便于疏散。镇边城正是蓟镇长城防御体系的重要组成部分，古城正门门脸和长城一样。我特意观察了古城墙，一钉一跑，五菱墙，中间都是核桃砖，里面的夹心除了泥就是石头瓦块，但外观很整齐，非常牢固。2019年，我再到镇边城考察，发现有一棵古树倒了，当地政府负责人告诉我说是因为缺乏保护，我内心感到很痛！早在十多年前，我就与张家口市主管旅游的政府领导交流过，提出镇边城千万不要盲目修缮，否则会造成不可逆转的损害，听闻政府有计划将古城内村民迁移出来，我当即表示可以建设住区供老百姓居住，但最后因故未能实施。所以，探究古驿站，发现其中的保护问题与难症，是我的梦想。虽然，这非我的任务，但作为中国古建文化的捍卫者，我不能不做，良知使然！

三、唯存情怀方得遗产保护真谛

随着执业生涯的积累，我越发感受到古建筑或称建筑遗产的真正魅力，而之所以能与它产生情感的共

自镇边城城墙远眺

镇边城组图

鸣， 确是因为自身对中国传统建筑文化的“情怀”使然。从中国营造学社的朱启钤、梁思成、刘敦桢等先贤，到当代的单士元、罗哲文、王世襄、谢辰生先生，再到曾经的故宫博物院“看门人”单霁翔院长，无一不是心怀对文化遗产的赤诚情怀，为中国传统建筑文化的自信与传播竭尽心力，他们是何等令人欣佩。

被尊称为“单老”的单士元先生，在故宫供职74年，直至1998年去世，终身未办理退休。1954年，文化部文物事业管理局郑振铎局长找到著名建筑学家梁思成教授，请他推荐一位能够管理故宫古建筑的专家。梁思成教授说：“用不着我推荐，故宫现在就有一位——单士元。”单老主持了故宫博物院一系列重大古建修缮项目，尤其是建立起故宫古建筑保护的专业团队，培养了一批又一批古建筑专业人才。单老共有九个子女，每个孩子的名字都与故宫里一件器物相关，为自己的血脉打上故宫的烙印，足见单老对故宫博物院的深厚情怀。故宫博物院第六任院长单霁翔，他在任7年间完美诠释了“让文化遗产活起来”的遗产保护理念，正是在他的不凡引领下，故宫博物院不再是人们心中的“旅游景点”，而升华为“文化殿堂”，他的每一次精彩宣讲，都在唤醒着大众对传统文化的热爱，他用他的管理智慧与文创方法让年轻一代爱上了故宫博物院，并以拥有故宫的文创产品为时尚……这一切都源于单院长对文化遗产事业的高度执着与满满的情怀。

我是一个性情中人，认准一件事情就会走到底且做到极致，对于古建保护事业尤其如此。为更好地服务业界与社会，推动古建修缮技术传承，继2017年我们新建了中兴文物建筑集团培训基地，故宫博物院和中国文物学会及中国文物保护技术协会等单位的培训基地也相继落户在此，几年间承办了故宫养心殿油漆彩画的培训、“大国工匠出少年”文物修复夏令营及冬令营、中国文物学会年度理事会议等数十次业内重要学术研讨、技艺传承方面的文化交流活动。面对中国建筑遗产文化传播的大势，我认为还应再扩大规模，于是2019年年末，在当地政府支持下，我们投资又加盖了一栋多功能培训楼，住宿、会议、餐饮设施配备齐全。同时为了营造更优美舒适的传统园林景观氛围，又邀请园林专家细致规划，栽种了很多观赏树木，力求表达出中国传统园林的精彩意韵。虽然培训中心是一处新园林，但由于我们的设计、施工都依据传统建筑的亭阁制式，建成与使用效果均受到好评。平心而论，创办、建设这座培训基地，我从未想过以营利为目的，从大处讲，要让年轻一代在这里受到中国传统文化的熏陶，为中国建筑遗产保护事业培养人才；从小处说，因为我发自内心地“热爱”中国建筑文化，是这种“爱”给予我一往无前的动力和快乐。

2020年4月，北京市住房和城乡建设委员会等单位联合发布了《关于发布<北京老城保护房屋修缮技术导则（2019版）>的通知》，作为营造技艺的传承者，我十分欣喜，因为《导则》明确地将老城区改造提升同保护历史遗迹、保存历史文脉有机结合，有效地保护了北京特有的胡同—四合院传统建筑形态……堪称北京老城保护可操作、接地气的“行动方案”。应该说，当代文化遗产保护理念的每一次提升、修缮营建技艺的每一次创新，都可追溯到以中国营造学社前辈为代表的建筑先贤的卓越历史贡献，也唯有铭记“匠人精神”，才能心系“古建情怀”，走出独具中华文化底蕴的营造之路。

（《中国建筑文化遗产》编委会根据与刘志华董事长的谈话整理）

中国文物学会培训基地1

中国文物学会培训基地2

2018年5月22日“中国文物技术保护协会培训基地”揭牌仪式在中兴培训基地举行

A 600-Year Building Family and Heirs: A Biography Xinglong Wood Factory and Mr. Ma Xuchu

600年营造世家及传人——记兴隆木厂与马旭初先生

CAH编委会 (CAH Editorial Board)

马天禄与兴隆木厂

明代永乐年间，明成祖朱棣从南京迁都北京，大兴土木，修建皇室宫苑，兴建了故宫、三海、天坛、颐和园等一大批宫廷建筑。日久天长，从南方来的工匠们逐渐年老力衰，而要继续按照中国传统建筑的形式兴建各种大型土木工程，这其中的工匠师傅，特别是大木师傅，就显得奇缺。

与此同时，因为北京大兴土木工程而兴旺发达起来的直隶、河北一带的木作工匠应运强盛起来。这些人中有许多人来到了京城，还有人靠着自己出众的手艺和好技术承揽到皇家建筑的活儿，兴隆木厂的创始人马天禄就是这其中的代表人物之一。

据资料记载，明朝时参与故宫建设的人中，最有名的有4位：蒯祥、阮安、梁九和马天禄。工程完工后，因在建设中有出众表现，前三人被皇帝加官进爵，成为朝廷的官员，而唯独马天禄没有进入官员的行列，依然留在工匠行业中，继续开办他的兴隆木厂，承建各种皇家建筑的修缮工作。

马家老祖为什么不做官呢?

从河北深州（今河北深县）将生意做进北京，进而进入皇家领地，马家的开创者自有其世代相传的经营之道。

“当官钱是当年完，买卖钱财万万年”，这就是马家的祖训。世世代代匠作香火，子子孙孙祖训相传，这一传就是14代人，600年。

与当初带着一批工匠进北京来讨生活的情况不同的是，马天禄的兴隆木厂因为走进了皇宫，承揽了皇家许多建筑而闻名天下，成为“京城八大柜”中首屈一指的领头人，经营皇家修缮生意的专营木厂，被称为“官木厂”。

600年营造世家第十四代传人马旭初

2006年的记忆（左四为马旭初先生）

马旭初（左）与刘志雄

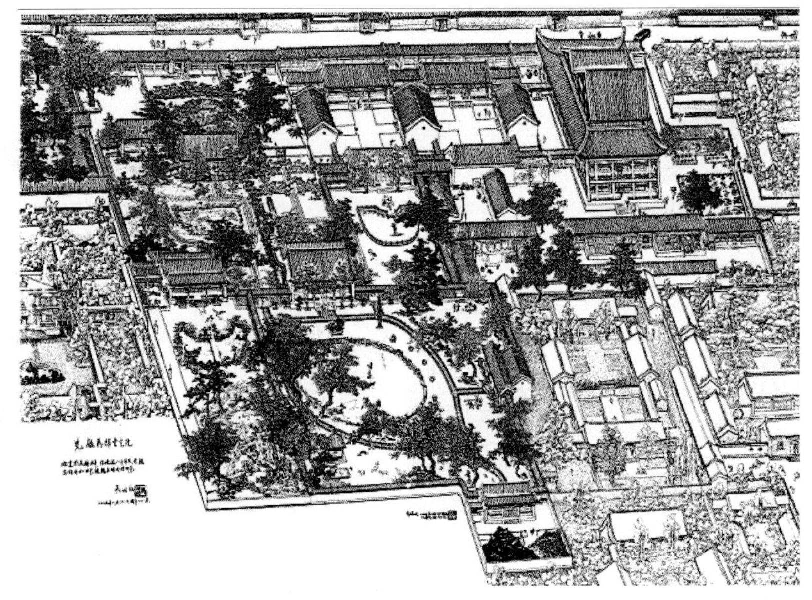
魏家胡同马家花园

清朝时的京城，许多皇家建筑都是在明朝的基础上扩建或改建而成的，且几乎每一项建设都是大型工程。当时京城官木厂中有名的有兴隆、广丰、宾兴、德利、东天河、西天河、聚源、德祥8家；此外，还有4家小官木厂。兴隆木厂是这里的统领。每当皇家工程任务下来，都由兴隆木厂向朝廷工部统一承办，然后分发给其他木厂分头实施。因此，兴隆木厂的地位及作用，类似与今天的工程总承包商。

当时虽称其为木厂，但不能将其想象成今天的木器加工厂，实际上它各个工种齐全，相当于今天的建筑公司，木、瓦、土、石、扎、油、彩画、糊等8大匠作齐全；木厂有厂主，各作行有头目，各头目下有各自的工匠和一班人马。工程一到，各自完成任务，直至验收合格。数百年的风雨沧桑，皇家建筑中的紫禁城、颐和园、天坛、北海、圆明园、万春园、畅春园……所有金碧辉煌的皇家园林宫阙，几乎是一处不漏地留下了兴隆木厂施工的痕迹。在我国已公布的世界文化遗产项目中，有四处是由兴隆木厂修建的，它们分别是故宫、颐和园、天坛和承德避暑山庄。

单士元题词

马辉堂与魏家胡同马家花园

马辉堂生于清同治九年（1870年），自幼丧母，4岁时由继母抚养；6岁时父亲病故，孤儿寡母在整个封建大家庭中备受歧视与欺凌；13岁时就与柜上的学徒们一起干活儿，从而熟悉了木厂各个工种和工艺环节，对传统建筑行业有了亲身感受和了解。在分家时，家族中的亲戚欺负他们庶母孤儿，将当时家产中最不景气的兴隆木厂分给了他。

马辉堂接手木厂后励精图治，惨淡经营多年，终于得到了皇家贵族亲王们的青睐，后通过王公大臣们的推荐，又赢得了独揽大权的慈禧的信任，重新得到了承办皇家工程的权利。因为自小从学徒做起，马辉堂本人了解木厂各作、各行业的活路和技术，更加理解、体贴工匠们的辛苦，从而团结了一大批具有高超技术水平的工匠师傅，把原本已经破败的兴隆木厂经营得兴旺发达，很快成为北京城有名的富商。

作为有名的富商，马辉堂做生意的经营之道就是厚道。他自己一年四季始终穿一袭布袍、布鞋、布袜，三餐坚持只吃一荤一素，他对抚养他的庶母，孝敬如同亲生母亲一般，在京城一度传为美谈。他对弟子反复讲的话是：人到世间，攥着手指来，最终又会攥着手指去，因此一生要多做好事，留好名声。兴隆木厂赚的钱多了，马辉堂就拿出钱来修葺寺庙，北京的广济寺、白云观、雍和宫、戒台寺、潭柘寺等不少寺庙都是由他个人出资维修的。至今，从这些寺庙的碑刻记载中还能够查到他的名字。据说，马家后人手中曾有光绪皇帝欠马家工程款的借据。

1919年，马辉堂在北京市东城区魏家胡同给自己和家人建造了一座私家庭院，此庭院占地7000多平方米，东为戏楼，西为花园，中间有两个平行的四合院，整个庭院设计建造得别具匠心，院内假山水池、雕梁画栋、精巧有致、别有情趣，被人们称为“马家花园”。此建筑是现存中国北方私家花园的典型代表，已被列为北京市东城区文物保护单位。

马辉堂对中国传统建筑营造工艺技术的传承非常重视。1930年，曾经担任过北洋政府交通部总长和内务总长的朱启钤，发起并成立了中国营造学社，马辉堂成为学社社员，并在经费上给予营造学社大量资助。

故宫

白云观

罗哲文题词

马增祺与恒茂木厂

1911年，辛亥革命爆发，清政府退出历史舞台。而清朝时期修建的宫殿庙宇，也随着历史的变幻而风光不再，这时期马辉堂关闭了兴隆木厂。

后来的国民政府成立了坛庙事物管理所，责成北平市公务局和文物整理委员会两个部门负责古建筑的维修保养。此外，还有不少人为维修之事找到马家，于是马家又顺势办起了恒茂木厂。恒茂木厂由马辉堂的大儿子马增祺经营，其经营项目也增加了古建筑修葺。

马旭初的父亲马增祺，是这个古建世家第一代出国留学的人，他曾在巴黎大学、剑桥大学和东京帝国大学学习建筑学专业。马增祺学识丰富，为人精明能干，在他的经营下，恒茂木厂设立了生料部、建设部和寿材部，下属有100多个分厂。

恒茂木厂兴办没多久，马旭初的二叔马增新从美国学成回国后，到了当时国内最大的建筑设计公司——基泰工程司工作。

马家兄弟作为古建筑维修厂家的经营者，又都是学习西方建筑归来的一代人，恒茂木厂自然与基泰工程司相得益彰，互通有无。基泰工程司的张镈、董博川还担任过恒茂木厂的副经理。北京城许多工程的维修，如天坛祈年殿、阜成门、东便门角楼、“金鳌”“玉蝀”牌楼、雍和宫牌楼、国子监的四个牌楼、东四牌楼、西四牌楼等均出现在恒茂木厂的业务记录中。

这期间，马旭初逐步长大成人。

马旭初人生的起伏变化

马旭初出生于1923年。小的时候，家里有许多好玩的东西，也有不少值钱的花瓶、字画等物件。12岁时，恒茂木厂重修天坛祈年殿，马旭初爬上滑车吊篮，顺着架子一直上升到天坛的最高处。头顶可以触摸蓝天，地面上可以看到人们的笑脸，这一瞬间永远留在马旭初的记忆中。这也成为他一生中最重要的精神支柱。

马家除恒茂木厂外，已经有了更多、更大的产业，不仅拥有同济堂药店和北京饭店的股份，还拥有北京电车公司、启新洋灰公司、开滦煤矿的股份。大学毕业后的马旭初，按祖父的遗愿，到刚刚成立的清华大学建筑系旁听了两年建筑学专业课程，以熟悉和了解家庭经营的情况。

中华人民共和国的成立，令马旭初兴奋不已。作为北京城著名私企的传人，马旭初对共产党和人民政府为人民大众所办的事情，特别是将延续了几千年的社会丑恶现象给予取缔的举动极为佩服。中华人

颐和园

民共和国成立初期，马旭初将家产中同济堂药店、北京饭店、北京和天津电车公司、自来水公司、启新洋灰公司、开滦煤矿等所有产业，连同魏家胡同内的马家花园，全部捐给了国家。之后，马旭初到北京市地方工业局建筑工程处技术室工作，当了一名工程师。

然而，好景不长，在“反右”运动中，马旭初被定为右派分子，被开除公职，交街道管制监督。过去是少掌柜的他，第一次拿起瓦刀，过上了靠力气吃饭的日子。以前在工地，他看见过其他人的实际操作，再通过向瓦工师傅学习，加上自己的琢磨，他很快掌握了瓦工的技术。

“文化大革命”爆发后，马旭初连赖以生存的做瓦工的资格也被剥夺了。为了养家糊口，他不得不长期以卖血为生，后卖血也不成，只好上街捡烂纸。

“文革”结束后，马旭初的平反工作一直拖到1986年，因为哪儿也找不到他的档案，无法落实。直至北京市公安局给他复制出一份档案，才给他平反，落实政策。

落实政策后，马旭初到市政府搞基建工作。20世纪80年代，北京市开始了大规模的城市建设，许多老建筑被拆，而随着老工匠们的离世，建筑修缮中的许多传统工艺和做法变得模糊不清。要搞好古建筑的维修，急需一部传统建筑施工工艺的质量检验标准。

马旭初请出了当年的老工匠师傅，将他们口述的内容整理成文字，于1986年整理完成了一份《文物建筑工程质量检验评定标准》。该标准的出台，使得在中国传统营造行业中那些千百年来师徒之间耳口相传的手艺和秘诀，有了一个与现代施工相结合的操作办法，并且可以永远地保存下来。这是我们珍贵的文化遗产，有着非常重要的现实意义和深远的历史意义，为我国优秀传统文化的延续和发展起到了非常重要的作用。

在以后的岁月中，马旭初先生为弘扬中国优秀传统建筑文化而奔走，老北京的胡同里，传统建筑修缮工程的工地上，验收工程的评审会上，普及传统建筑文化的课堂上……经常能看到马老先生的身影，他不辞辛苦地为传承祖先们留下来的传统技艺而努力，为保留优秀的文化遗产做出了巨大贡献。

（李沉摘编自《六百年营造世家第十四代传人 马旭初》）

Building Craftsmen Are All Masters of the Country: Introduction to Some Ancient Chinese Architects

匠人营国皆先贤
——中国古代部分建筑师简介

CAH编委会（CAH Editorial Board）

2020年是中国营造学社成立90周年，其创办人朱启钤先生在中国古代建筑的研究、发掘与保护，现代城市规划及市政建设的创新，优秀民族传统文化的传承和发展等方面做出了极为重要的贡献。他在《中国营造学社开会演词》中指明，“吾民族之文化进展，其一部分寄之于建筑。建筑于吾人生活最密切，自有建筑，而后有社会组织，而后有声名文物，其相辅以彰者，在在可以觇其时代，由此而文化进展之痕迹显焉”。“总之研求营造学，非通全部文化史不可，而欲通文化史非研求实质之营造不可”。

中国历史上道器分涂、重士轻工，历来轻视有智慧、有能力的能工巧匠。最初，设计师和工匠是一体的，设计者就是施工者。后来，设计与施工逐渐分离，建筑师在工程建造中的协调、监督作用被无视；再加上中国古代时期工匠的社会地位低下，而建筑师被视为与工匠同类，除极少数确属出类拔萃之人物能够得到皇帝的赏识、重用外，绝大多数为“无名氏”，“劳心者治人，劳力者治于人”的思想影响深重。

中国营造学社创办不久，即编辑、出版《中国营造学社汇刊》，从1932年3月出版的第三卷第一期开始，陆续发表了由中国营造学社社长朱启钤辑录、古典文学家梁启雄和建筑学家刘敦桢校补的“哲匠录”，包括营造类、叠山类等四大类“肇自唐虞，迄于近代”有突出贡献的历史人物四百余人。“不论其人为圣为凡，为创为述，上而王侯将相，将而梓匠轮舆，凡于工艺上曾著一事，传一艺，显一技，立一言若，以其于人类文化有所贡献”“而以‘哲’字嘉其称，题曰‘哲匠录’”。

中国建筑发展史有几千年之久，过去人们常说“见物不见人”，实际上也是在表达一种遗憾，许许多多的物是人类发明创造出来的，这充分反映了人的聪明才智，表现了人的智慧、技巧、力量，同时被人们赋予了不同的情感在其中。历经风雨沧桑，走过千辛历程，历代先贤为后人留下了极为丰富的文化遗产，从雄伟壮丽的城市、宫殿，到精美非凡的丝织、绘画，可真正能够让今人知道创造者姓名的屈指可数。《哲匠录》的编撰，从一个与以往不同的视角让我们得以认识和了解先人们所创造的无比辉煌灿烂的优秀文明，并从中分享他们留下的非常宝贵的财富。同时，我们还应该学习先人们的聪明智慧，克服困难、奋勇前行的意志和精神。《哲匠录》得以再次出版，要感谢中国建筑工业出版社原总编辑杨永生先生对《哲匠录》做出的很大的贡献。

2008年，张钦楠先生所著的《中国古代建筑师》出版，书中对20余位中国古代建筑师的生平、作业环境、方法、成果进行了介绍，也介绍了同时期外国建筑思想的形成、发展及建筑师取得的成就，使人们得以更全面地认识建筑，认识建筑师，了解建筑在社会文明发展中所起到的作用。

本文选取了不同时期的几位中国古代建筑师略作简介。选编的原则更加强调建筑师是有非常丰富实际工程经验和技巧的带头人。

鲁班

鲁班

鲁班，姓公输，名般，或称公输班、鲁班、公输盘、公输子、班输等。春秋时期鲁国人，因称之“鲁班”。《汉书·古今人表》中，鲁班列在孔子之后、墨子之前。《墨子》载公输盘“为楚造云梯之械”，能“削木以为鹊，成而飞之”。鲁班的名字散见于先秦诸子的论述中，他被誉为“鲁之巧人”。王充《论衡》说他能造木人木马。

民间有许多关于鲁班的传说，有说是帮助工匠解决难题，有说是改革和发明生产工具，如木工常用的锯、曲尺、墨斗等，还有说鲁班发明了云梯、石墨等，也有说鲁班的妻子发明了伞。明代人将民间流传的有关建造房屋、制作家具和生活用品的木工口诀传抄合订成书，并托以鲁班之名，为《鲁班经》。

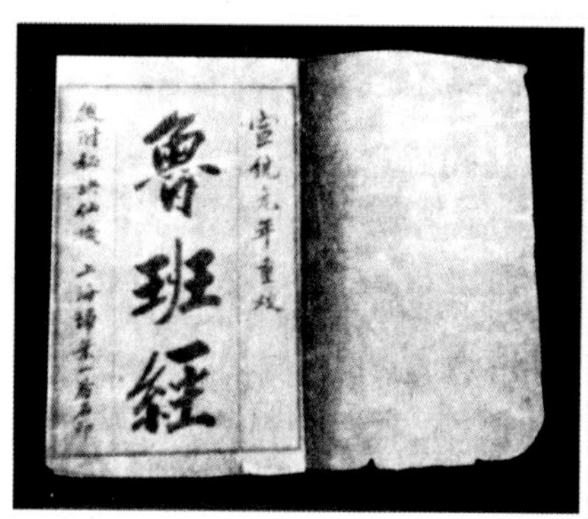

《鲁班经》

《叩开鲁班的大门——中国营造学社要略》

历代能工巧匠将许多的发明创造都集中在他的身上，实际是歌颂了以鲁班为代表的中国古代工匠和匠师的勤劳、智慧和助人为乐的美德。由此，鲁班被历代建筑工匠尊为祖师。

在河北蓟州城里，有鲁班庙（据罗哲文先生称，这是国内唯一独立供奉鲁班的庙），里面供奉的是公元前5世纪鲁国的公输般，被人们认定为鲁班。

今人修建的鲁班纪念馆位于山东省枣庄市滕州市，鲁班纪念馆主体建筑以“继承与发展”为设计理念，采用仿古与现代相结合的建筑风格，建设面积达8600平方米，设有祭拜大厅、航天厅、木器厅、石器馆、鲁班庙会、今日班门等展区。

当今另一项与鲁班有关联的事情，即每年由建设部和中国建筑业协会颁发的“建筑工程鲁班奖”，该奖是全国建筑行业工程质量方面的最高荣誉奖。

宇文恺

宇文恺（555—612），字安乐，朔方夏州（今陕西靖边北）人，豪门贵族之家，其父是大司马，他出生后三年就因为是“功臣之子”而获封爵位，七岁时已经“进封安平郡公，邑二千户”。他的几位哥哥从小就“以弓马自大”，而他却修文习武，博览群书，“好学深思，尤多技艺”。

在隋王朝取代北周时，宇文恺与他的家人一样被判死刑，后由于他的哥哥对隋朝有功而得到宽恕。此后，宇文恺凭自己的能力获得皇帝的器重，官至工部尚书。隋文帝在统一中国后，命宇文恺负责许多建造工程之事：①建设宗庙；②建设新的都城大兴城；③修筑河道；④整修道路；⑤兴建隋文帝的夏宫仁寿宫；⑥为隋文帝的皇后建设陵墓。

大兴城在建设时，汲取了北魏洛阳城和曹魏、北齐前后两个邺城的优点，布局严谨，规模宏大。建造时充分利用当地具有高坡地形的特点，将主要皇宫等建筑置于高坡之上，从而增大了城市的立体空间，使城市显得更加雄伟壮观。大兴城的形制为长方形，全城由宫城、皇城、外城三部分组成，采用对称布局。大兴城在当时世界上是最为巨大的城市，面积达84.1平方千米，而古罗马城的面积是13.68平方千米，东罗马拜占庭帝国的都城君士坦丁堡的面积只有11.99平方千米。大兴城的建设，对后世有深远的影响。

隋炀帝时期，宇文恺完成的主要建设工程有：①建设东都洛阳；②建造显仁宫；③造军中大帐；④修筑长城；⑤建造浮桥；⑥建造行动宫殿。

宇文恺还撰写过一些有关建筑的著作，其中只有《明堂议表》附于《隋书》中流传下来。根据《明堂议表》一文可知，宇文恺考证了隋以前的明堂形制，提出建造明堂的设计方案和依据，并且附有按百分之一的比例尺绘制的平面图和模型图。当时，重大建筑物在施工前先制图已是通制，但按严格比例制作模型并写出关于设计依据的说明书，则是宇文恺的贡献。他所撰《东都图记》《明堂图议》《释疑》等著作已失传。

李诫

李诫（？—1110），字明仲，郑州管城县（今河南郑州）人。元丰八年（1085年）初入仕途为郊社斋郎，后调任曹州济阴县尉。元祐七年（1092年）入将作监，后总管全监事务。宋代将作监隶属工部，掌管宫室、城郭、桥梁等营缮事务。李诫先后在将作监任职13年，经管新建或重要工程有五王邸、辟雍、尚书省、龙德宫、棣华宅、朱雀门、景龙门、九成殿、开封府廨、太庙、钦慈太后佛寺等。

宋熙宁年间指定将作监编修《营造法式》，至元祐六年编成，但为有关部门所不满，于绍圣四年（1097年）再令李诫重编。他参阅古代文献和旧有规章制度，结合多年的实践经验，并令匠人讨论解说，进一步明确各项制度原则，严格规定料例、工限，直至元符三年（1100年）完成了修编工作，于崇宁二年（1103年）刊印颁发，流传至今，成为研究中国古代建筑的重要参考书。

《营造法式》全书共有34卷，其中关于建筑设计、施工、计算工料等各方面的记述，比较详细地说明了“材份制”，使得今人能够了解古代建筑设计的根本法则。《营造法式》是中国现存时代最早、内容最丰富的建筑学著作。全书侧重于建筑设计、施工规范，并有图样，是了解中国古代建筑学、研究中国古代建筑的重要典籍。

梁思成先生将《营造法式》称为一部“文法书”。幸运的是，中国历史上两个曾经进行过重大建筑活动的时代曾有两部重要的书籍传世：宋代（960—1280年）的《营造法式》和清代（1644—1912年）的《工程做法则例》。我们可以把它们称为中国建筑两部“文法书”。它们都是官府颁发的工程规范，因而对于研究中国建筑的技术来说，是极为重要的。今天，我们之所以能够理解各种建筑术语，并在对不同时代的建筑进行比较研究时有所依据，都因为有了这两部书。

李诫博学多艺，除编修《营造法式》外，另著有《续山海经》十卷、《续同姓名录》二卷、《古篆说文》十卷、《琵琶录三卷》《马经》三卷、《六博经》三卷，惜均失传。

阿尼哥

阿尼哥（1244—1306年），尼波罗（今尼泊尔）建筑师、雕塑家和工艺美术家，原为王族，其国人称之为“八鲁布”。元代中统元年（1260年）帝师八思巴奉元世祖忽必烈之诏在西藏建黄金塔，从尼波罗选良工巧匠80人入藏，时年仅17岁的阿尼哥自告奋勇率领众工匠入藏，被任命负责黄金塔修建工程。用时两年将塔建成，后深受八思巴器重，为他落发，收为弟子，并带他到大都（今北京）晋见皇帝忽必烈。阿尼哥以杰出的智慧和才艺受到忽必烈的赏识，先后受命完成许多塔寺的构思营建、神像的塑妆、帝后御容的制作，以及朝廷仪仗礼器的设计、制造。

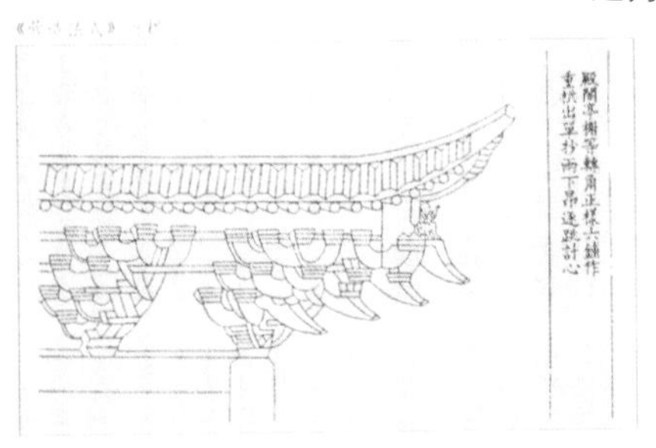
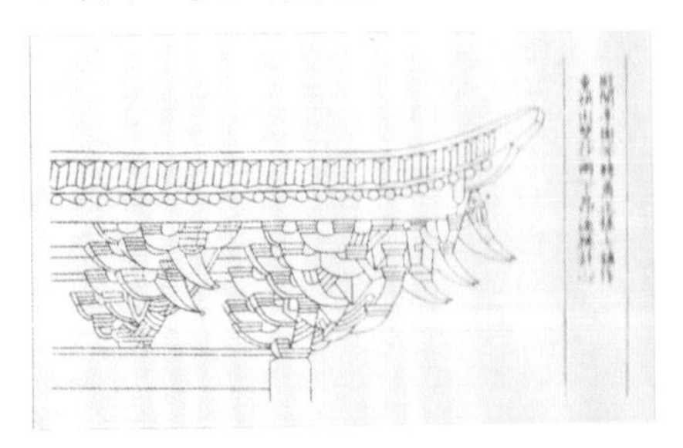

《营造法式》图解

午门广场

元十年（1273年），元朝政府设立统管营造、雕塑及工艺制作的机关“诸色人匠总管府”，命他为总管。元十一年在上都（今内蒙古正蓝旗）领导建乾元寺。同年，阿尼哥奉诏，建造孔子及十哲像。元十三年，在涿州领导建佛寺。元十五年，皇帝命他还俗，授以光禄大夫、大司徒，兼领将作院使（掌管金、玉、织造等手工艺品的制造），品级、俸禄相当于丞相。元十六年，主持兴建圣寿万安寺白塔（今北京妙应寺白塔）。其后，又陆续负责兴建的重大工程有大都的南寺（1280年）、兴教寺（1283年），以及司天监的浑天仪等天文仪器。在元成宗铁穆尔时期，又命他于大都建三皇庙、于山西五台山建万圣祐国

故宫太和殿

寺，设计、塑造崇真万寿宫的道教神像（1295年），领导塑三清殿左右廊房仙真身191像（1299年）。在山西五台山建塔（1301年），塑造国学文庙的儒家圣贤像（1302年），建东花园寺，铸丈六金身佛像。塑城隍庙东三清殿之三清像，补塑、修妆其他道像181身（1304年），建圣寿万宁寺，造千手千眼菩萨、五方如来。大德十年（1306年），阿尼哥病逝，以塔葬于当时的宛平县香山乡岗子原。

阿尼哥在中国生活的40多年中，以其所具有的多方面的艺术才能，表现出令人佩服的创造力。他先后主持修建了佛塔、寺庙、道宫等多处佛教建筑，其他如朝廷内外的文物、庙宇内的神位、各种仪器、塑像及绘画作品等许许多多，不计其数。他为藏传佛教在内地的传播，为汉、蒙古、藏艺术的融合，为中国和尼泊尔两国文化的交流做出了重要贡献。他设计建造的圣寿万安寺白塔（今北京妙应寺白塔）已成为北京城历史文化标志性建筑之一。假如单从一个角度看，阿尼哥可称为当今到中国从事建筑设计外国建筑师的鼻祖。

蒯祥

蒯祥（1397—1481年），明代时期建筑工匠。吴县（今江苏苏州）人。祖父蒯思明、父亲蒯福都是有名的木匠。父亲蒯福曾参加南京宫城的建筑营造。永乐十五年（1417年），朱棣为建造北京城，征召国内几万名工匠进京，蒯祥同父亲一起来到北京。因他的木匠手艺出众，不久就接替父亲任“营缮所拯”。

“凡殿阁楼榭，以至回廊曲宇，祥随手图之，无不称上意。”建造中，蒯祥每当实际操作之前，精于尺度计算，他对各种木工技艺掌握得非常娴熟，出神入化，他能双手握笔同时绘双龙，“画成合之，双龙如一”。景泰七年（1456年）他升任工部左侍郎，“能主大营缮”。

据记载，蒯祥多次参加或主持重大的皇室工程，如永乐十五年（1417年）负责建造北京宫殿和长城，洪熙元年（1425年）建献陵；正统五年（1440年）负责重建故宫前三殿，正统七年（1442年）建北京衙署；景泰三年（1452年）建北京隆福寺；天顺四年（1460年）建北京西苑（今北海、中海、南海）殿宇，天顺八年（1464年）建裕陵等。宫中每有所修缮，总将他请来，他略用尺量好，似是不经意间，但建造后可以丝毫不差。宪宗皇帝称呼他是“蒯鲁班”。1465年时，蒯祥已年届70，他仍参加承天门的第二次建造，一丝不苟。成化十七年（1481年）蒯祥在北京病逝。皇帝闻讯后派人致哀，封蒯祥祖父、父亲为侍郎，荫封两子，一为锦衣千户，一为国子监生，并将蒯祥当年居住处的那条胡同，命名为“蒯侍郎胡同”。

明代北京宫殿和陵寝是现存中国古建筑中最宏伟、最完整的建筑群，蒯祥作为这些重大工程的主持人之一，表现了规划、设计和施工方面的杰出才能。

计成

计成（1582年—？），明末造园家，字无否，号否道人，苏州吴江人，少年时代即以善画山水而知名。他宗奉五代时期杰出画家荆浩和关仝的笔意，“少以

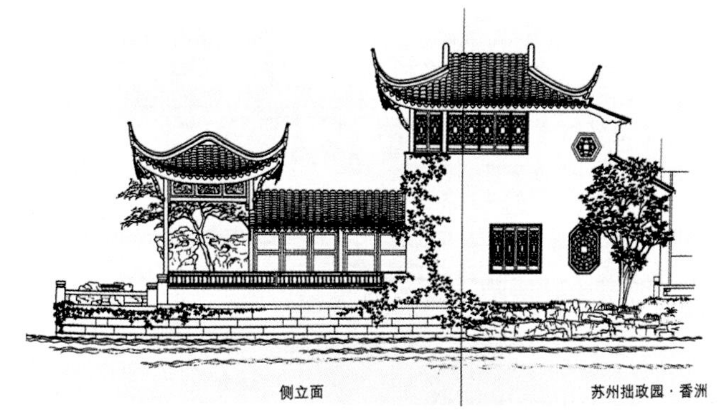

苏州拙政园

绘名，性好搜奇，最喜关仝、荆浩笔意，每宗之”。计成属写实画派，因而喜好游历风景名胜，青年时代到过北京、湖广等地，中年定居镇江，对造园技艺进行研究探讨并付诸实践，成为造园家。

计成在一次参观堆假山作业中提出应按真山形态掇假山的主张，并动手完成这座假山石壁工程。由于作品形象佳妙，宛如真山，于是闻名遐迩。明天启三年至四年（1623—1624年），计成应常州吴玄的聘请，营造一处面积约为5亩的园林，为其成名之作。代表作还有明崇祯五年（1632年）在仪征县（今仪征市）为汪士衡修建的“寤园”，在南京为阮大铖修建的“石巢园”，在扬州为郑元勋改建的“影院”等。他善于利用地形，巧妙布置，将亭、台、楼、阁、馆、斋、堂、舫等人工建筑，与山、水、石、洞、草、树、花、藤等自然环境和物质有机融合，并处理好各种实物的形、神、意、境、真、假、虚、实及各种关系，使他设计建造的园林表现出的境界之美出人意料，同时也显露出他过人的才华，他的名声也随之大增。

计成的创作旺盛时期约在崇祯前期。他根据自己的实践经验整理了修建吴氏园和汪氏园所作的部分图纸，崇祯七年（1634年）完成了中国最早、最系统的造园著作——《园冶》。《园冶》共3卷13篇，还有各种插图232幅。全书古朴典雅，内容丰富，所附插图精准美观。该书从本质上对中国园林作了科学严谨的分析和总结，论述了中国园林的本质特征和艺术规律，其内容特别是书中附图对中国园林的实践、发展具有极强的指导性和借鉴作用，成为后人研究中国古代园林的重要典籍。

《园冶》出书后不久，种种原因导致其在国内销声匿迹，却传到了日本。直到20世纪二三十年代，《园冶》才又从日本传至国内。早年北京图书馆有明刻本一、二卷，缺少第三卷。1932年，朱启钤先生依残缺之本将《园冶》补齐三卷，影印后由陶兰泉收入《喜咏轩丛书》。1932年，曾为中国营造学社社员的阚铎委托其日本友人，对《园冶》日本内阁文库藏本加以校对，并将图式加以描绘确定，后由中国营造学社付印出版。日本及外国造园同行对计成及《园冶》非常敬重，曾出版《园冶》英译本。

计成还是一位诗人，时人评价他的诗如“秋兰吐芳、意莹调逸”，但他的诗作已散佚。

颐和园万寿山

梁九

梁九，清代建筑匠师，顺天府（今北京市）人，生于明代天启年间，卒年不详。梁九曾拜冯巧为师。冯巧是明末著名的工匠，技艺精湛，曾任职于工部，多次负责宫殿营造事务。梁九传曰：初明之季，京师有工师冯巧者，董造宫殿，自万历至崇祯末，老矣。九往执役门下，数载终不得其传，而服事左右，不懈益恭。一日，九独侍巧，顾曰：子可教矣。于是，尽传其奥。冯巧死后，梁九接替他到工部任职。清代初年宫廷内的重要建筑工程都由梁九负责营造。康熙三十四年（1695年）紫禁城内主要殿堂太和殿焚毁，由梁九主持重建。动工以前，他按十分之一的比例制作了太和殿的木模型，“以寸准尺，以尺准丈，不逾数尺而四隅重室规模悉具。工作以之为准，无爽，殆绝技也”。其形制、构造、装修如同实物，据之以施工，被誉为绝技。他主持重建的故宫太和殿保存至今。

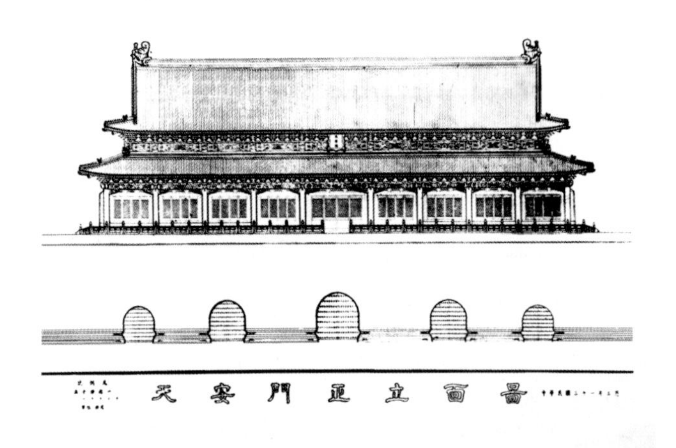

张镈 中轴线测绘图天安门城楼

样式雷

样式雷（1619—1693年），清代宫廷建筑匠师家族，其始祖雷发达，字明所，原籍江西建昌（今永修县），明末迁居南京。清代初年，雷发达应募到北京供役内廷。康熙初年参与修建故宫工程。那时太和殿缺大木，仓促之时就将明陵的楠木旧梁拿来充用。在太和殿工程上梁仪式中，康熙来到现场，待将大梁抬高升举后却无法合拢，“工部从官相顾愕然，惶恐失措”。雷发达爬上构架之顶，以熟练的技巧挥斧落榫，使梁木顺利就位。皇帝当场封他为工部营造所长班，负责内廷营造工程。有“上有鲁班，下有长班，紫薇照命，金殿封官”之说。雷发达年逾70时不再从事营造之事，4年后去世，后葬于南京。

样式雷家族，除雷发达外，包括雷发达之子雷金玉（字良生，1659—1729年）、金玉之子声澄（字藻亭，1729—1892年），声澄之子家玮（字席珍，1758—1845年）、家玺（字国贤，1764—1825年）、家瑞（字�祥，1770—1830年）三兄弟，家玺之子景修（字先文，号白璧，1803—1866年），景修之子思起（字永荣，号禹门，1826—1876年），思起之子廷昌（字辅臣、恩绶，1845—1907年）先后7代为建造出力。其中，雷金玉任圆明园楠木作样式房掌案；雷家玺承办万寿山、玉泉山、香山园庭、圆明园东路及热和避暑山庄等工程；雷景修，年16随父亲在圆明园样式房学习世传差务；雷思起和其子雷廷昌为修复圆明园进呈园庭工程图样；雷廷昌参与三海、万寿山工程。人们称这个家族为样式雷。

样式雷烫样

雷氏家族设计建筑方案，都按百分之一或二百分之一比例先制作模型小样进呈内廷，以供审定。模型用草纸板热压制成，称烫样。其台基、瓦顶、柱枋、门窗以及床榻桌椅、屏风纱窗等均按比例制成。雷氏家族烫样独树一帜，是了解清代建筑和设计程序的重要资料。留存于世的部分烫样现存北京故宫博物院。

姚承祖（1866—1938）

姚承祖，字汉亭，别字補云，又号养性居士，出身营造世家，祖父姚燦庭著有《梓业遗书》5卷，16岁辍学从梓，1912年建立苏州鲁班协会，并当选为会长，苏州工专曾聘他任教，讲授建筑学。

他的重要著作是《营造法原》一书，1959年由建筑工程出版社出版，1986年由中国建筑工业出版社再版，署名是：姚承祖原著，张至刚增编，刘敦桢校阅。据刘敦桢讲："1929年受姚先生之托，整理此书，但因无暇，于1932年介绍该书与营造学社，经社长朱启钤先生亲自校阅。"1935年，刘敦桢将《营造法原》原稿交张至刚，嘱他整理，并说："这是姚補云先生晚年根据家藏秘籍或图册，在前苏州工专建筑工程系所编的讲稿，是南方中国建筑之唯一宝典。"20世纪30年代，张镛森（字志刚）加以增编，补充遗漏，订正讹误，增写解释，并按实测尺寸重新绘制插图，增补照片，于1937年脱稿。

姚承祖毕生从事建筑事业，经他手设计建造的房屋当有许多，因缺乏记载，已无从考证。仅现在所知即有4处,即苏州怡园的藕香榭、吴县光福乡香雪海的梅花亭、灵岩山的大雄宝殿及木渎镇的严家花园。

另据陈从周教授在1979年写的姚承祖营造法原图序中说："50年前，姚先生曾绘補云小筑图，余曾见及，所列诸屋架式，与此集相若，惜已亡佚，而小筑之图影本幸存。……图作于1933年夏，绘图者郁友勤乃姚先生当年师傅，助其设计营建多年。"（据杨永生续编《哲匠录》，李沉编辑整理）

参考文献：

[1] 林洙.叩开鲁班的大门[M].北京：中国建筑工业出版社，1995.
[2] 于倬云.紫禁城宫殿[M].北京：生活·读书·新知 三联书店，2006.
[3] 杨永生.哲匠录[M].北京：中国建筑工业出版社，2005.
[4]《中国大百科全书》总编委会.中国大百科全书.2版.中国大百科全书出版社，2009.
[5] 张钦楠.中国古代建筑师[M].北京：生活·读书·新知 三联书店，2008.
[6] 杨永生.建筑百家杂识录[M].北京：中国建筑工业出版社，2004.
[7] BIAD传媒《建筑创作》杂志社，北京市东城区东四街道办事处.留下中国建筑的精魂 纪念朱启钤创立中国营造学社八十周年画集[M].天津：天津大学出版社，2009.
[8] 岳毅平.中国古代园林人物研究[M].西安：三秦出版社，2004.
[9] 刘敦桢.中国古代建筑史[M].2版.北京：中国建筑工业出版社，1984
[10] 卢有杰.中国营造管理史话[M].北京：中国建筑工业出版社，2018.
[11] 杨永生.中国古建筑之旅[M].北京：中国建筑工业出版社，2003.
[12] 侯幼斌，李婉贞.中国古代建筑历史图说[M].北京：中国建筑工业出版社，2002.

On the Past and Present of Fengguo Temple
奉国寺的前世今生

王 飞* (Wang Fei)

提要：奉国寺是辽代历史文化的鲜活的实物见证。历经千年风雨的奉国寺大雄殿是中国古代边疆辽代少数民族在学习和继承中原传统建筑艺术而创造出来的具有北方雄浑特色的佛教建筑杰作，它整体造型融南北风韵极致于一体，凸显了辽代建筑的独特魅力风标。在中国建筑史上承上启下，其建筑特色和格局，对后世佛教寺院建筑风格的形成以及当代仿古建筑的借鉴具有深远的影响。
关键词：奉国寺大殿；木构建筑巨制；文化遗产

Abstract: Fengguo Temple is a physical witness to the history and culture of the Liao Dynasty. The Daxiong Hall of the Fengguo Temple with a history of about 1,000 years is one of the few masterpieces of Buddhist architecture, an imposing structure created by the ancient Liao ethnic group inhabiting the frontier area of the country by drawing on the traditional building art from the Central Plains. Overall, the Temple, combining the building features of both the northern and southern parts of the country, highlights the unique charm of Liao architecture. It carries forward the tradition of classical architecture and inspires the construction of new structures, as evidenced by the fact that the Temple's general layout and detailed features exert profound impact upon the formation of the building style of Buddhist temples and contemporary construction of archaizing structures.
Keywords: Great Hall of Fengguo Temple; Masterpieces of Wooden Architecture; Cultural Heritage

义县隶属辽宁省锦州市，位于辽西五市中心地带。义县是中国东北历史最悠久、文化最厚重灿烂的历史文化名城，自先秦设辽西郡、汉武立交黎县，距今已有2200多年历史。奉国寺位于义县宜州古城东北隅。奉国寺，1961年被国务院公布为第一批全国重点文物保护单位，2012年进入“中国世界文化遗产预备名单”。

* 义县文物局局长。

奉国寺全景俯视.殷力欣摄

奉国寺自辽开泰九年（1020年）至2020年，适逢一千年。奉国寺以其完美的遗存使辉煌的中华文明通过建筑、彩绘泥塑、壁画、木构彩绘、碑刻、匾额、石雕、建筑遗址等形式展现给世人，至今仍鲜活闪亮地传递着不朽的中华历史文化光辉。

奉国寺是中华文明与传统文化博大精深的见证，是建筑技术与艺术完美结合的典范。其辽代建筑遗存大雄殿以伟岸的身姿矗立在辽西大地上，千百年来被人所景仰。

中国多民族历史上，曾形成辽、宋、西夏三足鼎立之势，历史长河中，辽契丹民族和西夏党项民族已消失融合。奉国寺是体现中国历史底蕴深厚、各民族多元一体、文化多样和谐的文明大国形象的杰出代表。奉国寺是中华地域民族之间熄灭战争、走向和平、团结合作的结晶，是遥远地域之间跨时空文化学习融合的杰出范例。中华民族五千年文化，出土文物浩若繁星，千年以上古建筑遗存却如凤毛麟角。

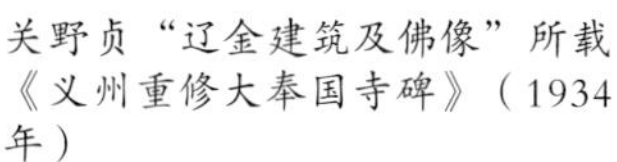
关野贞“辽金建筑及佛像”所载《义州重修大奉国寺碑》（1934年）

中国营造学社收藏奉国寺旧照——全景

中国营造学社收藏奉国寺旧照——大雄殿

造建缘起

元大德七年（1303年）《义州重修大奉国寺碑》记载：“州之东北维寺曰咸熙，后更奉国，盖其始也，开泰九年处士焦希赟创其基。”民国三十年（1941年）《义县奉国寺纪略》记载：“清朝光绪八年（1882年），维修大雄殿时有八门尺从东南角梁架上坠落，上书‘辽开泰九年正月十四日起工。’”。这是奉国寺建造于辽开泰九年（1020年）的出处记载。

宜州，是辽代初期人皇王、东丹王耶律倍的个人私城和封地猎场，宜州下辖弘政、开义两县。从传承初名的“咸熙”，到奉国寺的“奉国”，从研究分析的角度看，俨然所表达的是人皇王的泰伯辞让胸怀，更指向造建者对追溢“让国皇帝”的纪念，表达了造建者以此昭示天下朝野的心境。

从现代科技角度看，对远古社会经济及社会阶层分工分析考证，奉国寺其建筑规模、其高等级建筑用料、硕大笔直的油松、高等级的七辅佐斗拱，厅堂式与阁殿式精妙结合的建筑制式，高大罕见的佛祖“过去七佛”泥塑造像，满堂木构件上的精美彩绘……依普通个人的能力、大德高僧的感召募化等，均难以完成奉国寺如此浩大的伟业。建造者无疑是可以动员和统筹社会的政治力量，即皇权，推想早期初建者为耶律阮，继承参与者耶律璟、耶律隆绪等。后续历朝历代大规模修缮保护传承记载，也证明只有朝廷和国家才有能力为之和所为。

偌大的奉国寺造建缘由不见辽史记载，恰恰说明与辽东丹王、让国皇帝耶律倍密切相关，可假说宜州耶律倍的大内官邸，便是奉国寺前世的上溯建造源头。

《续通志》和《寰宇访碑录》著录已佚的金石目中有《奉国寺石幢记》描述：“正书、开泰二年、义州”之记载。《辽史》记载：“大臣李瀚曹禁锢于奉国寺六年后执笔太宗功德碑，乃被释放。官至礼部尚书，宣政殿学士”。李瀚为穆宗年代人物，如此，奉国寺的源头年代久矣。辽史记载中穆宗年代出现的奉国寺，与其相吻合的事件记载：刘承嗣墓志铭，记录有在宜州大内所建的佛教寺院有如仙境一般的宫殿。1970年，在朝阳县西大营子乡西涝村出土景宗保宁二年（970年）《刘承嗣墓志》，从墓志得知，刘承嗣逝世于辽应历十七年（967年），享年59岁。墓志记载：“天禄二年，迁司徒。奉宣宜霸州城，通检户口桑柘”。“随銮辂之驱驰，因缘私门，崇重释教，创绀园之殊胜，独灵府之规谋。遽蒙任能，俾辖若拙，始终宜州大内。又盖嗣晋新居，南北京城霖雨，榷塌妥度，板筑备历，修完稠叠。圣情谅假，心匠周旋臣节，咸若神功，淹历年华。”碑刻中，特别描述形容了刘承嗣在宜州大内所设计规划并指挥督建的佛教寺院，“因缘私门，崇重释教，创绀园之殊胜，独灵府之规谋”。解读的意思是：“因机缘所效力的权贵，尊重、重视释教，创建了超绝稀有、特别优美的胜境佛寺，寺院规划设计的只有苍帝、神灵仙道的住所才有，是心灵的家园，美妙无比的住所。”碑刻记载刘承嗣曾在几年间，始终在宜州大内建佛寺。然而，除奉国寺外，在义县境内尚未发现任何较大型的佛教古建筑遗址。因而，不由让人推想：受让国皇帝耶律倍之子、辽朝第三任皇帝世宗耶律阮的委派，刘承嗣在耶律倍的原行宫“宜州大内”，主持修建监督了“崇重释教，创绀园之殊胜，独灵府之规谋”的宏伟壮丽佛教寺院，这个寺院就是奉国寺的前身，即改造宫殿为奉国寺。因而，在辽朝第四任皇帝穆宗耶律璟时代，才会出现“大臣李瀚曹禁锢于奉国寺六年，后执笔太宗功德碑，乃被释放。官至礼部尚书，宣政殿学士”的辽史档案记载。如果事实如此，那么，与奉国寺相关联的建筑，或一脉相承的佛寺伽蓝格局，早在辽世宗天禄元年（947年）至辽穆宗应历元年（951年）就已经确立。

忆往昔，皇帝、太后、大臣、公主与奉国寺充满了神秘关联。辽圣宗以后的人物事件有：辽承天太后萧绰、辽圣宗耶律隆、辽道宗皇后萧坦思在奉国寺被幽禁34年，修奉国寺长廊200间，还宫时被天祚帝耶律延禧封为太皇太后；金碑撰写者、宋朝使臣高勋，碑刻中辽金两代著名僧人国师通敏清惠大师；元成宗的堂妹普颜可里美思公主及驸马施财，对奉国寺进行全面维修；元代兵马都元帅，镇辽东便宜行事，兼领义州节度使王珣，抗击兵匪力保奉国寺；明代思想家贺钦为奉国寺大雄殿撰写140字长联；清太宗皇太极的二女儿玛喀塔下嫁察哈尔汗额哲，在义州生活期间出巨资维修奉国寺；乾隆题写大雄殿、法轮天地、慈润山河牌匾；奉天将军额洛图为奉国寺敬书“无量胜境”。

旧时伽蓝格局

很多人，希冀在历代碑刻、墓志铭、史料中窥探到奉国寺的源头和往昔伽蓝格局。

奉国寺始建时建筑规模如何宏大壮美，在奉国寺遗存的金明昌三年（1192年）、元大德七年（1303年）碑刻记载中可窥见一斑。

奉国寺现存最早的碑刻金明昌三年（1192年）《宜州大奉国寺续装两洞贤圣提名记碑》记载：“自燕而东，列郡以数十，东营为大。其地左巫闾右白霫，襟带辽海，控引幽蓟，人物繁夥，风俗淳古，其民不为淫祀，率喜奉佛，为佛塔庙于其城中，棋布星罗，比屋相望，而奉国寺为甲。宝殿穹临高堂双峙，隆楼杰阁，金碧辉焕，潭潭大厦，楹以千计，非独甲于东营，视佗郡亦为甲……”

元大德七年（1303年）《大元国大宁路义州重修奉国寺碑》记载：“夫佛法之入中国，历魏、晋、齐、梁，代代张皇其教。降而至于辽，割据东北都临潢，最为事佛。辽江之西有山，曰医巫闾，广袤数百里，凡峰开地衍，林茂泉清，无不建立精舍以极工巧。去巫闾一驿许，有郡曰宜州，古之东营今之义州也，州之东北维寺曰咸熙，后更奉国……宝殿崔嵬，俨居七佛，法堂弘敞，可纳千僧。飞楼曜日以高撑，危阁倚云而对峙。旁架长廊二百间，中塑一百贰拾贤圣……亦可谓天东胜事之甲也……”

元至正十五年（1355年）《大奉国寺庄田记》记载：“七佛殿九间、后法堂九间、正观音阁、东三乘阁、西弥陀阁、四贤圣洞一百二十间、伽蓝堂一座、前山门五间、东斋堂七间、东僧房十间、正方丈三间、正厨房五间、南厨房四间、小厨房两间、井一眼……”

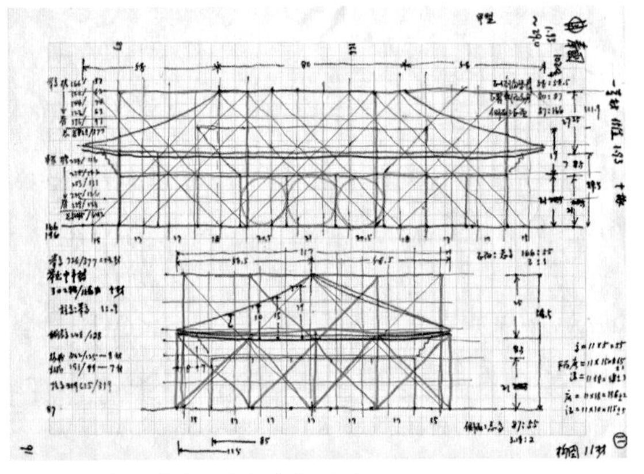

陈明达绘奉国寺大殿数据分析图稿

建筑遗存

奉国寺从遥远的历史走来，虽不见了往日隆楼杰阁的金碧辉煌全貌，但1000年前的主体建筑大雄殿仍巍然屹立。大雄殿及其附属众多珍贵文物依然保存完好，被誉为中华民族建筑历史文化艺术宝库。

汉人、契丹人等各民族人民融合学习，各显身手，工匠、艺人创造了奉国寺的无量圣境。奉国寺辽代大雄殿面阔9间通长55米，进深5间通宽33米，总高24米。建筑制式为五脊单檐七铺作木构建筑，宋辽时期称谓四阿顶，清代后又名庑殿式。奉国寺大雄殿内部融厅堂式与阁殿式完美科学结合，创造了大木制作技术精巧与装饰繁华的极致，

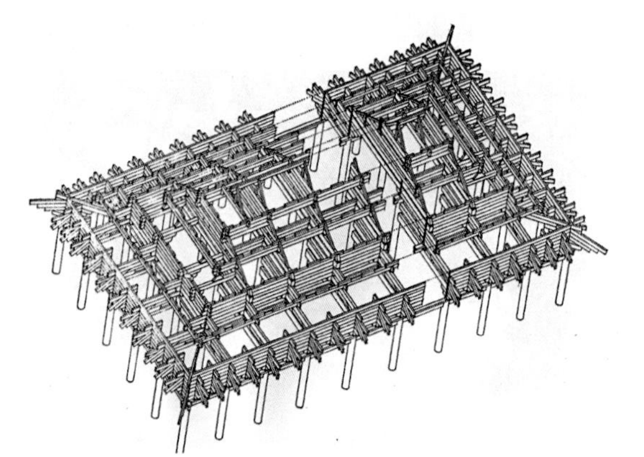

陈明达绘奉国寺结构图

是中国古代木构建筑遗存中高等级规格建筑的最高制式。陈明达先生在《中国古代木结构建筑技术》一书中，从技术的角度分类定义了“海会殿形式”“佛光寺形式”和“奉国寺形式”三种中国古代木构建筑结构形式。建筑学家梁思成先生发表文章，极高地赞誉中国辽代建筑为“千年国宝、无上国宝、罕有的宝物”，并在《中国建筑史》中称颂“奉国寺盖辽代佛殿最大者也”。国家文物局原局长、北京故宫博物院院长单霁翔先生在《慈润山河——义县奉国寺》序中写道：“一座伟大的建筑，就是一个伟大民族的文化象征。义县奉国寺大雄殿就是这样一座蕴含了中华民族诸多文化内涵的旷世杰作”。

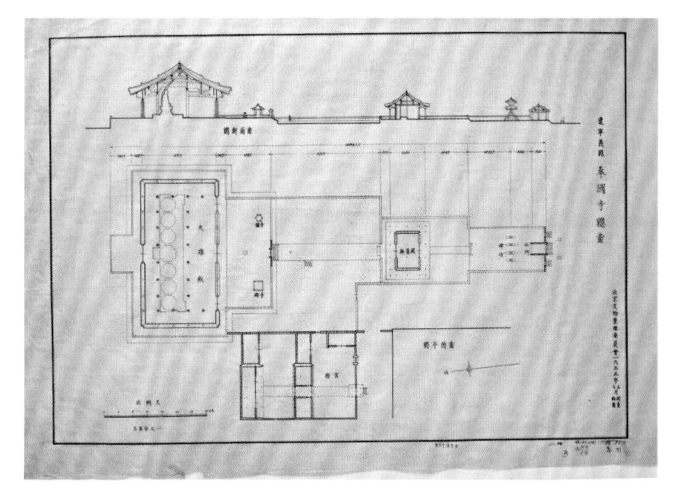
1955年北京文整会测绘图

奉国寺供奉原始佛教基本经典长阿含经所记载的“过去七佛”，佛祖道场的地位独一无二。奉国寺辽代七佛彩绘泥塑，通高9.5米，是世界范围最古老最大的彩绘泥塑群；辽代14尊菩萨造像，通高2.7米，精美雕塑无与伦比。菩萨造像多神态自然，肌体和服饰的质感表现逼真。其生活化写实技法超越了很多同时代的宋塑菩萨造像。

奉国寺辽代木构建筑梁架上，遗存4000多平方米内涵丰富的彩画，越千年时空仍色调鲜明绚丽，光彩夺目。国家文物局原文物专家组组长罗哲文先生曾评价说：“奉国寺辽代彩画，除敦煌外，应该是最好的。”奉国寺大雄殿辽代彩绘是世界上极为罕见的远古木构建筑彩画，稀世珍贵、艺术价值极高，在建筑彩绘史和美术史上都占有极其重要的地位。

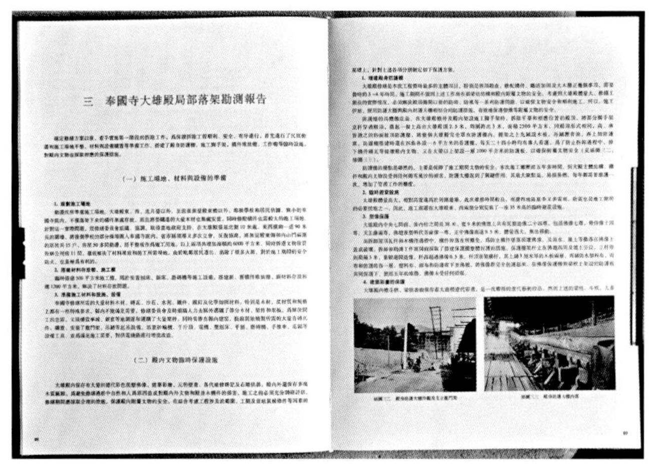
三　奉國寺大雄殿局部落架勘測報告

（一）施工場地、材料與設備的準備

（二）殿内文物臨時保護設施

20世纪80年代修缮工程报告

当代保护传承

1985 年至 1989 年，国家文物局委派杨烈先生入驻奉国寺，设计并组织对奉国寺实施修缮。大雄殿修缮工程自1984年开始筹备，1985年开始勘查测绘及搭设保护棚架，1986年完成斗拱拆落和梁架起吊等工作，自1987年4月实施大木构件修配和归安。此后又完成了瓦顶复原、台基修整等项目，至1989年10月大雄殿维修工程全部完成。此次修缮扶正加固了柱、斗拱、枋、梁等，对残损木构件进行了修配；更换了残破的椽子、望板和瓦顶；重新砌筑了四周檐墙；加固了山墙上壁画，揭取明代坎窗下面壁画；新建了外山门和园林、广场；砌筑了四周保护围墙。

1989年配合文物维修，义县人民政府号召全县人民和社会各界集资赞助，迁走了101户居民和义县文化馆，拓宽奉国寺面积近2万平方米。随后，在奉国寺院内实施考古发掘，出土发现了碑刻所记载的辽代始建时的山门（五间）、西弥陀阁、长廊、东三乘阁、伽蓝堂等建筑遗址。考古挖掘证明：奉国寺辽代始建格局，是中国远古佛教伽蓝建筑布局的唯一实例。再后，义县文物保护部门又相继收购奉国寺周边房屋场地，扩大奉国寺保护范围。2003年，收购西侧原五金公司场地、动迁周边民宅13户，拓宽奉国寺面积5600平方米。2004年，动迁北部原回族小学，1.4 万平方米场地重新归属奉国寺，2005年至2011年，相继动迁保护范围边界民居20户，并对环境进行安全和美化方面整治。至此，奉国寺保护面积达6万平方米。运筹帷幄，把握住时机扩张，不仅为千年奉国寺划分出了安防隔离区，也为奉国寺未来发展奠定了基础。

安防得失

2010年4月14日上午，我正在办公室主持召开会议，突然接到报告，大雄殿着火了。我立即带着一起开会的同志们跑到大雄殿，只见大雄殿内北侧走廊充溢着烟雾，发现烟雾来源于北墙壁画的缝隙。大雄殿工作人员报告说，火有可能是在墙壁外木柱通风口处引起的，通过查看我确定了起火点，马上令人往起火点通风口喷射灭火剂。由于着火点木柱在墙体内部隐蔽处，火势往上蔓延燃烧，喷施的灭火剂在墙壁下方

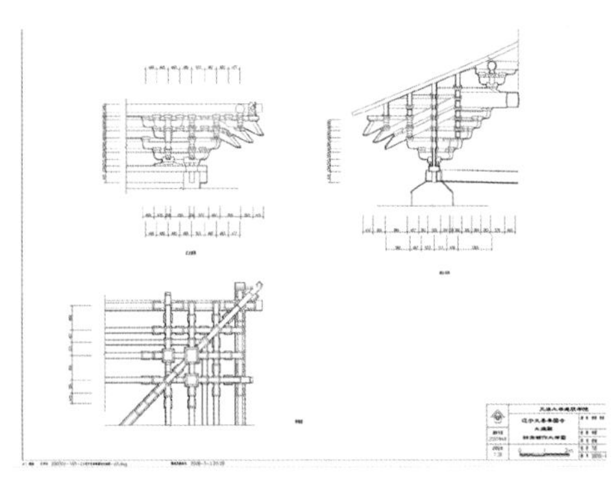

2007年天津大学建筑学院师生所作奉国寺大雄殿测绘图之一

2007年天津大学建筑学院师生测绘工作现场

大雄殿正立面复原图（天津大学建筑学院丁垚绘制）

通风口已无济于事。于是，我果断拨打了119火警电话，请求带云梯援助。几分钟后，消防队赶到，消防官兵手持消防水枪，直奔大殿内北墙壁画冒烟处，欲用水枪往墙壁上喷水，我当即制止。消防队长吼着对我说："影响灭火谁负责任"！我毫不犹豫地说："我负责！"同时告知往墙壁上喷水有直接损毁几百年古代壁画的危险，二是起不到灭火的直接作用。经过短暂的思考判断后，我确定了灭火途径和要害点后，指挥将云梯架到大殿外墙壁，对应着火的木柱上端墙肩坎处，安排职工用镐在此位置打通了外墙壁与里面木柱结合点后，告诉消防官兵用低水压由上往下浇注。水从墙底洞口流出不到两分钟烟就灭了，灭火取得了决定性胜利。如果再晚几分钟，火势由独立的木柱燃烧到大雄殿上部横梁木构件集合之处，火势将无法控制。事后，通过调看监控录像，得知起火的原因，是有两名女游客，到奉国寺朝拜后，搞迷信祭祀，将一张纸点燃，放进了大雄殿北侧外墙壁下墙壁内柱的通风洞口。奉国寺大雄殿建筑墙壁内木立柱防潮用的通风口处，木立柱外围第一层包裹的是芦苇秆儿，第二层是板瓦，木立柱周围上下贯通。古人这样设置的目的，是有利于硕大的木材通风兼顾木材膨胀收缩。造成火灾的因素是，当日北风，将地面燃烧的纸吹刮到了洞口内上部的干燥芦苇秆上。事后，亡羊补牢，我及时告知奉国寺管理部门，对奉国寺院内所用古建筑墙壁下方的通风口，用钢网实施了安全封闭。因为火灾发生，县纪检委监察部门对我们文化旅游局三位局长分别给予警告处分。国家文物局主要领导、省文物局主要领导事后经过现场勘查，说我救火有功，这次抢险可作为木结构古建筑科学扑火抢险成功案例，建议县政府给予我嘉奖，结果是有惩无奖。本次案件作为反面例子警醒自我和他人，我无怨无悔。因为抢险及时和抢险科学，只是墙内木柱表皮轻微过火，国宝未受重大损害。国内外同样的例子，都是因为抢险灭火不科学致使文物遭到损毁。现在，在国家文物局举办的各类培训班中，奉国寺"4·14"火灾已成为既是反面例子，又是成功施救灭火的案例。

2004年12月26日，国家文物局局长单霁翔首次到奉国寺视察，本文作者陪同并作现场讲解

著书立传

奉国寺全寺格局现状.殷力欣摄

2006年12月27日，受国家文物局委托，建筑文化考察组一行专家学者，在专程考察蓟县（现为“蓟州区”）独乐寺行程中，有人提出顺便踏查义县奉国寺，计划是稍作浏览即刻返回北京。那天下午临近下班时，有几个人陌生人走进我的办公室，递上名片后，得知对方是中国文物保护研究所的刘志雄先生和温玉清先生、《建筑创作》杂志社主编金磊先生、中国艺术研究所的殷力欣先生。当时，他们说准备参观半个小时，然后晚上4点半返回北京。因为是远道而来的同仁，我便热情挽留一行人吃晚饭。席间客人们说，完全被夕阳映照下的奉国寺所感染，完全被那沉静、暖暖光晕中透着追忆与怀旧氛围和色彩的景象陶醉，就仿佛进入了唯美至极的电影画面一样。如果匆忙返回，是遗憾，留下来，会成为历史性的记忆。谈论起奉国寺资料书籍的事儿，我说，因为资金等原因暂时奉国寺还没有正规著书出版发行。听我说完后，金磊老师显得非常激动和有兴趣，便说道：“出书不用你出钱，而且，我来组织人帮你写。你只要供我们来义县工作时住宿、吃饭便可，可否与我们合作”。闻听后我自然是高兴和欣喜，于是就促成了中国文化遗产研究院、《建筑创作》杂志社、天津大学、义县人民政府、义县文物保护所共同合作。2008年中国文化遗产日，由国家文物局局长单霁翔作序的《义县奉国寺》由天津大学出版社出版发行，并在奉国寺隆重举行了首发式。国家文物局局长单霁翔、中国文物保护协会、清华大学、北京大学、天津大学、复旦大学、东南大学以及多家文博单位，共计百余名专家学者参加。

奉国寺大雄宝殿侧影.陈鹤摄

金磊、殷力欣在《义县奉国寺·编后记》中写道：“在为增编《蓟县独乐寺》而造访蓟县的行程中，建筑文化考察组顺便踏查了辽宁义县奉国寺，计划稍作浏览即刻返京。也正是这次隆冬时节考察中的‘发现’，使得考察组全体成员有机会感受到一种难以言诠的震撼。我们现在仍清晰记得，虽当时已是冬日薄暮时分，落日余晖下的大雄殿无比壮观，气势雄伟，再加上如血般的残阳，美不胜收。金磊两次步入大雄殿，面对历经千年沧桑而巍然屹立于辽西大地的木构杰作，所有人心潮澎湃，丝毫不觉瑟瑟寒风的侵扰。他当即和刘志雄先生商议，此景此情，容不得我们今晚就走！我们必须延长行程。28日晨起，冬日凌晨的暖阳自东南斜射入大殿内，构成无比熠熠生辉的场景，考察组全然不顾已经零下23度的严寒，拍摄了一组组难忘的图景。在返京的路上，我们共同提议，一定要将义县奉国寺的项目纳入辽代木构建筑系列之中。大家的感受是：山西应县佛宫寺释迦塔属建筑技术水准上的巅峰之作，蓟县独乐寺观音阁及山门建筑以设计严谨、制作精丽见长，而义县奉国寺则以其大气磅礴而雄冠古今，实集诸多文化瑰宝之大成。”

奉国寺大雄殿近景.陈鹤摄

再后来，2011年由辽宁省文物保护中心、义县文物保管所组织编写的奉国寺勘察、测绘、考证、修缮总结报告和图版综合大型文献图书《义县奉国寺》由文物出版社出版发行。2011年《义县奉国寺研究文集》刊发。2017年，面向大众和中小学生的通俗版本《慈润山河——奉国寺》出版发行。

迈向世界文化遗产之路

2004年12月26日，国家文物局局长单霁翔首次到奉国寺视察。我当时是义县文化旅游局副局长兼义县文物保管所所长，负责陪同单局长并介绍情况。单局长在大雄殿内参观后，围绕大雄殿外围转了一圈，然后，又流连忘返地再一次返回大雄殿观察。我向单局长介绍说：“曾主持奉国寺大雄殿落架维修的国家文物局教授级高级工程师杨烈，称赞奉国寺是‘自辽宋以前保存至今最为宏大、最为完整的单

大雄殿外檐转角铺作.陈鹤摄

檐木构建筑'"。单局长激动地说:"什么辽宋以前,就应该说,'是中国古代建筑最为伟大、最为完整的单檐木构建筑'"。紧接着,我请教单局长申报世界文化遗产,是否必须全部满足联合国教科文组织所制定的六条标准。单局长解释道,世界文化遗产的六条标准,满足其中一两条就可以申报。并笑着关爱地说:"申遗,我只有一票权利。奉国寺只要项目合理,维修给钱我说了算"。后来,听省文物局同志讲,单局长视察辽宁期间,只在基层义县喝了唯一一次酒。当时,共进午餐的有省文化厅、文物局主要领导,市政府相关领导,市文化局主要领导,义县县委、县政府主要领导等。期间,单局长唯一一次起身离开座位,从大圆桌的对面直接绕着走到我面前,说:"我向全国文物保护工作基层一线的同志敬酒"。给奉国寺的守望者敬酒,表明的是身为国家文物局局长对奉国寺的喜爱有加,是向中国优秀传统历史文化的致敬。

2005年7月8日,国家文物局副局长童明康到奉国寺检查安防工作,我与童局长交谈,征求童局长对奉国寺申遗态度意见。童局长说:"奉国寺能不能进入世界文化遗产名录,是个未知数。但在我心目中,奉国寺就是世界级文化遗产"。

2005年8月8日,中央政治局常委、中央纪委书记尉健行到奉国寺参观考察,我为首长做介绍讲解。在大雄殿内,尉书记问我,奉国寺是世界文化遗产吗?我说,现在还不是。他既惋惜又自豪地说:"我看过的许多外国文化遗产,很多不如奉国寺"。从大雄殿出来以后,尉书记的工作人员走到他身边提醒说:"首长,时间到了"。尉书记说,"再看看"。于是,尉书记参观奉国寺的时间比预定超出半个多小时。

大雄殿外檐柱头铺作与补间铺作.陈鹤摄

室内空间——佛坛

2006年12月15日,国家文物局公布新一轮35项中国世界文化遗产预备名录,奉国寺虽然申报了,然而榜上无名。对照申遗规范要求,我认为,当年奉国寺没有文献专著,没有编制文物保护总体规划,没有形成相应的保护缓冲地带,周边景观环境未进行整治等,这些是未被列入名录显而易见的因素。

2008年7月11日至12日,国家文物局局长单霁翔第二次专程到奉国寺,参加他作序的《义县奉国寺》首发式暨中国辽代木构建筑研讨会。

图书首发仪式上单局长即兴脱稿致辞,发表了热情洋溢的讲话,结合奉国寺发表了具有全国文博单位各层次指导性文物保护工作意见,提出"文物维修后要编制保护修缮总结报告",现已形成文物修缮一项明文制度。当天下午,单局长参加中国辽代木构建筑研讨会,以学者的身份做《辽代木构建筑遗产保护与研究随感》主题学术演讲。从自己背电脑包,到住标间,从热情接受凤凰卫视奉国寺现场采访,到接受与会专家问询,从为奉国寺古建筑研习基地揭牌,到以学者身份在研讨会上做专题演讲,从穿布鞋的和蔼可亲,到专业的侃侃而谈。我对单局长印象深刻,感触颇深。2008年,省文物局领导介绍,到北京汇报牛河梁遗址红山文化工作时,单局长曾两次问及奉国寺申遗情况。可想而知,奉国寺在其心中的地位及分量。

2012年3月下旬,我接到辽宁省文物局文物处吴炎亮处长电话,告知国家文物局新一轮中国世界文化遗产预备名录评定工作开始。奉国寺再一次向中国世界文化遗产预备名录迈进。依照申遗新的要求规范,我再一次亲自执笔,做申遗最核心的任务申遗文本制作工作。2012年11月17日,国家文物局召开新闻发布会,新华社发布消息,宣布新的中国世界文化遗产预备名单产生。奉国寺大雄殿以"辽代木构建筑"胜出,奉国寺申遗取得阶段性胜利。

奉国寺七佛全景.冯新立摄

辽代契丹民族傲立驰骋世界民族之林200余年，现已消失。奉国寺是辽代历史文化的鲜活的实物见证。奉国寺大雄殿是中国古代边疆辽代少数民族在学习和继承中原传统建筑艺术而创造出来的具有北方雄浑特色的佛教建筑杰作，它整体造型融南北风韵极致于一体，凸显了辽代建筑的独特魅力风标，在中国建筑史上承上启下，其建筑特色和格局，对后世佛教寺院建筑风格的形成以及当代仿古建筑的借鉴具有深远的影响。

梁架之飞天彩画.殷力欣摄

千年相约

回眸历史，追寻奉国寺，旧时的模样虽然已淹没在历史的天空，无论往日的奉国寺始于何时，完好时的阁楼、殿宇是何等仙境。在人类进入21世纪的今天，不乏科技施工建造手段的高楼大厦林立。即便如此，从奉国寺山门走进，就仿佛穿越时空隧道，千年前的辽代盛世大屋顶便直扑眼帘。走近奉国寺，步入奉国寺山门，跨进奉国寺大雄殿的高门槛，仍然无不让人感到震撼和惊叹。

奉国寺连接承载着太多的中华民族传统历史文化。奉国寺是地域也是中华民族历史文化的窗口。把奉国寺1000年作为美好的记忆留存，探索她的神秘，欣赏她的永久静美！千年相约奉国寺。

斗栱之吉祥花卉彩画.殷力欣摄

辽代彩塑——胁侍.陈鹤摄

辽代彩塑——天王（东）.殷力欣摄

Study on the Roof Hierarchy of Chinese Ancient Architecture (Vol. 2)

— Social Hierarchy Reflected in Roofs

中国古代建筑屋顶等级制度研究（二）

——透过屋顶看社会等级制度

王宇佳* 周学鹰**（Wang Yujia，Zhou Xueying）

摘要：建筑屋顶是反映中国古代建筑等级的标志之一。对我国古代建筑屋顶等级制度的缘起、发展与演化进行系统的研究，不仅能明晰其源流、意义，更可为对中国古代建筑、绘画及壁画等的鉴定，提供一定的帮助。汉代，后世的五种屋顶形式——庑殿、歇山、悬山、硬山、攒尖，已全部出现，但尚未产生，更没有规定各种屋顶形式之等级制度。南北朝时期，本流行于南方的歇山顶被北朝吸收，成为庑殿之外的中原汉文化建筑的又一典型标志。唐代《营缮令》规定了不同等级建筑所允许采用的屋顶形式，重檐庑殿、重檐歇山、单檐庑殿、单檐歇山、悬山、硬山、攒尖之屋顶形式等级序列正式形成。

关键词：建筑史学；考古学；建筑屋顶；等级制度

Abstract: The roof is one of the symbols of traditional architecture in ancient China. A systematic study of the origin, development and evolution of the roof hierarchy of ancient Chinese architecture can not only clarify its origin and significance, but also provide help for the studies of ancient Chinese architecture, paintings and murals. In the Han Dynasty, the five major roof shapes, the Wu Dian, the Xie Shan, the Xuan Shan, the Ying Shan, the Cuan Jian, have all appeared, but the hierarchy has not yet been produced. In the Southern and Northern dynasties, the Xie shan, which was popular in the south, was adapted by the Northern Dynasty, and together with the Wu Dian became symbols of Chinese traditional architecture in Central China. In the Tang Dynasty, the Ying Shan Ling (the Rules of Construction) regulated the specific kinds of roof that can be used on different levels of buildings. The roof hierarchy, which from the highest to the lowest level was the Chong Yan Wu dian (the Wudian with double roofs), the Chong Yan Xie Shan, the Wu Dian, the Xie Shan, the Xuan Shan, the Ying Shan and the Cuan Jian, was formally formed. This system was developed in the Song Dynasty and then inherited and further developed in the Ming and Qing dynasties.

Keywords: Chinese architecture history; Archeology; Building roof; Hierarchy

* 南京大学历史学院考古文物系本科，英国伦敦大学考古学院在读硕士生。
** 南京大学历史学院考古文物系教授、博士研究生导师，中国建筑考古专业委员会副主任委员，南京大学东方建筑研究所所长，南京大学中国文化与文物研究所副所长。

赵佶《瑞鹤图》中东京宫城城门宣德楼

屋顶形式等级制度的形成

1.成熟期（宋、辽、金、西夏）

宋代，尤其是北宋时期，国家政治制度与文官制度相对保守而稳定，加之朝廷对文化制度建设的重视，从而使得此时专门的建筑典章制度得以建立，中国古代建筑技术与经验也得以总结成书。其他与宋并立的辽、金、西夏等少数民族政权的建筑技术也在这一时期飞跃发展，但在建筑典章制度上的建树却无法与宋王朝相提并论。然而，尽管宋代建筑典章制度大大完善，但在有关宫室第宅禁限，尤其是建筑屋顶等级制度方面，从屋顶形式之等级序列，到对违令僭用者之惩罚，宋代均继承了唐代之体系，与唐令一脉相承。

北宋仁宗《天圣令》卷二十八《营缮令》依唐《营缮令》修改而成，其中第四、五、六条规定了宫室宅第营造制度[①]，与上节复原唐《营缮令》第五条、第六条内容对比可知，宋《营缮令》与唐令对“王公已下舍屋”营造规定完全相同，但对于唐“宫殿皆四阿，施鸱尾”条，宋令相对放宽，四阿顶之应用范围从禁限天子之宫殿，扩大到了包括宫殿、太庙、社门、观、寺、神祠在内的一系列建筑，鸱尾之施用范围也相应扩大。元陆友仁《研北杂志·卷上》也记：“宋制，太庙及宫殿，皆四阿施鸱尾。社门、观、寺、神祠亦如之。其宫内及京城诸门、外州正牙门等，并施鸱尾。自外不合”[②]。尽管宋代对庑殿的使用规定没有唐代严格，但庑殿、歇山、悬山的屋顶形式等级并未变化。

《天圣令》制定（或颁布）于北宋初年，其后宋制对建筑禁限进一步放宽。《宋史·舆服志》“宫室制度、臣庶室屋制度”[③]可视为唐令之宋版，但宋代较前者降低了第宅等级禁限，乌头门之许用从唐五品以上降为六品以上；庶人所造堂舍由不得过四架变为许五架；至于重栱藻井装饰，唐令规定王公以下不得施，至宋除民庶外皆可施用。但屋顶形式之等级序列，仍同《天圣令·营缮令》之规定。

① 参见天一阁博物馆、中国社会科学院历史研究所：《天一阁藏明钞本天圣令校证》，北京：中华书局，2006年，第661页。
② （元）陆友仁撰：《研北杂志·卷上》，北京：中华书局，1991年，第17页。
③ 参见（元）脱脱等撰：《宋史·舆服志》，北京：中华书局，1977年，第1129页。

为佐证宋令规定的建筑屋顶等级制度，宫殿和住宅所采用的屋顶形式是最为对应、直接的证据。宋、辽、金时绘画与史料中提供的城市地图为研究宅第提供了珍贵的资料，尽管此类材料带有画家与制图者或多或少的主观想象与修改，与建筑实际面貌不能等同，但在此时期宫殿、宅第无一实物留存的情况下，这些图画仍是最为直接的参考资料之一。

宋徽宗赵佶《瑞鹤图》中描绘了东京宫城城门的宣德楼，重檐庑殿式，施鸱尾①。城门楼做重檐庑殿之例同样可见于《咸淳临安志》中《皇城图》所描绘的南宋临安宫殿，除城门楼外，大内主殿同样采用重檐庑殿式，施鸱尾②，而据《中国古代建筑史·第三卷》中的复原图③，位于中轴线之外的垂拱殿则为单檐歇山式。

北宋王希孟《千里江山图》、传南宋李唐《文姬归汉图》册第一拍、南宋夏圭《雪堂客话图》、传南宋刘松年《雪溪举网图》中反映的宋代住宅建筑以悬山式为主，少数大型建筑的堂屋用歇山式，如传南宋刘松年《秋窗读易图》中的建筑。南宋马麟《楼台夜月图》、李嵩《月夜看潮图》中表现的楼台、水榭均采用歇山顶。马麟《秉烛夜游图》则表现了六角攒尖亭的形象。《清明上河图》中反映了大量市井建筑，同住宅一样以悬山式为主，规模庞大者如酒楼可见歇山式，城门楼做庑殿式。

北宋《天圣令·营缮令》第四条规定，“太庙及宫殿皆四阿，施鸱尾，社门、观、寺、神祠亦如之”。宋辽金时期重要祠庙建筑虽不存在，但其面貌保存于图画碑刻之中。典型祠庙建筑可见于《孔氏祖庭广记》中“宋阙里庙制图”所绘宋曲阜孔庙，《金阙里庙制图》所绘金代曲阜孔庙，《蒲州荣河县创立承天效法厚德光大后土皇地祇庙像图》碑刻汾阴后土祠，《大金承安重修中岳庙图》碑刻登封中岳庙等。本文以面貌最为完整、清晰的汾阴后土祠为例，分析祠庙建筑所反映的宋代屋顶形式等级制度。

山西省万荣县古称“汾阴”，汾阴后土祠始建于西汉，北魏郦道元《水经注》载：“（汾阴）城西北隅曰脽丘上，有后土祠，封禅书曰元鼎四年始立”④。汉唐以来，几代皇帝曾亲自于此祭祀。北宋对后土祠多次修建，宋真宗景德四年（1007年）正月，将后土祠的祭祀活动升为大祀礼⑤。因明代时汾河缺口，原庙已毁，现庙为清代两次移地重建而成。

关于宋代后土祠的面貌，有《蒲州荣河县创立承天效法厚德光大后土皇地祇庙像图》⑥得以留存至今，此碑刻于金天会十五年（1137年），位于现万荣县庙前村后土庙献殿前，记载了汾阴后土祠升为大祀之后的祠庙面貌。

汾阴后土祠为国家级进行大祀活动的场所，规模庞大且建筑等级高。全祠共有九进院落，第一进院落正中为太宁门，单檐歇山式，大门左右两侧各有一座小门，悬山式。这两座小门与太宁门用廊屋相连，再外侧为庙墙，上设望楼。望楼采用高台平座，上设三间小殿，单檐歇山式。

进入第二进院落，正中为承天门，单檐歇山式。院东部为宋真宗碑楼，重檐歇山式；院西部为唐明皇碑楼，同样为重檐歇山式。两座碑楼之侧均有小殿，处在两厢，单檐歇山式，前面带三间悬山式抱厦。院内东、西各有一处更小的殿，悬山式。

第三进院落正中为延禧门，悬山式，延禧门两侧向东西延伸的墙上有两座腰门，均为单檐歇山式。院内东侧为“修庙记”碑楼，三间

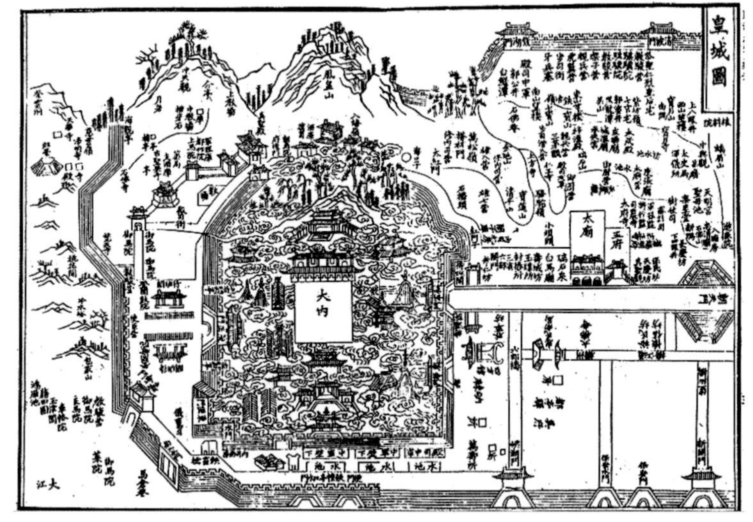

《皇城图》（此图为适应书版印刷，将临安城改为东西走向，实际应为南北走向）

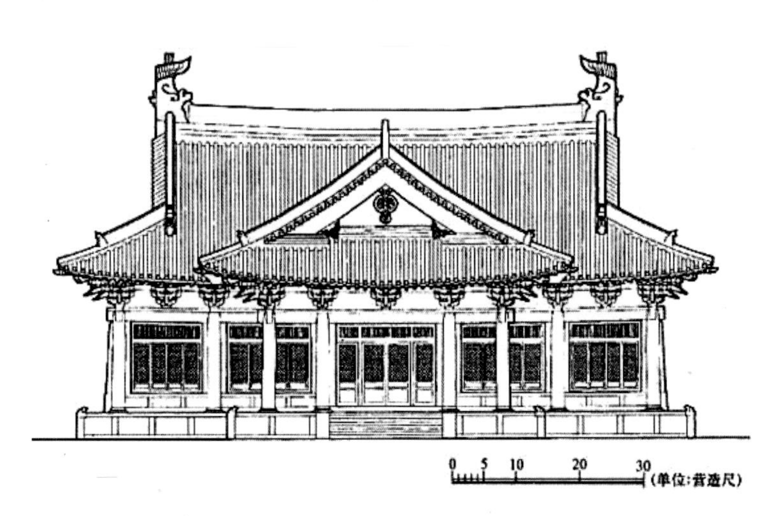

临安宫殿垂拱殿复原图

① 图片来自 http://www.artlib.cn/zpController.do?detail&type=&id=8a98a68a576f969d0157a1e8c66210e4

②（宋）潜说友撰：《咸淳临安志·卷一》，北京：北京图书馆出版社，2006年。

③ 郭黛姮主编：《中国建筑史·第二卷·宋、辽、金、西夏建筑》，北京：中国建筑工业出版社，2009年，第127页。

④（北魏）郦道元撰、戴震校：《水经注·河水》，台北：世界书局，1956年，第39页。

⑤（清）徐松辑：《宋会要辑稿·礼二六》，北京：中华书局，1957年，第1004页。

⑥ 陈同滨等主编：《中国古代建筑大图典》上册上卷《坛庙寺观》之《蒲州荣河县创立承天效法厚德光大后土皇帝祇庙像图石》拓本和摹本，北京：今日中国出版社，1996年，第118-119页。

故宫博物院藏王希孟《千里江山图卷》中的住宅[①]

台北故宫博物院藏传李唐《文姬归汉图》册第一拍中的住宅[②]

故宫博物院藏夏圭《雪堂客话图》中的住宅[③]

台北故宫博物院藏传刘松年《雪溪举网图》中的住宅[④]

辽宁省博物馆藏传刘松年《秋窗读易图》中的住宅[⑤]

上海博物馆藏马麟《楼台夜月图》中的楼台[⑥]

台北故宫博物院藏李嵩《月夜看潮图》中的水榭[⑦]

台北故宫博物院藏马麟《秉烛夜游图》中的六角亭[⑧]

① 郭黛姮：《中国建筑史·第二卷·宋、辽、金、西夏建筑》，北京：中国建筑工业出版社，2009年，第137页。

② 郭黛姮：《中国建筑史·第二卷·宋、辽、金、西夏建筑》，北京：中国建筑工业出版社，2009年，第612页。

③ 邓嘉德：《名画经典 李唐文姬归汉图》，成都：四川美术出版社，1998年，第2页。

④ 图片来自http://www.artlib.cn/zpController.do?detail&type=&id=8a98a68a570cec1f01571375713c38af。

⑤ 图片来自http://www.artlib.cn/zpController.do?detail&type=&id=8a98a68a57510295015755b61d6402c9。

⑥ 图片来自http://www.artlib.cn/zpController.do?detail&type=&id=8a98a68a570cec1f015713df34223f57。

⑦ 图片来自http://www.artlib.cn/zpController.do?detail&type=&id=8a98a68a57510295015755b61d5f02c5。

⑧ 图片来自http://www.artlib.cn/zpController.do?detail&type=&id=8a98a68a5da370e1015ddfb338a25f8c。

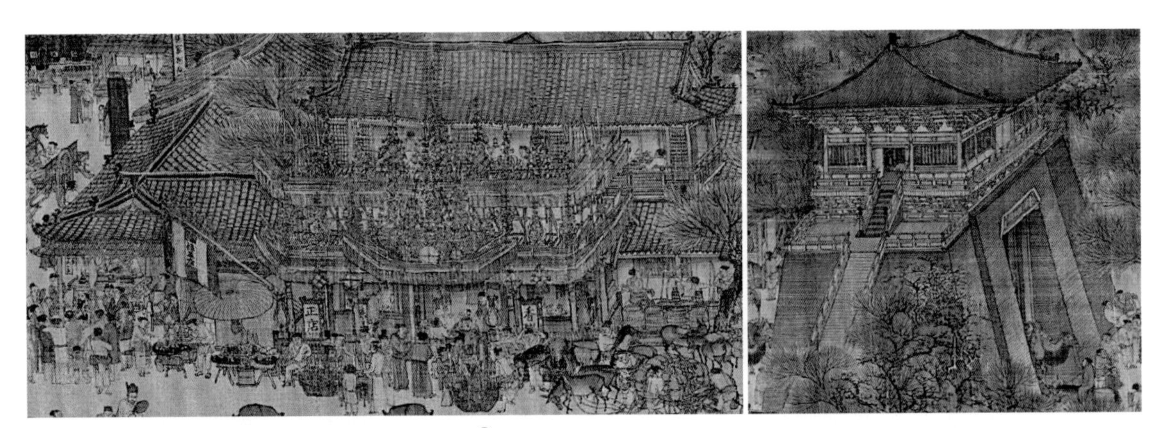

故宫博物院藏张择端《清明上河图》酒楼、城门楼①

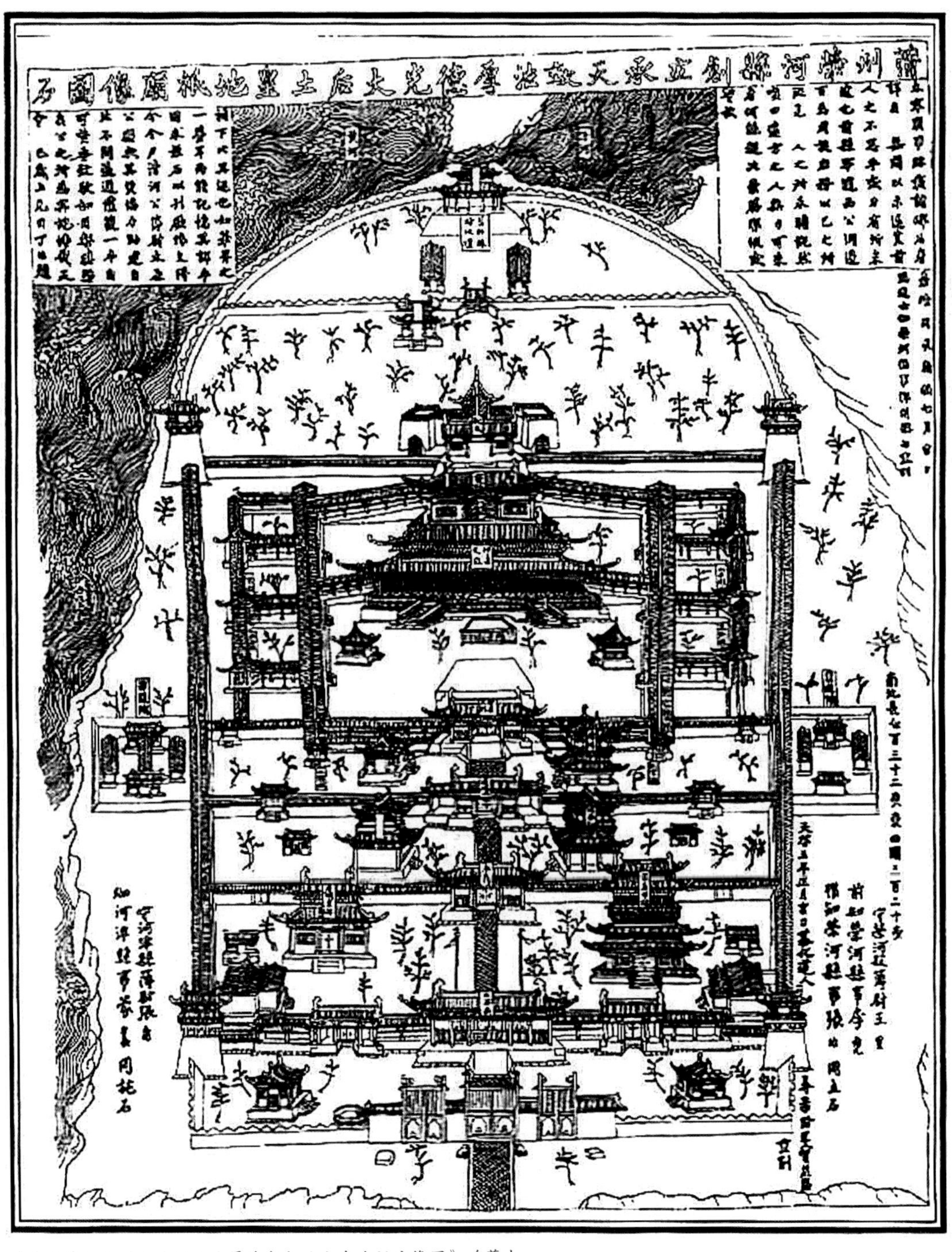

《蒲州荣河县创立承天效法厚德光大后土皇地祇庙像图》碑摹本

① 图片来自http://www.artlib.cn/zpController.do?detail&type=&id=8a98a68a57d80f350157e621cd5f08e3。

两层歇山式屋顶，院西侧也为一楼，名称模糊不清，形制相似。

第四进院落正中是坤柔之门，为祭祀区的主门，单檐庑殿式，门前院落中有钟楼一座，二层单檐歇山式，对面有一单层亭，单檐歇山。

第五进院落是全庙的中心，主殿“坤柔之殿”位于院落正中，大殿九开间，重檐庑殿式。院内东西各有一方亭，做四角攒尖顶。

第六进院落内主要建筑为“寝殿”，即坤柔殿之后殿，与其以廊子相连，建筑为单檐歇山式。

第七进院落中有“配天殿”，悬山式。

第八进院落遍植树木，林中偏西北位置有一小殿，名称不详，重檐歇山式。

第九进院落中入棂星门后为“旧轩辕扫地坛”，上建重檐歇山式殿一座，坛下两厢悬山式建筑二座[①]。

根据上文描述汾阴后土祠之布局与建筑样式可知，祠内建筑采用的屋顶形式随其地位重要性变化。地位最高之主殿坤柔殿为重檐庑殿式，第二进院落中宋真宗碑楼和唐明皇碑楼均为重檐歇山，次一级的碑楼、厢殿和望楼用单檐歇山，再次的更小的殿为悬山式，方亭用四角攒尖。主殿前所设的五重门中，祭祀区的主门坤柔门为单檐庑殿式，前延禧门为悬山式，再前两门承天门和太宁门为单檐歇山式，太宁门两侧的小门用悬山式。综合大殿与门采用的屋顶形式，可得其等级序列为重檐庑殿、重檐歇山、单檐庑殿、单檐歇山、悬山、攒尖。

现存宋、辽、金建筑实例仍多为佛教建筑，还留存有少量的道教建筑。本文整理典型宋、辽、金现存建筑实例屋顶形式如下。

宋令规定，寺观做四阿，施鸱尾。据上表考据，屋顶做庑殿式者仅有蓟州区独乐寺山门、义县奉国寺大雄宝殿、大同上华严寺大雄宝殿和大同善化寺山门、三圣殿与大雄宝殿，其中最后一例中轴线上连续三座建筑全部使用庑殿顶，现存建筑实例中仅此一例。中轴线建筑不采用庑殿者，则用重檐歇山，如宁波保

① 郭黛姮主编：《中国建筑史·第二卷·宋、辽、金、西夏建筑》，北京：中国建筑工业出版社，2009年，第157页。

宋、辽、金现存建筑实例屋顶形式举要

建筑名称		时代	屋顶形式
河南登封少林寺初祖庵大殿		北宋宣和七年（1125年）	单檐歇山
宁波保国寺大雄宝殿		北宋大中祥符六年（1013年）	重檐歇山
河北正定隆兴寺	摩尼殿	北宋皇祐四年（1052年）	重檐歇山；四出抱厦作单檐歇山
	山门	金	单檐歇山
广东肇庆梅庵大雄宝殿		宋	硬山
苏州玄妙观三清殿		宋	重檐歇山
莆田玄妙观三清殿		宋	单檐歇山
四川江油窦山云岩寺	飞天藏殿	宋	重檐歇山
山西太原晋祠	圣母殿	宋	重檐歇山
	献殿	金	单檐歇山
天津蓟州区独乐寺	寺山门	辽	单檐庑殿
	观音阁	辽	单檐歇山
辽宁义县奉国寺大雄宝殿		辽	单檐庑殿
河北涞源阁院寺文殊殿		辽	单檐歇山
山西大同善化寺	大雄宝殿	金（大定之前）	单檐庑殿
	山门	金	单檐庑殿
	三圣殿	金	单檐庑殿
	普贤阁	金	单檐歇山
山西大同上华严寺大雄宝殿		金天眷三年（1140年）	单檐庑殿
山西大同下华严寺薄伽教藏殿		辽	单檐歇山
山西五台山佛光寺文殊殿		金天会十五年（1137年）	悬山
山西朔州崇福寺弥陀殿		金皇统三年（1143年）	单檐歇山

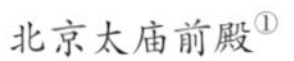
北京太庙前殿[1]

北京太庙戟门[2]

国寺大雄宝殿、苏州玄妙观三清殿等，等级略低于单檐庑殿。非中轴线建筑，屋顶则多采用单檐歇山式。

2.发展与陨落期（元、明、清）

元代有关建筑典章制度记载的内容留存不多，目前可见之制度遗文中，无建筑屋顶禁忌相关条文。

从现存明代文献来看，明代在建筑典章制度上取得的成就主要体现在对于建筑等级制度和礼制建筑相关制度的建设上。明初尊唐宋之制定官民服舍器用制度，如《明史·舆服》载："唐武德间著车舆、衣服之制，上得兼下，下不得拟上。……明太祖甫有天下，考定邦礼。……乃命儒臣稽古讲礼，定官民服舍器用制度。历代守之，递有禁例。"[3]

明代之第宅禁忌相对唐宋要严格得多，且三令五申严禁僭越，违者治重罪。洪武十八年明太祖朱元璋令修《御制大诰》《续编》《三编》，对屋宅营造僭越有严格的处罚规定，僭用者罪连坐工匠："违《诰》而为之，事发到官，工技之人与物主各各坐以重罪。"[4]

洪武三十年颁行的《大明律》对僭用者明细了笞杖刑的处罚[5]。

《皇明条法使类纂》中也收录了各部及都察院等进呈的题本、奏本，重申既定屋宅营造禁限法令[6]。

从明代反复颁布律令强调维护服舍器用制度的情况可见其对建筑等级制度之严格和重视，但这恰恰也反映了当时僭越之盛屡禁不止，如诸多史料可证的明初公主府与燕王府即明显逾制，其间架等级可作天子宫室[7]。

在建筑屋顶等级制度上，吴元年颁布的《大明令》规定凡官民"房舍不得施用重栱、重檐，楼房不在重檐之限"[8]。此条明确将重檐规定为最高等级屋顶形式，非天子不可用。

洪武二十年颁行《礼仪定式》[9]，洪武二十六年明太祖朱元璋敕修《诸司职掌》[10]，洪武二十九年又修《稽古定制》[1]，综合以上式令可知，明初反复规定、明细房屋营造制度，再三强调所有官民均需遵守。其制度虽复古唐宋，但明代提高了房屋等级禁限，就屋顶形式而言，明制官员房舍不许用重檐、歇山，公侯只能用悬山，相比唐代王公至五

① 闫凯：《北京太庙建筑研究》，天津大学，2004年，第98页。
② 闫凯：《北京太庙建筑研究》，天津大学，2004年，第52页。
③（清）张廷玉等撰：《明史·舆服志一》，北京：中华书局，2000年，第1061页。
④ 参见杨一凡点校：《皇明制书（第一册）·御制大诰续编》，北京：社会科学文献出版社，2013年，第153页。
⑤ 参见怀效锋点校：《大明律·礼律二·仪制·服舍违式》，沈阳：辽沈书社，1990年，第93页。
⑥《皇明条法使类纂》辑录了天顺八年1464至弘治七年1494各部及都察院等进呈的题本、奏本。与屋宅营造僭越相关之条文可见"申明僭用服饰器用并挨究制造人匠问罪例""禁约官员军民人等服器屋（会）<舍>嫁娶丧葬等项不许僭越奢侈例"。
⑦ 白颖：《燕王府位置新考》，《故宫博物院院刊》，2008年第2期，第24页。
⑧ 杨一凡点校：《皇明制书（第一册）·大明令·礼令》，北京：社会科学文献出版社，2013年，第22页。《大明令》为元明之际过渡性法令，但实际上至明中后期仍不失效力。
⑨ 参见杨一凡点校：《皇明制书（第一册）·礼仪定式·前序》，北京：社会科学文献出版社，2013年，第707页，第715页。
⑩ 参见杨一凡点校：《皇明制书（第一册）·诸司职掌·礼部职掌·仪部》，北京：社会科学文献出版社，2013年，第465页。

品以上官员均可施歇山，六品以下才限用悬山之规定大大严格，较之宋制更是等级甚高。明代同样继承了唐宋之制中各级等第之间的原则，“上可以兼下，下不可以僭上”[2]。

明清两代遗留下来了大量的古建筑实例，其中以皇家建筑最为突出。正是由于明清皇家建筑对庑殿顶的推崇，才首先给人们留下了庑殿顶等级高于歇山顶的印象。北京太庙建筑群是明代官式建筑中最为隆重的皇家祭祖建筑，中轴线上的四座大殿与戟门均为庑殿式，其他祭祀坛庙如历代帝王庙景德崇圣殿、天坛中也多处采用庑殿式。明清故宫中轴线上的太和门、太和殿、乾清宫与宫城四座城门楼——午门、东华门、西华门、神武门城楼，东侧轴线上的奉先殿、宁寿宫大殿等，也均为庑殿式屋顶。

全国各地皇帝下诏敕建的重要寺观中，主殿也多用庑殿顶，如明永乐年间敕建的青海乐都瞿昙寺，隆国殿为重檐庑殿；永乐时敕建的湖北武当山道观建筑群中，金顶金殿虽为三间小殿，但也是用重檐庑殿顶；北京明代的智化寺主体建筑万佛阁等都使用了庑殿。

清代官式建筑大量继承了明代的做法，京畿皇家建筑与明代一脉相承，地方敕建建筑也延续了这一传统。清代汉、蒙古、藏建筑风格相结合的承德外八庙多个建筑组群中庑殿顶大量出现，如普陀宗乘之庙的山门门楼、东西门楼以及组群中的罡子殿，普宁寺后端的南瞻部洲殿，须弥福寿之庙的山门门楼及东西门楼、红太之上角殿等等。清代北方相当多的少数民族地区，如蒙藏地区的宗教寺庙中采用庑殿顶的比例也很高。四川阆中于清初所建的巴巴寺，其入口、内照壁、内门、牌坊中楼，中轴线上的建筑连续使用庑殿顶。

庑殿顶还出现在明清皇家园林之中，如颐和园后山汉藏结合的须弥灵境组群，北海北岸明大慈真如殿为重檐庑殿，中海紫光阁为重檐庑殿，承德避暑山庄丽正门内院东侧的二层小阁为重檐庑殿等。

除了皇家官式建筑，现存的大量明清建筑实例中还有各种其他类型的建筑，从住宅、园林到酒肆、戏台、驿站、牌坊，再到宗庙，佛、道建筑，陵墓建筑，如此繁多的建筑实例提供了上古、中古时期罕见的资料，所反映出来的实际应用中的建筑屋顶形式等级也比文献规定更为复杂，有时则并未遵守这样的规矩。

建筑组群中，较低等级建筑用庑殿顶，较高等级建筑用等级序列中位置较低的屋顶形式的情况在明清建筑遗存中也有发生。以河北定州文庙为例，其棂星门施庑殿顶，牌坊为庑殿，考棚正面中央为攒尖，两侧各施跌落式三级庑殿顶，但文庙主体建筑大成殿却采用了悬山顶。民间许多门坊、牌楼等辅助建筑使用庑殿顶的情况也不少见，老北京、老天津街巷中的牌楼均可见例证。

综上所述，明清时期是中国古代建筑屋顶等级制度的发展、完善期。明承唐宋规定了严格且明确的屋顶形式等级制度，并针对屋顶等级制度设立了大量的禁断与惩罚，虽复古唐宋之制，但整个制度体系较前代更为细腻。然而，在此时期，建筑屋顶等级制度也受到了冲击与挑战。在实际运用中的僭用与他用的情况时有发生，对屋顶形式的选用受到习俗传统、地方文化、个人心理偏好等多种因素的影响。而到了晚清时期，随着中国古代建筑的衰落，西方建筑的传入，现代建筑材料、技术的革新，建筑屋顶等级制度已然失去了其效用，其发展可谓盛世而衰，戛然而止。

图2-4-3 北京智化寺万佛阁[3]

图2-4-4 四川阆中巴巴寺大门[4]

① 参见杨一凡点校：《皇明制书（第一册）·稽古定制·房屋》，北京：社会科学文献出版社，2013年，第738页。

② 参见杨一凡点校：《皇明制书（第一册）·礼仪定式·教民榜文》，北京：社会科学文献出版社，2013年，第723页。

③ 李光明：《北京智化寺建筑文化内涵析议》，《古建园林技术》，2013年第4期。

④ 张新明：《巴蜀建筑史》，重庆大学，2010年。

Construction Features of the Xiongxian County's Town Based on Local Chronicles of the Ming and Qing Dynasties

从明清方志看雄县县城的营建特征

刘临安* 彭 亮**（Liu Lin'an，Peng Liang）

摘要：雄县的建置始于北宋的雄州，具有1060年的历史。由于地处华北平原北缘，东近渤海湾，特殊的地理区位使得雄县在不同的历史时期担负着不同作用。本文通过明清时期雄县的数部志书以及相关史料的解读，梳理了从东汉时期的易京城到宋代雄州城的建置沿革，论述了从明代到20世纪后期的雄县县城的营造历程和特征，厘清了城垣形状和道路构架。本文将对雄安新区的规划建设及雄县城区的城市规划、建筑设计、遗产保护提供具有参考意义的历史借鉴。

关键词：雄县；志书；县城；特征；城垣；街道

Abstract: The administrational institution of Xiongzhou was originated in the Song Dynasty with a 1060-year history. Because of locating on the northern margin of the north China plain and near the Bohai Bay to the east, the special geological location had made the Xiongxian Prefecture act diverse functions during the different historic periods. Based on the interpretation to the local chronicles and historic documents of Xiongxian, this paper sorts out facts of the administrational establishment from the Yijing town in the Eastern Han to the Xiongzhou town in the Song Dynasty, discusses the construction course and architectural features of the county's town from the Ming dynasty to the later period of the 20th century, clarifies the shape of town wall and street framework. Finally the paper will offer a historical reference for the current construction of the Xiong'an New Area in the domains of urban planning, architectural design and heritage protection.

Keywords: Xiongxian; Chronicles; Country Town; Pattern; Wall; Streets

一、关于早期营造

1.东汉易京城

关于雄县县城的早期营造可以追溯到东汉时期的易京城。《后汉书》记载，东汉初平四年（193年），公孙瓒在易水之滨修筑易京城。《三国志·魏书》描述了易京城的特点：城西倚靠易水，引河水做围堑，城内垒土为高台，上建“易京楼”,高达十丈。建安二年（197年）袁绍领兵攻陷易京城后颓圮荒废，咸康四年（338年）后，赵石虎率兵将废城夷为平地。

今天雄县县城是否为易京城的故址？众说纷纭。明代《雄乘》认为“雄城，东汉献帝时公孙瓒迁今治，修营垒楼橹作铁门，周遭七里”。而民国《雄县新志》依据北魏《水经注》的载文推定，雄县“昝村即易京故地确无疑也”。并且认为“昝”字系由“瓒”字讹传而来。

今天查考易京城故址，大致位于南拒马河（易水河）东岸、县城以西的地方。虽然遗迹不存，但留有“杨西楼”“西红楼”“一片楼”等地名。

* 刘临安，教授，博士生导师，北京建筑大学。
** 彭亮，建筑师，北京建筑大学博士研究生。

2.宋代雄州城

北宋时期，拒马河成为宋辽的界河，雄州城的军事地位陡然升高，成为统领华北“三关”的总兵府。时任河北路转运使的包拯曾对雄州城的战略地位做出极高评价[①]。雄州城大规模的营造活动也出现在这一时期。

后周显德六年（959年），世宗柴荣收复燕云十六州中的莫州和瀛州，因莫州州治及部分领地仍未收回，遂废掉莫州州治，新置州治，并领容城、新城二县，改以“雄州”为名。“世宗显德六年收复瀛鄚，雄之名始此。”

“澶渊之盟”之后，宋廷坚持认为契丹人“荒忽无常”，不可盲信盟约，时常强化边关工事的修建。北宋将领李允则主政雄州16年，曾将雄州城墙向北扩建，把原有的瓮城以及一些寺庙廓围城中。这种做法可能成为明代方志中认为雄县城墙形制为倒“凸”字形的端倪。明代《雄乘》描述“允则复续北城，共九里三十步，其宽广皆倍旧制”。这是第一次明确记载雄州城城垣的规模。如果按照宋尺计算，城垣周长相当于现在的5176米[②]。

1125年金兵攻打雄州城，虽然城池坚固，但是守军久疏战阵，战斗能力懈散，次年被金军一举攻陷，落入金人统治版图。

① 包拯认为“瀛莫雄三州并是控扼之处，其雄州尤为重地”。见《包孝肃奏议集·卷九》

② 九里三十步=2730步×6宋尺=16380宋尺×0.316米=5176米

二、明清时期的雄县

元代蒙古人入主中原，华北地区不存在来自北方的军事威胁，雄州的军事地位也不再重要。

元至元二年（1265年）废除雄州，明洪武二年（1369年）复置雄州，洪武七年（1374年）再降格雄州为雄县，三度起落。永乐迁都后，雄县由边陲军镇转而成为京师南下的衢坊，扮演着交通门户的角色。

1.疆域

明代《雄乘》记录雄县幅员为“广九十里袤四十里”。其四至东到保定府六十里，以柏木桥为界；西到新安县四十里，以大杨村为界；南到任丘县七十里，以易易桥为界；北到容城县二十里，以王祥铺为界，西北到容城县四十里，以罗河为界；东北到霸州六十里，以赵哥莊为界；东南到文安县九十里，以烹耳湾为界。

清代对于雄县疆域的描述主要出自清光绪《畿辅通志》和清光绪《雄县乡土志》，前者是李鸿章主持的官修地方志，邻属地名和相距里数写得很清楚；后者为当地小学堂主事刘崇本编辑，文字明显粗糙。

《畿辅通志》载雄县“东至顺天府保定县界四十里，西至安州界二十里，至容城县界二十八里，南至河间府任邱县界十二里，北至新城县界三十里”。

《雄县乡土志》载“县治距省城（保定府）一百二十里，东界顺天府属霸州保定县，南界河间府属任丘县，西南界安州，西界容城县，北界新城县。东西距约九十里，南北距四十里”。民国时期的《雄县新志》采用“计里画方”的方法，试图对于雄县的幅员做了一个勘定。书中写道：“（雄县）广九十里袤四十里。以今县治考之，直北二十五里，直南十二里，直东三十里，直西十五里，东北西南斜纵特短，城东北十八里，西南十里。西北东南斜纵特长，西北三十里，东南七十里。”若将这段文字描述套到1907年德国陆军参谋处测量部绘制的雄县的地形测绘图上，可以发现《雄县新志》的描述大体上是吻合的。

综上所述，比较明、清、民国诸版本志书中对于雄县幅员的描述可以发现，其疆域范围基本都是“广九十里袤四十里”，说明自明代以来的500余年间，雄县的疆域相对稳定。然而,志书之间还是存有一些不尽相同的地方。引起这些差别的原因有：一是地名改变引起的差异。明志写作“到保定则六十里”，民国志谓之“东至新镇县六十里”。因为此处的保定指的是保定县而不是保定府，民国三年（1914年）保定县改称新镇县。二是距离上稍有差异。明志写作“北到新城则六十里”，民国志谓之“北至新城县七十里”，可能是部分道路改变所致。三是同一地点写法不同。例如，明志写作“容城县属之阎家铺”，“以烹耳湾为界”，民国志谓之“容城之王祥铺”，“于蓬儿湾交界”，可能是编撰者以音定字的结果。

2.县城格局

明初雄县大规模修建城池。明代《雄乘》载“洪武初（原按：知县程九鼎）尝治之。弘治初（原按：知县王梦贤）大加修葺。有堞有铺，有守有巡。开四街，券三门。东曰永定，南曰瓦济，西曰易昜，咸有楼。……河也疏濬，深广于前，植柳三周，以固堤岸”。另外，志书中出现雄县县城的绘图，是目前可知年代最早的雄县县城形象图。

明代《雄乘》认为雄县县城的格局承袭宋制，并且将北部城墙的瓮城连为一体，形成完整的倒“凸”字形格局。护城河水从西面的南拒马河引入，周匝城垣为壕堑。清代《雄县乡土志》载：“城在瓦济河之阳,周九里三十步。宋景德间知雄州李允则展城至北岳祠,故南北长东西狭。”全城开辟南门瓦济、东门永定、西门易昜（古同“阳”），北城无门。南门外建固定木桥，称作瓦桥；东门和西门外设吊桥，称为东作桥和西成桥。甚至城墙上布置“锐角炮台十座。”另外，在西城墙的南段开设了一个便门，门外是教场，可能是专供兵卒出入的通道。

城内以南北向的瓦济街和东侧的永定街与西侧的易昜街构成基本道路骨架。永定街和易昜街原本不是连通的，万历年间县府着力营建城北，居民房屋渐多，道路遂通。城内和城关共有15条街道。县衙前的承宣街和官驿前的皇华街是东西向主街，与南门里的瓦济街形成十字街道骨架。文庙东侧有兴贤街，太仆寺东侧有考牧街，预备仓前是澄清街，圆通阁旁是圆通街。城外南关有瓦桥街，“长二里半，户口滋繁，市廛林立。每月有初五、初十、十三、二十、二十五、三十日六集”。瓦桥东北有木厂街，西北有灰窝街，东关有东关街，西关的永通街，北店有北关街。踞于城市中轴的瓦济街将城市分为东西两个部分，西城有圆通寺、养济院、医学馆、太仆寺、城隍庙、官驿等建筑。东城有府厅、儒学馆、县衙、察院、预备仓等建筑。

配合街道有20座牌坊，在文庙左右的分别称“泮宫”和“儒林”，太仆行台东侧的称“考牧”，其余17座皆为彰表地方贤仕节烈的，题额有“飞腾”“进士”“大司马”“金榜传芳”“大司徒”“蟾宫接武”“豸史”“都宪”“文魁”“光裕”“登崇”“贞洁”等字样。一个县城内能够树立如此多的牌坊，足见淳风之高扬。

雄县城内有5座集市，分别是瓦桥常市、瓦济三日市、北关五日市、易昜六日市、永通十日市，以瓦桥集市规模最大。另外，西门外的北店曾是一处喧闹的集市，从明代景泰到清代康熙的近三百年间，每月四集。可惜“自道光年，桥坏不复修，道路不通，而六铺遂衰落，铺户尽闭，而人烟寥落”。

《雄县新志》记载，从明洪武初年（1368年）到崇祯十五年（1642年），雄县城池总共大规模地修缮了十数次，工程内容包括修城垣、浚城池、甓券门、植柳树、固堤岸，建吊桥，甃垛口、修城楼等。

清代雄县城内的建筑确实要比明代时期多一些，冠以名称的街巷多达十八条。较为繁华的是南门里的瓦桥街，“街西为西后街，东为东后街，居民尤为富庶”。西城增加的寺庙较多，例如真武庙、天宁寺、药王庙、关王庙等，东城增加了帝君庙、三义庙，雄县衙署占据了较大一块用地，旁边建造了一座三层的聚星楼，其余变动不大。北城增加了观音寺、玉皇庙、土地庙。北城墙在明嘉靖年间的城池图显示的是弧形，民国年间的城池图显示的是凸形，甚至城墙上面出现了一座规模较大的建筑，但是没有门洞，显然不是北城门。志上解释为“北城上玉虚宫，即李允则所建之北狱庙”。这种情况很可能是北城墙在清代进行了改造，将毗邻北城墙的玉虚宫包括进来，或者玉虚宫扩建占用了北城墙，具体情况不得而知。

据《雄县新志》统计，雄县城垣在明代修葺过10次，在清代修葺过6次，民国以来未再有修葺的记载。相反，民国期间破坏城垣的事件时有发生。“南门倾圮，拆砖修二里铺堤坝。”“拆除西门砖和十台砖，修筑西关六铺砖坝。”因此，《雄县新志》不无悲凉地写道：“清末迄今，战乱频仍，物力凋敝，有其废之，莫能举也。”

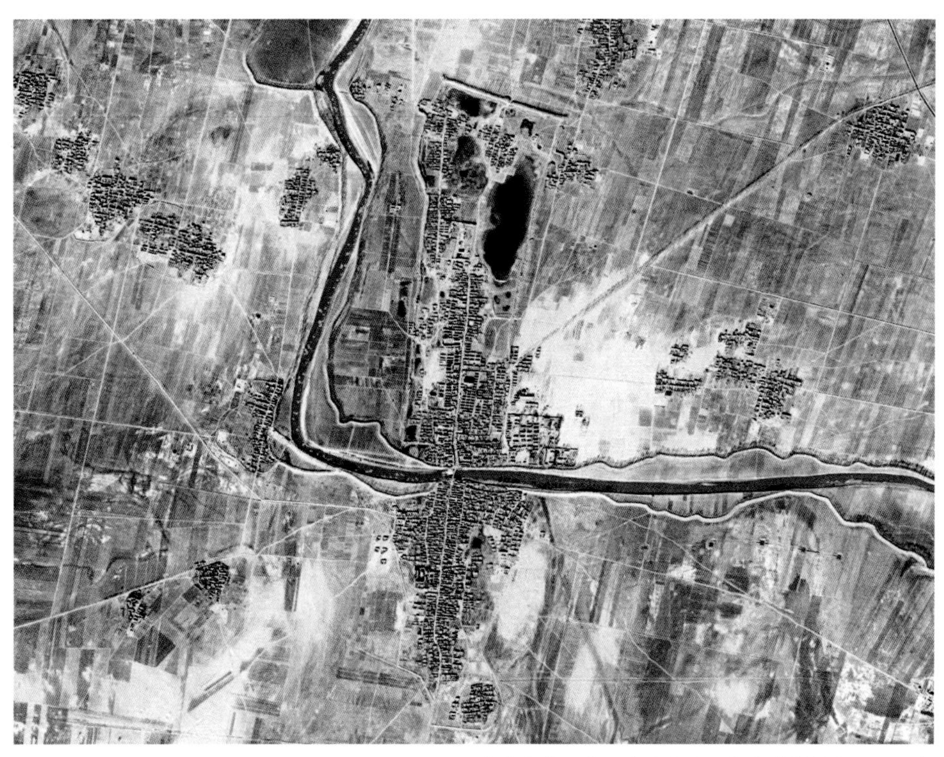

雄县县城卫星照片（美国国家地质勘探局，1966）

三、县城营建特征

1.城垣形状

关于雄县城垣形状，以往多依据明清的方志图绘，认为是倒“凸”字形的（或者称“T”字形）。但是，通过清末民国时期的文献资料发现，雄县城垣被描绘成多种形状。直到抗日战争后期，借助美军拍摄的航空照片才绘制出雄县城垣的真实形状。

光绪三十一年（1901年），在《雄县全图》中首次将雄县县城城垣描绘为南北长、东西短的“十字形”，这个形状很可能是依据步测出来的（图3）。光绪三十三年（1903年），德国人绘制的《直隶山东舆地图》中，将县城城垣描绘为南北轴长、东西轴短的“倒梯形”，并对城内主要街道的大致走向做出描绘，标识了南、东、西三座城门的位置。

1957年，美国陆军制图局根据民国三十四年（1945年）的航空照片绘制了《河间地区地图》，将县城城垣描绘为南北方向长的“刀把形”，而且标注“曾有城墙（walled）”。这是首次通过航空拍摄手段绘制的县城城垣，颠覆了之前志书和史料中对于县城城垣形状的描绘。

1966年，美国国家地质勘探局拍摄的卫星照片上清晰展现了雄县县城的形状（图1）。城垣确实是一个类似曲尺状的矩形，南北长于东西宽约三倍许。西墙北段的耳状突出实际上是西门（易易门）的瓮城，同样相对于东门（永定门）也有一个耳状突出的瓮城，可惜当时已经拆除。

由此可以看出，明清志书描绘的城池图北侧东西两端的耳状突出，实际上是东西城门的瓮城。

将卫星照片上的城垣在进行尺度复原对比，可以大致测量出20世纪60年代雄县城垣的周长大约为5000米，这与明代《雄乘》载文雄州城“共九里三十步”、相当于5176米的推算数据基本吻合。

综上所述，直到20世纪60年代末，雄县县城基本保持自明代以来的形制，城垣的形状未有大变。由于地势的西高东低，致使北侧和西侧北段的城墙以及西城门的瓮城保存相对完好，南侧和东侧的城垣和瓮城基本拆除。城内建筑在城南分布密集，城北较为荒疏。这种南盛北衰的情况可能由于城东一带地势低洼、涝灾频仍所致。城东北有一个大水洼（现名“温泉湖”），明清志书的城池图上都有描绘，其形成的原因可能出自北宋时期修建的淀泊。县城南关及瓦济河南岸一带土地充足，受惠于水陆交通的便利，居住人口逐渐发展起来，房屋之多堪与城南相当。

2.道路构架

明清雄县县城共有三座城门：东城门为永定门，永定门外有东作桥和东关；西城门为易易门，门外有西成桥和西关。东门内大街为永定街，西门内大街为易易街。南城门为瓦济门，即著名的雄关。雄关往南过瓦济桥即属南关地带。南城墙东南的河边是小雄山，上有五龙宫和雄文阁，至今原址南侧道路仍被叫作龙宫街。到了民国时期，东侧城墙被挖出了一处豁口，这处豁口沿着原来的城墙根向北，即是现今的古城路；向南是现今的东城大街。

明清时期，县城内街主要由南北向的瓦济街以及东侧的永定街与西侧的易易街构成“T”形道路骨架，连通三座城门。“T”形道路骨架再辅以“三纵七横”的枝状道路，形成城内的道路网。“三纵街道”分别是南北向的鸿雁街—西后街、圆通街—瓦济街、兴贤街—后仓街；“七横街道”分别是东西向的易易街—永定街、天宁街、城隍街、学坊街、考牧街，皇华街—承宣街、澄清街。南北向的瓦济街贯穿全城，形成了城区的中轴线。沿着瓦济街出南门，横跨大清河的为瓦济桥，桥南的大街称瓦桥街。这个道路布局从明代的城池图到1966年的卫星照片上查看，没有发生重大改变，充分说明它的真实性和延续性。

20世纪60年代以来，南关的发展很快，县城中心已向南移，大清河已经成为城中河，历史遗留下来的城墙也拆除殆尽。这个变化清楚地反映在雄县城关镇略图上。瓦济街一度改名为“河北大街”，现在叫“温泉路”，瓦济桥改为“解放桥”，瓦桥街叫“南关大街”。城内东西方向的铃铛阁大街，《雄县地名资料汇编》称系由原来的圆通街改名。但从1966年的卫星照片来看，圆通阁原址东侧为大水洼，不存在大街。经查民国《雄县新志》有“自圆通阁前西行至观音堂今无居民”的载文，据此推知，铃铛阁大街在温泉路东侧的一段是后来修建的，当时这一带可能是用来蓄洪的低洼地。铃铛阁大街在温泉路西侧的一段可能是清代的天宁街，这与《雄乘》城池图中的天宁寺、圆通寺的位置相吻合。县城西北的古槐路在以前叫槐树街，《雄县新志》称此街系由清代的鸿雁街改名。

在天宁街南有一条与其平行的东西向道路，名为“城隍街”，其位置于“圆通阁南行入西口，过城隍庙抵关岳庙。”再南行拐入东侧路口是学坊街，今名“人民大街西段”；自学坊街东端向北过兴贤坊北行至永定街是兴贤街，现已无存；复尔南行拐入西侧路口是考牧街，今名“文化街”，走到尽头进入南北向的西后街。继续南行拐入西侧路口是皇华街，今名“民主西街”。与皇华街东西相对的是承宣街，今已不存。再继续南行拐入东侧路口是澄清街，今名府南街。澄清街的东尽头是三义庙，从三义庙向北到学坊街路口再东折是仓后街，今名“东仓后街”。

四、结语

雄县建置沿革清楚，城市地位升降有时，疆域范围基本稳定。县城的营造历程可以分为三个阶段：第一阶段是东汉时期公孙瓒修建的易京城；第二阶段是北宋时期的雄州城，因地处宋辽边关，前期是军事重镇，后期是边贸榷场；第三阶段是明清时期的雄县，时为京畿之地，京师南下的门户。

明清的雄县县城并非利用易京城旧址，而是沿袭宋代雄州城的形制修建的。县城选址位于大清河（易水）的汭位，引河水为城壕，坐北面南，垒筑城垣。城墙形状类似曲尺状的矩形，形制奇特，而非志书上描绘的倒“凸”字形。城深三倍于城宽，在南、东、西三面各开一座城门并围合以瓮城。城内布局“三纵七横”的道路架构，主街为瓦济街，南北直通全城。长街短巷，走向端直，牌坊林立。城内南部居民和房屋较为密集，北部稀疏。这种城市形制从明代一直维持到20世纪60年代。雄县县城形制整体上体现了中国古代城市的营造思想和特点，经过千余年的积淀和凝练，已经升华成为一种独特的城市历史文化，在雄安新区的规划建设中，能够得到悉心的保护、展现和传承。

参考文献：

[1] 范晔，等.后汉书·卷九·公孙瓒传[M].上海：汉语大辞典出版社，2004.

[2] 王齐.嘉靖雄乘·建置第五[M].上海：上海古籍书店天一阁藏明方志影印，1962.

[3] 刘崇本.雄县新志·古迹篇[M].民国十八年铅印本.台湾：成文出版社有限公司，1969.

[4] 王齐.嘉靖雄乘·疆域第一[M].上海：上海古籍书店天一阁藏明方志影印，1962.

[5] 李鸿章，等.畿辅通志·卷四十七[M].上海：上海古籍出版社，1981.

[6] 刘崇本.雄县乡土志·地理[M].光绪三十一年铅印本.台湾：成文出版社有限公司，1968.

[7] 刘崇本.雄县新志·疆界篇[M].民国十八年铅印本.台湾：成文出版社有限公司，1969.

[8] 王齐.嘉靖雄乘·建置第五[M].上海：上海古籍书店天一阁藏明方志影印，1962.

[9] 刘崇本.雄县乡土志·地理[M].光绪三十一年铅印本.台湾：成文出版社有限公司，1968.

[10] 刘崇本.雄县新志·建置篇[M].民国十八年铅印本.台湾：成文出版社有限公司，1969.

《筑心绘翎 刘若梅建筑文化遗产保护天地》一书正式出版

2020年7月，受中国文物学会副会长、中国文物学会传统建筑园林委员会副会长、秘书长刘若梅女士委托，《中国建筑文化遗产》编辑部承编的《筑心绘翎 刘若梅建筑文化遗产保护天地》一书由天津大学出版社正式推出。中国文物学会会长单霁翔、国家文物局顾问谢辰生分别为本书作序。

自2019年起，《中国建筑文化遗产》编辑部即启动对刘若梅女士的系列专访，深入挖掘刘会长不凡的人生述往，总结归纳在她带领下的文化遗产保护团队自80年代起遍布全国的经典修缮与设计作品，同时组织优秀建筑摄影团队以影像之力将项目修缮技艺完美呈现。全书融文字与作品图片、图纸为一体，无论开本、用色乃至装帧均力求考究且可读性强，这也是刘若梅女士的精致与质朴本真所决定的。

全书共分三个篇章。篇一：人生·述往。读者将从刘若梅的不凡家世中，体味到她的成长历程，更可从她致力于中国文物建筑保护与修缮工程的营造道路中，寻到她几十载如一日奉献于中国文博事业的精神与感人事迹。篇二：经典·作品。本篇共选录了14个作品，它们虽只是代表性案例，但正如展览空间是城市建设的重要一环一样，古建园林文化正从展览、展示、服务城市生活发展为对城市魅力的营造，刘若梅团读碟作品会令业界与社会深深感悟到这一点，其项目成果口碑不凡。篇三：事件·影像。本篇中收录了刘若梅在重要事件下与领导或文博、建筑大家们的合影，其背后记录了一段短故事甚至难忘的记忆，它们是刘若梅女士的珍藏，也是她奉献文博界的珍贵文化记忆，它们释放出有内涵、有遐想的阅读文化与遗产价值的感知。

《筑心绘翎——刘若梅建筑文化遗产保护天地》一书的推出是为建筑文博界奉献上真实的作品，相信它的言语将会感动业界与社会各界。

《筑心绘翎》封面

（文/图：《中国建筑文化遗产》编委会）

Layout Song of Shengjing Imperial City
盛京皇城布局歌*①②

陈伯超**（Chen Bochao）

摘要：盛京是前清和清代沈阳城的城名。她作为清朝的国都和陪都经历了300余年的漫长岁月。清太宗皇太极在明代沈阳中卫城的基础上，按照汉、满两民族都城建设的传统规制将这座古代军城改造成清朝的都城。该城分内外两重城池。本文在对沈阳城历史进行深入研究和考证的基础上，以历史文献为依据，以白话诗的形式力求对其内城的布局情况进行真实的还原和形象的描述，旨在为今天的盛京皇城保护性建设提供充分的依据，也为传承中华文明提供重要素材。

关键词：盛京；皇城；布局；空间；诗歌

Abstract: Shengjing was the city name of today's Shenyang in the pre-Qing and Qing periods. It served as the capital and alternate capital of the Qing Dynasty for more than 300 years. On the basis of Shenyang Central Guard in the Ming Dynasty, Emperor Taizong of Qing Dynasty transformed this ancient military city into the capital of Qing Dynasty in accordance with the traditional regulations of Han and Manchu capital construction. The city comprises two city walls and moats inside and outside. On the basis of in-depth textual research on the history of Shenyang City, this article tries to restore and vividly describe the layout of the inner city in the form of vernacular poetry. It aims to provide a sound basis for the protective construction of the Shengjing Imperial City today and important materials for the inheritance of Chinese civilization.

Keywords: Shengjing; Imperial City; Layout; Space; Poetry

大清发祥地，紫气源东方。帝都三百年，文脉源流长。

盛京城两重，郭圆内城方。外周有四塔，各自守一方。左祖右社坛，分居关两厢。

皇城有八门，各筑瓮城墙。四隅设角楼，护城河围防。井字形街路，划分九宫坊。八旗分区守，宫殿居中央。街穿大内过，宫城互交相。清宫分三路，满风气韵长。八角大政殿，率众十王帐。凤凰第一楼，鸟瞰全城象。文溯图书阁，四库珍典藏。通天达汗宫，宫殿隔街望[③]。王府十一座，各看自旗扬[④]。

左文右武布，前朝后市场。
东南有文庙，古树传圣章[⑤]。西南设大狱，苦难锁牢房。
理藩督察院，大清门前方。朝阳街三部，吏户礼官房。兵刑工部衙，正阳西侧旁。
殿后四平街，商贾昼日忙。两仪钟鼓楼，朝暮报泰祥。

胡同坊中布，曲折如盘肠。青砖筑合院，配伴趟子房。民居硬山顶，与殿无两样。城中中心庙，素有太极享[⑥]。古老长安寺，历史最悠长。
人去故屋在，感此故月长。

满汉双经典，此城世无双。

① 清太宗皇太极努尔哈赤率八旗军迁都沈阳的第二年（公元1626年）继承汗位。遂于公元1631年，改建城池和城市格局，定城名为“盛京”。公元1636年，皇太极建大清朝并称帝，盛京乃成为大清之国都。公元1644年顺治即位，发兵北京，推翻明朝。随之，北京成为清朝都城，盛京城从此作为“陪都”，直至清朝灭亡。

② 传承中华传统文化，再振盛京都城辉煌，一直是沈城人民的美好愿景。盛京城包括外郭（也称“关”）和内城（亦即“皇城”）。沈阳市政府首先从内城入手，正式启动了盛京皇城保护性规划的实施建设工作。此白话诗旨在对古代盛京皇城城市空间的布局情况进行还原与描述。

③ 盛京宫殿东路是当年努尔哈赤为自己而建的宫殿群，由大政殿、十王亭（实乃“殿”）、奏乐亭和銮驾库共同组成一个总平面为“八”字形的“皇家广场”。该组宫殿建筑群有“殿”却无“宫”，努尔哈赤按照早年女真人（满族的前身）在山地建城时的习惯，将自己的居所“汗王宫”建在通天街的北端、皇城北门之内距大政殿约1.5里之处，使得“宫”与“殿”隔街相望。

④ 盛京皇城呈“九宫格”式布局，宫殿居中，八旗大体以“格（坊）”为域，拱卫在周围的“八格”之中，形成各旗分别掌控“一格一城门”的布防态势。皇城内的十一座王府，则坐落在各自所属之旗辖管的区域之内。

⑤ 当年的文庙已毁，但原位于大成殿前的毛白蜡古树仍生长在今朝阳一校校园之中。

⑥缪东霖（清）在《盛京杂述》中著有“城内中心庙为太极，钟鼓楼象两仪……”之说。

* 依托课题：“十二五”国家科技支撑计划“传统古建聚落规划改造提升关键技术研究与示范(2012BAJ14B00)．示范：辽宁省沈阳市‘盛京都城’”

** 沈阳建筑大学教授，建筑学与城市规划学科博士生导师，建筑研究所所长，校级调研员。

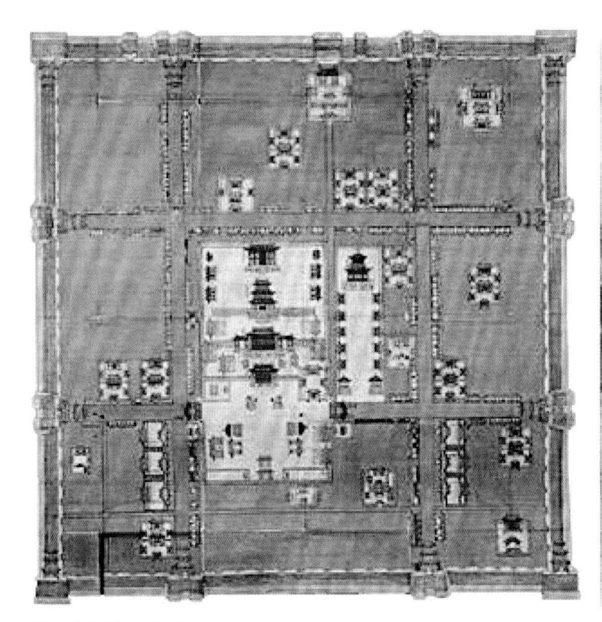

图1 沈阳故宫平面

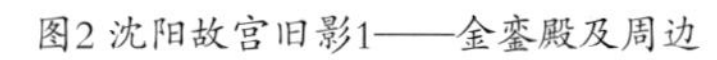

图2 沈阳故宫旧影1——金銮殿及周边

图3 沈阳故宫旧影2——大清门屋顶

图4 沈阳故宫旧影3——台基石雕细部

图5 沈阳故宫旧影4——崇政殿悬鱼

图6 沈阳故宫旧影5——崇政殿石栏板

An Overview of the Project for the 11th Asian Games (Posthumous Work)

第十一届亚运会工程概况（遗作）

周治良*（Zhou Zhiliang）

编者按：30年前的1990年，北京市成功举办了第十一届亚运会。这是新中国成立以来第一次举办大型综合性国际运动会。当时的北京，结合北京城市总体规划的要求，并考虑到城市的未来发展，建设了一批体育场馆及配套设施，之后，特别是2008年北京举办了第29届奥运会，国家体育场、国家体育馆、国家游泳中心“三大馆”等各项建设全面实践了“绿色奥运，科技奥运，人文奥运”三大理念，让中国在世界面前很好地诠释了“同一个世界，同一个梦想”的口号，展现出改革开放30年后以及新世纪中国的豪迈与进取。而奥运会主要新建设施和奥运村，都是利用当年亚运会时所规划预留的场地建设而成的。

今天的北京，正在为2022年冬季奥运会的顺利举行进行着各项准备。相信未来的北京，正在将几十年前筹建亚运会的精神用于冬奥会的建设中，给中国和世界体育运动留下独一无二的遗产。而这份遗产，无论是在城市发展建设，还是在体育运动的历史进程中，将起到重要的作用。

本文系《中国建筑文化遗产》编委会通过对周治良先生（1925—2016年）遗作的挖掘汇集的成果，无疑是一份沉甸甸的体育建筑文化遗产。

1990年9月22日—10月7日，第十一届亚运会在北京隆重举行。这是新中国成立以来第一次举办大型综合性国际运动会。亚运会的举办为发展亚洲体育事业、增进亚洲人民的友好往来、维护世界和平做出贡献，同时也充分展示了我国悠久的历史文化、现代化建设和改革开放的巨大成就，提高了中国的国际威望。

举办亚运会是一项极其复杂的大型系统工程，场馆建设、场地器材、竞赛训练、新闻宣传、大型活动、文艺展览、交通安全、技术设备、医疗防疫、饮食卫生、住宿购物等方面，都要有计划、有组织地落实。工程建设是举办亚运会这项复杂大型系统工程中最基本、最先行的工程。这一过程的建设，占地之广、规模之大、技术之复杂、速度之快，是北京城建史上一个划时代的历史丰碑。

建设准则

亚运会工程建设必须遵循亚洲奥林匹克理事会章程的规定：不仅要提供足够数量的、符合国际标准的比赛及练习场馆和运动员村等,还要在城市交通、通信联络、新闻广播、文化娱乐、商业服务、安全保卫等方面达到迅速、有效、方便、安全，以保证运动会顺利进行。

规模确定

亚运会的规模是工程建设的依据，主要取决于以下两个方面。

1.比赛、练习场馆的数量

按照亚奥理事会批准的比赛和表演项目的数量和运动会日期来确定。

1988年9月22日，在汉城召开的亚奥理事会代表大会上，批准1990年第十一届亚运会的正式比赛项目

* 北京市建筑设计研究院原副院长，1990年北京亚运会工程总指挥部副总指挥。

1984年6月16日，周治良（左2）和刘开济（左1）陪同亚洲奥理会主席，尼泊尔的沙哈（左3）参观北京首都体育馆，并向亚洲奥理会汇报北京亚运会筹建体育中心的情况

1990年，张百发（中间左）周治良（中间右）为视察亚运会工地的党和国家领导人汇报亚运会建设情况

共27个大项（308个小项）。

按照规定，运动会的日期（包括开幕式后闭幕式）不得少于12天、多于16天。第十一届亚运会日期为16天。

根据上述比赛项目和日期进行分析、预测，决定设置33个比赛场馆和46处练习场馆。33个比赛场馆中，利用、改造、扩建原有体育场馆13个，新建20个，46处练习场馆中，新建8个，其余利用旧有的场馆。

2.接待运动员的规模

经讨对历届亚运会参赛国、地区和比赛项目、天数及运动员人数的情况分析，第十一届亚运会在参赛国家伙地区、比赛项目方面都比历届增多。由于章程规定，批准的比赛项目，每个会员国家和地区都可以报名参加，不受限制，加之北京是世界著名的文化古都，有较强的吸引力，因此报名队数与人数有显著增长，预计运动员可达7000人。参照前几届情况，包括官员、领队、教练、医生等随队人员，预计运动员村将接待近万人。

规划、设计原则

亚运会工程建设规模大、内容多、时间紧，技术复杂，投资有限，要想顺利完成，必须做好总体规划和建筑设计。

（1）以北京市城市建设总体规划为指导，与城市近期建设相结合，要“立足于亚运会，着眼于奥运会”，使两者有机地结合起来。

（2）充分利用、改造、扩建现有设施，与必要的新建场馆结合，在满足使用功能要求的前提下，精打细算，力求节约，不追求过高的装修标准。

（3）考虑亚运会比赛和今后开展群众体育活动、专业体育队伍的训练，做到比赛和平时使用相结合，并考虑为伤残人使用的无障碍设计。

（4）结合城市交通、信息联系、基础设施的条件和周围环境，减少新、旧建筑的矛盾，与城市的整体环境相协调，采取集中与分散相结合的布局方式，形成一个均衡分布、大中小相结合的多层次的体育设施网络。

（5）结合体育设施布局安排运动员村和其他配套设施。

（6）场馆要多功能使用，比赛场地以手球场地为基本尺寸，其他球类如篮排球、羽毛球、室内小足球等皆可使用。同时又可满足文娱、集会、展览等需要。

（7）开展多种经营，由行政管理型向经营管理型过渡，附属空间设置一些餐厅、咖啡厅、舞客房等，加强管理，面向社会，面向群众，提高利用率，争取最大的社会化经济效益。

（8）注意节约能源。新建场馆普遍采用天然采光，以供训练时用。不仅节约了用电，也满足了人们复归自然的心理需求。限制一级负荷的用电范围，对设置空调的用房和场地灯光照度标准都做了规定。

（9）采用新结构、新技术、新材料，设置先进的电子服务系统，保证了体育场馆向现代化迈进。

亚运会工程建设除体育场馆外，还兴建了运动员村，同时建设了大量的配套设施和市政设施，绿化、美化了城市环境。

亚运会工程建设作为时代的标志，他将对中国建筑与城市发展具有十分重大而深远的影响。

——摘录自《北京亚运建筑》

1990年北京第十一届亚洲运动会工程建设大事要记

1983年2月9日，国家体委向国家计委、建设部报送“关于北京市城市总体规划中体育设施规划的意见”函，并随函送上“关于申请在我国举办第十一届（1990年）亚洲运动会的情况说明”及“1990年第十一届亚运会场地建设计划”。

1983年6月10日，国家体委召开会议，有关部门就举办第十一届亚运会的规模、场地选择、场馆建设，以及现代信息处理、新闻广播和章程规定需要建设亚运村等问题做了介绍，并提请有关单位及北京市共同研究。

1983年7月25日，经国务院批准，北京市正式申请举办第十一届亚运会。

1983年10月，中国派出中国奥委会和北京市两个代表团赴科威特，参加1990年第十一届亚运会的竞选活动。

1984年3月16日，国家体委向国务院发出《关于建设国家体育中心的请示》报告。

1984年3月，北京市城市规划管理局就1990年北京亚运会设施规划提出设想。

1984年4月，北京市建筑设计院体育设施专题组提出“关于国家体育中心规划的初步设想”。

1984年6月14日，亚奥理事会主席法赫德等到北京考察。

1984年6月23日，国家体委有关部门提出 1990年亚运会新建和扩建场地任务情况（初步计划）。

1984年9月28日，在汉城举行的亚奥理事会代表大会决定，由中国北京举办第十一届亚运会，日本广岛举办第十二届亚运会。

1985年5月，国家体委、北京市就在北京举办第十一届亚运会建设安排的情况，向国务院发出请示报告。

1985年5月，第十一届亚运会组委会成立。

1985年5月，有关部门就亚运会工程建设所需投资提出方案，并上报国务院。

1985年6月29日，亚运会组委会组织有关专家赴日本进行考察。

1985年7月1—2日，亚运会组委会有关专家开会，讨论向国家计委汇报举办亚运会所要解决的问题，以及建设亚运村等有关问题。

1985年7月28日，亚运会组委会领导及部分专家，在中南海勤政殿向国务院副总理万里等领导汇报了举办亚运会的设想及安排，特别是遇到的有关问题，希望中央及国务院有关部门予以支持和帮助。

1985年7月20日，亚运会组委会领导及部分专家，就亚运会工程建设等问题在北京市人民政府举行会议。

1985年7月21日，亚运会组委会领导及部分专家，就筹集亚运会资金的问题在国家体委举行会议。

1990年亚运会国家奥林匹克体育中心鸟瞰

1990年，周治良（左4）陪同建筑专家参观亚运建筑

1985年8月22日，北京市主要领导向国务院副总理万里等领导汇报亚运会建设及相关事宜。同日，亚运会组委会有关专家，就亚运会规划建设等有关工作举行会议。

1985年10月7日，亚运会基本建设领导小组成立，张百发任组长。亚运会基建组有关专家暂时先在首都体育馆工作，同时开始起草给国务院的报告。

1985年10月21日，亚运会组委会基建组有关专家在北京市规划局举行会议。

1985年10月27日，国务院副总理万里、中央书记处书记胡启立与北京市委书记李锡铭、北京市副市长韩伯平等有关领导进行交流，就亚运会工程建设、亚运会组织实施等有关问题发表指示。

1985年11月8日，北京市、国家体委、建设部等有关领导及专家共同开会，听取亚运会组委会就给国务院的报告内容进行的汇报，并就报告内容提出了具体意见。

1985年12月20日，有关专家在首都体育馆开会，就亚运会建设资金的问题进行讨论。

1985年12月23日，亚运会组委会在北京市委会议室召开会议，就亚运会建设资金等问题进行讨论。有关领导提出，资金问题非常重要，在给国务院的报告当中，一定要汇报清楚。同时亚运会筹备工作的各级组织建设要加紧建设，亚运会工程建设特别是工程设计工作应尽快开始。

1985年12月29日，中共北京市委常委会举行会议，张百发副市长就亚运会筹备工作进行了汇报。北京市委书记李锡铭就亚运会筹备工作做出指示。

1986年1月6日，国家体委、北京市就在京举办音乐会工程建设问题，向国务院发出请示汇报。

亚运会奥体中心

1986年2月1日，亚运会组委会部分领导和专家开会，就亚运会资金及亚运会工程建设等问题进行讨论。

1986年2与3日，中央有关领导就亚运会筹备工作做出指示。

1986年2月15日，第十一届亚运会基本建设领导小组召开会议，成立第十一届亚运会工程总指挥部和临时党委（组）。同时明确有关组织机构。

1986年2月20日，亚运会基本建设领导小组召开亚运会工程建设动员大会。张百发副市长强调，亚运会工程建设要尽快行动起来。

1986年2月20日，第十一届亚运会工程总指挥部成立，张百发任总指挥。

1986年2月26日，北京市、国家体委召开动员大会，部署亚运会工程项目的建设，要求各有关单位建立相应的组织领导机构，3月1日将各单位名单上报总指挥部。

1986年3月22日，第十一届亚运会电子服务系统总体设计工作座谈会召开。

1986年4月12日，国家计委召开会议，听取第十一届亚运会工程筹备情况汇报。

1986年4月17日，亚运会组委会召开第一次全体会议，听取工程总指挥部工作汇报。

1986年4月25日，亚运会工程总指挥部和北京市建委联合召开亚运会北郊体育设施和亚运村外部市政配套工程会议。

1986年4月29日，北京市政府领导到亚运工程总指挥部，听取了亚运会工程建设工作汇报。

1986年5月10日，亚运会工程总指挥部党组召开第一次会议，通过了各部副部长名单。

1986年5月16日，国家体委、北京市就亚运会建设工程年度投资计划安排向国务院提出请示汇报。

1986年5月30日，北京射击场扩建工程开工。（1987年8月15日竣工。）

1986年7月11日—12日，亚运会工程总指挥部、亚运会基本建设领导小组、首都规划建设委员会建筑艺术委员会联合召开会议，共同审议亚运会工程建设设计方案，批准了8个场馆设计方案及北京市北郊体育中心和运动员村总体规划方案。

1986年9月10日—12日，亚运会工程总指挥部召开会议，邀请13位专家对北郊体育中心和运动员村方案进行评议，并给予很高评价。

1986年10月，华北饭店开工建设。（19[illegible]年8月竣工。）

1986年11月2日，大学生体育馆开工建设。（1988年9月25日竣工。）

1986年11月6日，北京体育学院体育馆开工建设。（1988年11月20日竣工。）

1986年11月10日，先农坛体育场改建工程开工。（1988年9月30日竣工）

1986年11月30日，月坛体育馆开工建设。（1988年9月30日竣工。）

1986年12月25日，朝阳体育馆开工建设。（1989年5月31日竣工。）

1986年12月，北体师院田径练习馆开工建设。（1988年7月竣工。）

1987年1月20日，海淀体育馆开工建设。（1988年12月25日竣工。）

1987年1月，北京工人体育场改建工程开工。（1989年6月竣工。）

亚运会运动员村1

亚运会运动员村2

亚运会运动员村3

周治良（右）与伍绍祖（中）何振梁

1987年2月20日，石景山体育馆开工建设。（1988年9月30日竣工。）

1987年2月24日，国务院常务会议，专题讨论亚运会工程建设和集资问题。

1987年3月1日，国家体委训练局羽排球练习馆开工建设。（1988年12月30日竣工。）

1987年4月1日，网球中心馆开工建设。（1988年12月25日竣工。）

1987年4月1日，昌平自行车场开工建设。（1989年4月30日竣工。）

1987年4月6日，地坛体育馆开工建设。（1989年9月15日竣工。）

1987年4月10日，光彩体育馆开工建设。（1989年9月30日竣工。）

1987年5月，亚运村五栋塔式公寓开工建设。（1989年12月竣工。）

1987年5月，国安宾馆开工建设。（1989年6月竣工。）

1987年6月10日，亚运会组委会召开首次新闻发布会。

1987年6月29日，国家奥林匹克体育中心游泳馆开工建设。（1989年12月30日竣工。）

1987年6月，金海湖水上运动场开工建设。（1989年6月竣工。）

1987年6月。亚运村五洲大酒店开工建设。（1989年12月竣工。）

1987年7月15日，国家奥林匹克体育中心综合体育馆开工建设。（1989年12月30日竣工。）

1987年11月1日，煤炭干部学院体育训练馆开工建设。（1989年12月20日竣工。）

1987年11月12日，国家奥林匹克体育中心田径场开工建设。（1989年12月30日竣工。）

1987年12月，丰台体育中心棒垒球场开工建设。（1988年12月竣工。）

1987年12月，华表服装公司加工楼开工建设。（1989年12月竣工。）

1987年12月，华水大厦开工建设。（1990年4月竣工。）

1988年1月，京滨饭店开工建设。（1990年6月竣工。）

1988年3月16日，亚运村写字楼开工建设。（1990年5月竣工。）

1988年4月11日，丰台体育中心体育场开工建设。（1990年4月30日竣工。）

1988年4月21日，亚运村国际会议中心开工建设。（1990年5月竣工。）

1988年4月，秦皇岛海上运动场开工建设。（1989年5月竣工。）

1988年4月，亚运村九栋运动员公寓开工建设。（1990年6月竣工。）

1988年5月9日，亚运村康乐宫开工建设。（1990年7月竣工。）

1988年5月，“二炮”清河练习馆开工建设。（1990年5月竣工。）

1988年6月30日，丰台体育中心体育馆开工建设。（1990年4月30日竣工。）

1988年6月，首都机场扩建工程开工建设。（1989年5月竣工。）

1988年7月，北京市体委运动员服务楼开工建设。（1989年10月竣工。）

1988年8月7日，“八一”红山口体育训练馆开工建设。（1990年3月25日竣工。）

1988年8月10日，老山自行车练习场部分新建工程开工。（1989年9月30日竣工。）

1988年8月18日，首都体育馆综合练习馆开工建设。（1990年8月30日竣工。）

1988年9月5日，国家奥林匹克体育中心曲棍球场开工建设。（1989年12月30日竣工。）

1988年9月22日，在汉城召开的亚奥理事会代表大会上，批准1990年第十一届亚运会的正式比赛项目共27个大项（308个小项）。

1988年9月，北郊武术馆开工建设。（1990年8月竣工。）

1988年9月，体育博物馆开工建设。（1990年8月竣工。）

周治良（左）在亚运工地

周治良在第十一届亚运会工程专家座谈会上

1988年10月，亚运村国际小学开工建设。（1989年8月竣工。）

1988年11月，国家奥林匹克体育中心练习馆开工建设。（1990年4月提供使用。）

1988年11月，亚运村购物中心开工建设。（1990年6月竣工。）

1988年12月1日，国家体委训练局水球馆改建工程开工。（1990年6月25日竣工。）

1989年2月，电视转播中心开工建设。（1990年8月竣工。）

1989年2月，北医三院扩建工程开工建设。（1990年7月竣工。）

1989年3月，北京射箭场开工建设。（1989年5月竣工。）

1989年3月，亚运村汇珍酒楼开工建设。（1990年7月竣工。）

1989年4月1日，亚运村运动员餐厅开工建设。（1990年3月竣工。）

1989年4月2日，邓小平同志参加首都第五次义务植树活动，到亚运村植树。党和国家其他领导人共同参加。

1989年5月12日，在雅加达召开的亚奥理事会执行局会议上，批准1990年第十一届亚运会表演项目共两大类（含5个小项）。

1989年7月3日，邓小平参观亚运工程，说："我这次看亚运会体育设施，就是来看看到底是中国的月亮圆，还是外国的月亮圆。看来中国的月亮也是圆的，比外国圆。"

1989年8月16日，万里视察北郊体育中心和亚运村。

1989年8月18日，江泽民视察亚运村，丰台棒垒球场、足球场，大学生体育馆和北郊建设工程。

1989年8月，北京动物园大熊猫馆开工建设。（1990年7月竣工。）

1989年10月18日，李鹏视察亚运工程。

1989年10月，海淀体育场扩建工程开工。（1990年6月竣工。）

1989年10月，北京体育馆维修工程开工。（1990年4月竣工。）

1990年1月23日，万里、李瑞环到北郊田径场及五洲大酒店，专门看望北京城建系统老同志。

1990年2月，江泽民在会见加拿大客人时说，办好亚运会，也为将来搞奥运会打下基础。

1990年3月，北京工人体育馆维修工程开工。（1990年6月竣工。）

1990年3月，首都体育馆维修工程开工。（1990年6月竣工。）

1990年4月1日，江泽民、杨尚昆、李瑞环等党和国家领导人在北郊体育中心植树，北京市副市长、亚运工程建设总指挥张百发向各位领导汇报了亚运工程建设的有关情况。

1990年4月，北体师院卡巴迪场扩建工程开工。（1990年8月竣工。）

1990年7月10日，邓小平视察国家奥林匹克体育中心时说："你们办奥运会的决心下了没有，为什么不敢干这件事呢？建了这样的体育设施，如果不办奥运会是个浪费，就等于浪费了一半。"

亚运会召开前夕，国际奥委会主席萨马兰奇来到中国，参观了亚运村，他对建设表示满意。事后，他对记者说，我对中国的组织能力感到吃惊。在参观亚运村时更感到吃惊，那确确实实是一座可以容纳9000人的高水平运动村。

1990年9月22日—10月7日，第十一届亚运会在北京举行。37个国家和地区、6578人参加了27个大项、308个单项比赛，另有两个表演比赛项目(棒球、软式网球)。中国代表团838人,获金牌183枚、银牌107枚、铜牌51枚。共有25个国家和地区的选手夺得奖牌，15个国家夺得金牌。7次刷新世界纪录，89次打破亚洲纪录，189次改写亚运会记录。

1990年10月12日—15日，第十一届亚运会工程专家座谈会召开。

北郊国奥中心获得"体育建筑奖"。

摄影：杨超英 等

（摘编自周治良先生生前保存的有关亚运会工程建设的资料。特别感谢周治良先生的夫人金多文女士、女儿周婷女士的帮助与支持。《中国建筑文化遗产》编委会李沉整理）

The Integration & Witness of Qingdao's Architectural Landscape: Comment on the Governor's Residence in Qingdao

青岛建筑景观的集成与见证
——评青岛总督官邸

玄 峰[*] 赵明先[**]（Xuan Feng，Zhao Mingxian）

提要：本文梳理了青岛总督官邸的历史沿革，通过分析青岛总督官邸的场地布局、空间结构以及立面特点探讨了中德建筑风格在该建筑中的融合并初步提到了青岛城市建筑特色的构成。
关键词：青岛；总督官邸；德国式古堡；历史见证

Abstract: The paper collects and tidies the history data of Qingdao Tidu's house, discusses and studies the integration of Chinese & German architectural styles according to analyze the site arrangement, spatial construction and façade features, and puts forward the elementary composition of Qingdao's urban architectural characteristics.
Keywords: Qingdao; Tidu's house; castle of German style; witness of history

一、青岛城市景观

青岛是中国一座极具特色的滨海旅游城市。提到青岛，首先唤起的城市印象是烈日骄阳下的阳光沙滩、高低起伏的平缓山丘、蜿蜒曲折的石子铺路与风格鲜明的异国建筑情调。城市建筑景观是青岛极为突出的城市风貌与文化特色：红瓦、拉毛水泥外墙、陡峻的双坡及四坡折线屋顶——德国式孟莎屋顶、花岗岩粗毛料转角石与毛石基础。这些建筑形态特征把青岛市塑造成为远东黄海之滨美丽的“万国建筑博览会”（图1）。

此“博览会”中有以德国风情为代表特色的总督府（Governor's Palace）、总督官邸（Tidu's House）；有新古典主义的天主教堂；有手工艺及乡土特色的基督教堂；有日本风格的八大关小别墅群……（图2、图3）但要说到代表青岛建筑景观发端的集大成者及历史见证，青岛总督官邸堪称典范。

* 上海交通大学建筑系副教授。
** 中国建筑标准设计研究院有限公司济南分公司高级建筑师。

图1 青岛城市景象(来自昵图网)

图2 青岛总督府现状，选自“青岛网络广播电视台爱青岛栏目”.郦起新摄

图3 青岛总督官邸(来自青岛市政府官网)

总督官邸历史沿革

晚清时期朝日关系紧张，针对时局，清廷于光绪十七年（1891年）6月14日在胶州湾东侧的小琴岛一带（即今小青岛东海舰队驻地）设置胶澳行署。青岛遂始建制。仅隔六年，光绪二十三年（1897年）11月14日德国远东舰队以“巨野教案”为借口出兵强占青岛。青岛沦为殖民地。德国最初登陆地点为胶州湾东侧的青岛湾（最初名为“琴岛湾”）。青岛湾西侧团岛、东侧小鱼山两岬角围合，湾外侧有小琴岛控制出入，是天然优质港口。但缺陷是海床较浅，吃水深的远洋舰无法就近泊岸，必须经由小艇摆渡上岸。这恰恰成为青岛最著名的历史地标景观：栈桥之营造的缘由。通过一幅历史老照片——栈桥尚未营造——我们可以看到德占最初期的青岛湾场景（图4）。

图4 德占最初期青岛湾（摘自青岛市官网）

次年（1898年）《胶澳租借条约》签订。同年底青岛历史上首个城市建设规划公布实施，德国政府仿葡萄牙之于印度果阿、荷兰之于中国台湾、英国之于中国香港开始将青岛作为其远东第一个“模范殖民地”建设。规划中青岛湾中心线为城市南北轴线，建筑以此为中心沿东西海岸线沿线展开（图5）。

图5 德占初期的青岛市全景（摘自青岛新闻网）

三年筹备设计后，青岛总督府与总督官邸先后于1904、1905年动工兴建。在新建青岛总督府及官邸的1897—1907年间，德国总督办公及住宿均寄住在山东胶济总兵章高元的总兵衙门之内（图6）。两建筑的甲方代表均为德国驻青岛第三任总督奥斯卡·冯·特鲁泊(Oskarvon Truppel)（图7、图8）。总督府及其他政府建筑布局在观海山南麓，背山面海，处于整个青岛湾的中心位置。总督官邸位于青岛湾中心东端信号山南麓一块背山面海的开敞平台上。总督官邸设计者为德国建筑师维尔纳·拉查鲁维茨（Werner Lazarowiz）；建筑总监为胶澳殖民

图6 约1898年青岛湾前海沿地全景（图摘自“新浪新闻中心·青岛几任总督”网文）

图7 1901—1911特鲁泊总督标准肖像（图摘自“新浪新闻中心·青岛几任总督”网文）

图8 青岛总督特鲁泊(来自《老照片》)

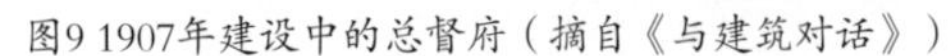
图9 1907年建设中的总督府（摘自《与建筑对话》）

图10 1907年青岛总督官邸(来自半岛网)

图11 1907年青岛总督官邸(来自半岛网)

图12 青岛总督官邸现状(来自青岛市政府官网)

图13 现状鸟瞰

政府建筑总局局长卡尔·施特拉塞尔（Karl Strasser）。该建筑于1905年7月动工，1907年7月建成并成为历任德国总督官邸（图9~图11）。官邸甫一落成即轰动一时，成为整个殖民地居住建筑效法的范本（图12、图13）。总督官邸上诸多风格特点、构造作法——比如颜色鲜艳的红瓦白墙、陡峭的坡屋顶、厚重的“殖民主义式”外廊、牛眼窗、突出檐口的硬山墙老虎窗等等，成为当时青岛城市建设广泛借用的标志性建筑符号。得益于建筑之设计精美，施工完善，总督官邸在嗣后长期政治风云变幻当中尽管功能多次更变却能得到精心保存。而其影响所及日积月累更成为青岛市的城市建筑景观的风貌与特色。青岛也因此成为中国著名的黄海之滨的“万国建筑博览会”（图14~图16）。

1914年11月，日德交战德军战败离开，官邸成为日本历任驻青守备军司令的住处。

1922年12月，中国政府收回青岛主权，此处作为胶澳商埠督总办官邸，后为国民党历任青岛市市长的官邸。

1932年，沈鸿烈任市长后更改为宾客接待之用并于1934年正式更名为“迎宾馆”。

图14 1910年观象山鸟瞰青岛全景（来自《青岛老照片》）

1942—1945年，日军第二次侵占青岛期间为“国际俱乐部”，后又改为“迎宾馆”。

1996年，被列为全国重点文物保护单位。

1999年5月1日，开始作为博物馆和旅游景点对外开放。

时至今日在建成113年后的今天，青岛总督官邸早已成为代表青岛市城市文化及历史风貌的标志物。

二、中德建筑风格的融合

1.坡地建筑

按1898年青岛第一个城市规划，核心内容即是首先确立

图15 1910年青岛湾全景（来自《青岛老照片》）

图16 青岛远景（来自百度网站）

了青岛市的行政中心，商业中心与德国人居住区。规划规定德国人住宅与别墅区集中布置于莱阳路与鱼山路以东地带，在沿海丘陵地段顺应地形地势自由展开；住宅与别墅区一律只设独立式住宅，不作任何联排式或集中式房屋处理。规划采用了近代欧洲流行的“花园式住宅”布局。

青岛总督官邸设置在东西海滨大道东端信号山南麓山坡的开敞台地处，今青岛市龙山路26号，背倚信号山，面向青岛海湾，地位轩敞，视野开阔，四周树木葱郁，环境优美。因场地位于规划地界东西滨海道路东端，建筑坐向面南背北，故此建筑西立面面向市中心方向，为建筑主入口。基于青岛市地理地势多山丘冲沟，地多巨型花岗岩。住宅建设即就地取材，大量采用本地红色花岗岩。屋面为求协调而多用深红色小筒瓦。这些均在青岛市之后城市发展中逐渐成为城市景观的主要特色（图17）。

2.跑马廊复式格局

总督官邸是一幢钢木砖石混合结构的建筑，总建筑面积4083m^2，耗资100万马克。建筑主体4层，总高30米，共有大小房间30个。室内功能空间结构比较简单。核心空间为一个贯通两层层高的跑马廊复式大客厅（图18）。进主入口左手边即跑马廊，跑马廊自大客厅左手盘旋而上直达复式空间二层右侧。各个主体房间即环绕大客厅在跑马廊外侧依次排布。其中有大大小小的展厅14个。各个展厅间互相贯通且都开口向复式中庭。整个复式中庭格局除客厅至东面的玻璃顶温室有一条明显的建筑纵轴线外，其余房间的布局自由活泼，随意自然，并不强求对称。二层大中庭四壁开门，通向客厅、会议厅、宴会厅及舞厅等各处主要交际空间；大中庭北侧延伸至东侧处贴壁作一跑马廊直通三层。因此中庭三层处作有半圈环廊走道，走道外侧即各个主要卧室、书房、工作间等私密空间。在环廊走道尽端及跑马廊落脚处，另外各设一个小楼梯通达四层阁楼空间。阁楼空间则为儿童卧室、日光浴室等各处更加私密的空间。而作为基座层的底层则作各种仆人用房、厨房、仓库等辅助房间。建筑的功能布局主从有序，合理明确。建筑二层南侧处设有一大面积晒台，晒台后部即为小客厅；三层南侧则在东西端头主要卧室之间作一双柱连续券廊内阳台。在晒台与

图17 1910年青岛湾鸟瞰(来自半岛网)

内阳台处，人们的视野完全敞开：近景为眼前青葱苍翠的雪松；中景为掩映于树影间的片片红瓦；远景为海天一碧的琴岛海湾；阳光沙滩，一碧万顷，景色绝佳。（图19）

图18 青岛总督官邸室内中庭(来自青岛德国总督楼旧址博物馆)

图19 青岛总督官邸现状1(来自青岛市政府官网)

3.殖民风德国式古堡

立面设计的总体风格体现为殖民风与德国式寨堡的结合。殖民风体现为地面层（实际为室内第二层）敞开式外廊与三层观景阳台的设置；德国式寨堡则体现为德国独立住宅外立面厚重的特点。这一点一改东南亚殖民风住宅轻薄小巧的特点，体现出殖民风与青岛地方性及德国形式的结合。相应的，各个立面的处理亦手法多变：除建筑底层统一作粗毛蘑菇石饰面成基座层，墙面统一作黄色拉毛粉刷外，建筑西立面主入口屋顶山墙作凸曲线檐口，手法自然随意、动态明显，依稀有巴洛克装饰的特点；建筑北立面三层外墙（内为书房）则采取半木构形式，构架露明，涂成深色，之间由白灰饰面，窗口亦大小随意，不求统一，立面活泼自然，具有典型的德国传统民居风格；建筑南立面二层作圆弧拱券，三层则发双柱连续半圆券，立面檐口处作有连续的小圆券装饰，这里又体现出罗马风式建筑风格。因此，建筑立面的艺术风格为典型的集仿主义（折中主义）。然而，尽管建筑立面风格多样、色彩丰富，在青岛市典型的蓝天碧海、黄沙青岛色彩对比强烈的大环境映衬下，建筑却显得与自然风景十分协调。

与围绕复式中庭的放射式平面格局处理相呼应，建筑屋顶的处理充分反映了内部空间。建筑中央由体量高大、坡度高陡的主屋顶统一总体构图，四周跳跃着着意设计的形式各异、高低不同的小屋顶。小屋顶之间穿插起伏、错落有致——有的作成双坡顶，端头封以山墙；有的作成三坡顶，末端接入主屋顶；有的作成四坡攒尖，独立于主屋顶；有的干脆与主屋顶拉开层高与距离，尾端嵌入其他房间的山墙。东边大温室花园的屋顶则纯粹出于装饰性效果而点缀一个很小的洋葱头小屋顶。屋顶的瓦片大小形式亦不统一，颜色亦分红蓝两色。大面积红色瓦顶用蓝色小瓦剪边；而局部跳跃的蓝色瓦顶则用红色牛舌瓦勾边。屋顶形式的变化与组合成为建筑师展示个人匠心的舞台。

相对于复杂的立面及屋顶设计，建筑室内装修则非常简洁。一般统一作深棕色木板墙裙及屋角贴面，墙面作米黄色粉刷处理。全部地面皆作木地板，外刷深棕色地板漆。室内保养十分完好。

得益于青岛总督官邸建筑设计的成功及建筑标的的特殊性，其立面外观大量的手法处理对之后青岛住宅建筑的设计产生了巨大的影响，许多手法成为青岛住宅设计的标志性符号被广泛使用，成为“青岛城市建筑景观”不可分割的一部分。代表性的手法有：深陡峻的双坡顶、红色屋瓦、屋顶牛眼窗、硬山墙高窗突破檐口成为老虎窗作法、拉毛水泥外墙、粗花岗岩毛石基座层等等（图20）。

4.驻泊青岛的德国远洋船

自1897年德国强占青岛至1914年日德战争后被迫撤离青岛，德国先后历任四任常驻总督。真正入驻总督府的是第三任

图20 总督府南立面（李永红摄）

总督奥斯卡·冯·特鲁泊(Oskarvon Truppel)及第四任总督阿尔弗雷德·麦尔·瓦尔代克(AlfredMeyer-Waldeck)。其中历时最长（任期：1901年6月8日—1911年5月）的第三任总督特鲁泊完整经历了总督官邸自规划、设计、施工、入住的全过程。作为唯一一名自驻地海军司令转任的全权总督，“特鲁泊十年之间，（青岛）实现了从军事中心到贸易中心的转变，开始了向文化中心的提升。他被认为是一位奠定了城市新秩序的人物，或者说是一位在某种程度上实现了从突破走向融合的人物，占领后最初几年的那种混乱状况有所转化，行政结构渐趋完备并运转有效，新殖民政策开始全面实施。”（摘自《与建筑对话》）青岛总督官邸作为总督个人的生活起居场所，不可避免地带有总督个人的影响，而这些个人生活的印记即体现于建筑细节的处理中，成为总督官邸独具的特色。

图21 龙头形象（李永红摄）

海军出身的特鲁泊酷爱帆船，故此帆船的形象即成为总督官邸的主题。在总督三层的书房里，有一个十分珍贵的古董柜。柜内至今保存有诸多总督当年精心收藏的帆船模型。模型造型别致、做工精巧，现今已成为十分珍贵的工艺品。在二层客厅的厅堂内，有一扇彩色锡镶玻璃画窗，画面为海边一艘帆船正扬帆起航驶向远方，远处小青岛起伏的山廓线在海天之间若隐若现。最有趣的当属建筑正入口西立面的处理。入口处山墙檐口连同南侧方形塔楼被拟作一艘向北行驶的航船，入口山墙作船头，方形塔楼作船尾，船身为入口与塔楼间连续拱廊的上檐，檐下墙面作水波纹装饰，如船行水上。在船头檐口花岗岩饰面中雕刻出一条巨大的锚链横连船身，以突出船的形象。山墙船头西侧檐口则完全雕刻成一个龙头形象昂立船头。龙头在“水波飞溅”中昂首眺望西北方。需要注意的是主入口上方硬山墙上的龙头及锚链形象所指向的方向是正西偏北方向，正是总督故乡德国的方向。从这个角度来说，总督官邸正如一艘遥望故土而又长驻青岛，长留东方的德国远洋舰船。这里是否寄托了官邸主人浓浓的思乡情绪呢（图21）？

5.青岛发展建设的历史见证

青岛总督官邸建成至今已过百年，其间经历了许多风风雨雨。德国殖民时期，山东巡抚袁树勋、周馥、杨士骧、孙宝琦均曾抵此交涉过。民国期间，1912年孙中山来此拜会过第四任总督瓦尔代克。新中国成立后1957年，毛泽东主席抵青避暑，曾于此小住一月并召开了政治局会议、书记处会议，党和国家领导人朱德、周恩来、邓小平等均来此开过会。期间，正是在官邸书房里，毛泽东主席写出了《一九五七年夏季的形势》一文。一时之间，总督官邸如同一艘历史航船行驶于动荡时代的风口浪尖，成为我国重大政治事件的历史见证。

总督官邸具有很高的历史、科研和艺术价值，而且体现了多元文化汇合的魅力。它是一幢世界知名建筑，凝结着极为丰富的文化信息，在超越了其历史局限性之后，成为中外文化关系的一个重要见证，也因此而成为青岛历史文化名城的一个经典象征。中国著名建筑学家梁思成先生曾在20世纪60年代参观过青岛总督府后感慨道：“这是一座体现了东西方文化理念融合的建筑艺术杰作”。

1996年，青岛总督官邸已被定为全国重点文物保护单位，成为我国著名的近代建筑遗产。1999年总督府作为青岛标志性建筑成为专项独立博物馆接待海内外游客。今天，青岛总督官邸作为青岛城市建筑景观的集大成者与历史见证；作为一所集参观、文教、接待为一体的综合性涉外宾馆及博物馆依然发挥着巨大的作用。相信未来青岛总督官邸会长久焕发其独特的艺术魅力。

参考文献：

[1] 老照片[C].济南：山东画报出版社，2010.
[2] 青岛德国总督楼旧址博物馆[C].青岛：青岛德国总督楼旧址博物馆.
[3] 吕传胜，巩升起.与建筑对话[M].济南：山东友谊出版社， 2009.
[4] 青岛市档案馆编.青岛城市历史读本[C].青岛：青岛出版社，2014.

Design Guided by a Philosophy: Comments and Suggestions on the Protection and Improvement Design of the Cultural Features in the Cultural Palace Area

理念引导设计
——文化宫片区文化风貌保护与提升设计评析与建议

陈荣华*（Chen Ronghua）

提要：文化遗产的保护工程是一件十分严肃而慎重的事情，其设计工作本质上是一件专业性极强的研究型设计课题，有一套严谨的法规和程序。其中设计前期的调研尤为重要，设计师必须对课题对象的历史信息进行全面、深入而不带主观臆想的收集和梳理。重庆市人民政府将“大田湾—文化宫—大礼堂片区”文化风貌保护与提升作为本年度“2号工程”,足见其重视程度。

关键词：文化遗产；保护工程；重庆“大田湾—文化宫—大礼堂片区”

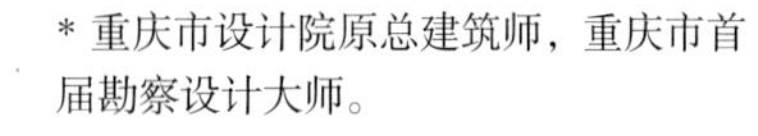

* 重庆市设计院原总建筑师，重庆市首届勘察设计大师。

Abstract: The project of cultural heritage protection is a very serious matter demanding prudent decision-making, and its design is essentially a highly professional research-oriented subject involving a set of rigorous regulations and procedures. The research in the early stage of design is particularly important. The designer must collect and sort out the historical information of the subject in a comprehensive and in-depth manner. The Chongqing Municipal People's Government has taken the protection and upgrading of the cultural features of the "Datianwan-Cultural Palace-Great Auditorium Area" as the No. 2 Project of the year, which shows the importance attached to the project.

Keywords: Cultural Heritage; Protection Project; Chongqing "Datianwan—Cultural Palace—Great Auditorium Area"

一、为市政府“2号工程”点赞

今年重庆市人民政府将“大田湾—文化宫—大礼堂片区文化风貌保护与提升”作为本年度“2号工程”，足见其重视程度。为此，市规资局专门组织制定了相关的“实施导则”。工程按照设计施工总承包“EPC”模式进行招标,已确定了三个项目的承包单位。作为建筑行业的老兵，在即将进入耄耋之年能夠躬逢其事，参与设计方案的评审，深感荣幸，也为本届政府如此关注和重视建成文化遗产的保护与传承给予高度的赞赏!应当说这是在中华民族伟大复兴的大背景下,增进民族自强、促进文化自信的切实举措。诚如常青院士所言，“在我们这个文化技术日新月异，一切都变得方兴即废、过往即他乡的时代，越来越多的人们开始关注文化遗产”。国际著名学者罗温塔尔曾憾叹，“在快速的失去和变化的惶恐不安的社会氛围中，唯有紧紧抓住稳定的遗产，方能把住些应对的定力吧”①。

为了确保设计质量，缩短设计时间，降低工程造价，满足进度要求，特提出以下看法与建议，以供决策部门作参考。

1952年建设的“重庆市劳动人民文化宫

二、设计理念的偏差是导致现存问题的根本

从中标单位提供的“文化宫片区建筑保护修缮及外立面整治提升”与“园林景观公共配套设施工程设计方案”看,尽管作了不少的工作，但实际效果令人失望。首轮方案遭到评审专家和相关主管部门的一致否定。第二轮方案虽吸收了专家的一些意见并从原创单位重庆市设计院拍摄到文化宫大门、大礼堂的几张原始设计图纸而有所改进，但与应该具备的水准相比，仍有较大的差距。究其根本原因在思想认识不到位，设计理念有偏差，导致紧随其后的设计思路与技术措施多不得体。

大礼堂（含马鞍山片区）—文化宫—大田湾体育场馆是重庆解放初期主政大西南的三位开国元勋刘伯承、邓小平、贺龙所主持修建，距今已有近70年的悠久历史。他们在组织领导全体军民“建设人民的生产的新重庆”的热潮中，强调物质文明与精神文明一起抓。这三个项目恰好对应了政治、文化、体育三大方面，都是为了实现“全心全意为人民服务”的根本宗旨，充分体现了“劳动人民当家作主”，人民政权对国家主人身心健康和精神生活的巨大关怀。文化宫是三大项目中最早动工的一个，在西南军政委员会的一次会议上，时任中共中央西南局第一书记的邓小平亲自提出了修建文化宫的建议。重庆是西南大区的首府，又是工业城市，有着庞大的工人阶级队伍，应该有一座具有一定规模且文化设施齐全、环境优美的文化宫，来满足劳动人民文化生活的需要。其时，正值共和国三年国民经济恢复时期，这个建议更显得意义非凡。1951年5月小平同志在视察工地工作时又亲笔题写了“重庆市劳动人民文化宫”的宫名。

文化宫的主体建筑朴素、实用、简洁、明快而不失庄重、典雅与大气，这与当时的时代精神一脉相通，具有极高的文化价值。

这三个既相对独立而又紧密关联的三个片区，构成了以西南大区文化为主，兼具民国、陪都和抗战文化的完整的“建成遗产”(built heritage)或称“历史环境”(historic environment)的“基于史地维度”文化单元，把它们作为一个整体来研究、保护与提升，是十分明智正确的。

“‘建成遗产’是由建造形成的文化遗产，是一个社会文化身份和史地维度的具象载体。其另一个延展的集群性称谓即‘历史环境’”。它们的价值可以“概括为两大部分、四个方面，即：第一‘纪念价值’(commemorative value),由‘历史价值’(historic value)和岁月印痕的‘年代价值’（agevalue）构成；第二，‘当代价值’，由‘艺术价值和使用价值构成’”①。

国际上经过上百年的争论达成了以上的共识，并在保护与传承方面提出了“三个相互关联的核心概念”。“第一个是‘保存’,遗产传承的基本前提，没有承载价值本体的保存，遗产的其他方面都无从谈起。第二个是‘修复’，为遗产传承的技术支撑。现实中有不少建成遗产都被不同程度地修坏了，往往是因为对体现历史‘真实性’(authenticity)的价值和特质没有把握到位的缘故。第三是‘再生’，本意一是指对遗产本体的存遗补缺或整体完形；二是指对遗产空间功用的死而复生、恢复活力，通常称为‘再利用’，这是遗产保护传承的目的和归宿”②。

以上引述的是常青院士于2018年发表在《建筑学报》上的文章《过去与未来：关于建成遗产问题批判性认知与实践》。常青院士是我国在这一领域的学术领头人，该文则被认为是有关这一课题最有见地、最具现实性和操作性的权威论述。

对“大礼堂—文化宫—大田湾文化风貌保护与提升”必须提高到“建成遗产”—“历史环境”保护与传承的理论高度来认识，并以此为理念，引导具体的设计，许多问题都会迎刃而解。

三、关于建筑修复的建议

文化宫内现存建筑共有11处以上，其中属于市区两级重点文物保护的有大门、大礼堂（后改称“大剧院”）、中统楼（抗战期间，国民政府迁都重庆，中国国民党中央执行委员会调查统计局进驻此楼，故名)、红星亭以及列入重庆市第二批保护名录的历史建筑图书馆、陈列馆(后改称“展览馆”)，这六栋建筑是本片区内最具文化价值的精华与核心。其余建筑都是20世纪八九十年代以及其后陆续修建的，应该按照不同情况分别对待。

遗憾的是设计单位虽然列出了《中华人民共和国文物保护法》等11项相关法规，但在实际操作上完全缺乏对文物建筑和历史建筑的敬畏之心和保护意识，竟然在文物建筑上妄加“柱头装饰”图案，并且以自己杜撰的以“青砖白缝”墙体为主调的所谓“大区风貌”来统一除大门和大礼堂以外“所有建筑风格”。第二轮方案，虽稍有改进，但却浅尝辄止、不求甚解，

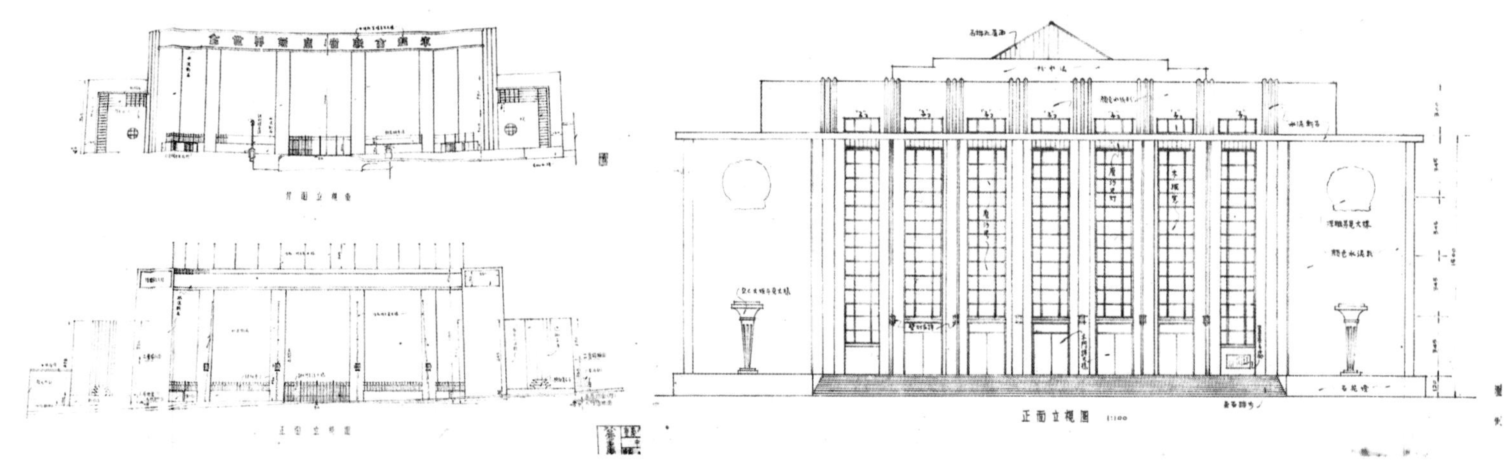

文化宫大门原始立面图

大礼堂正面立视图

该做到位的没做到位，而且现有保存的文物建筑与历史建筑的全部原始设计图纸和其他历史信息也不去认真收集，又企图以不同于前的另一种所谓“大区风貌”来“分区统一建筑风格”。

前已指出，出现这些问题的根本原因是设计团队思想站位不高、学理认知不足、保护意识薄弱、设计理念偏差从而引发技术路线和具体措施失当。

6月14日、15日，原重庆市设计院院长、著名建筑师李秉奇先生与我先后到文化宫现场作实地考察，引起了我们许多关于文化宫历史场景的回忆和感慨。不得不承认，从20世纪八九十年代开始，由于过度商业化的市场运作，这里已有很大的改变，留下了不少的遗憾。后建建筑和对承载价值的遗产本体的改造，都对历史环境造成了不同程度的破坏和不良的影响。

从20世纪50年代直到20世纪80年代中期，文化宫除了室内设施外，还有大量与自然地形、生态环境结合良好的室外场所供广大民众开展活动。可惜后来将游泳池、溜冰场、灯光球场、露天舞台、露天茶园以及大礼堂前下沉式广场等都改成了地下建筑或半地下建筑。过往那种有天有地、开放自由、阳光生态、活泼欢乐的空间体验和文化体验完全没有了；取而代之的是封闭、沉闷、进门就得交钱的“强制性”消费。毫不夸张地说，文化宫作为“劳动人民”的文化乐园和生活秀场的城市公共空间的属性已经完全变味了！文化风貌不仅是“貌”，更在于“风”，即通过建筑、园景的外在形式所体现出来的“民族之精神与时代之文化”的风气、风采、风韵与风味，它是历史环境的一体两面。往昔犹可忆，改变已难回。

下面我将从现实情况出发，针对现存设计问题，按照“建成遗产”—“历史环境”保护与传承的学理认知和实践途径对建筑项目谈谈自己的看法，以就正于相关领导、专家和读者。

对于文物建筑必须按照相关法规，依据现存的原始设计图纸，按原形式、原材料、原工艺恢复历史原貌，其中大礼堂的遗产本体不仅要修复外观，包括正立面两块浮雕，对进厅的墙面、天棚上的丰富线脚和具有“革命文化”色彩的精美“粉塑”也应予以恢复，以展示那个时代的文化风采与价值。观众厅原来屋面用的是石棉瓦，可用与之色泽相近的铝合金瓦楞板＋聚苯乙烯复合板替代，使之符合节能环保的要求，又能延长使用寿命，但不会影响遗产本体的屋顶造型、降低艺术价值。20世纪90年代“加建”的部分，是为了“适应今天的生活”参与“城市进程”而增加的后台表演区、置景区以及化妆室、休息室、卫生间和空调机房等，应予保留。“建成遗产的多样性价值作用，使其保护与传承具有双重的使命，也即，不仅要推动向内的保护使命——存真收藏（curatorial impulse），而且要推动向外的发展使命——城市进程（urbanistic impulse）”[①]。为了使建成遗产得体地“活化再生”，允许经过深思熟虑并符合风貌管控要求的必要的“加建”和扩建。根据本项目的具体情况，其附属用房是在遗产本体上直接“加建”的，且围合了主体建筑的两方，应在对遗产本体历史原型作深入解析之后，按类型学原理，作协调性“整体完形”，不宜采用所谓“创新”的方案，这样才能突出遗产本体的价值，风险较小。

对于进入保护名录的历史建筑已被商家改成所谓“欧陆式风格”，原则上亦应参照文保法规、依据现存的原始设计图纸和其他真实的历史信息恢复原貌。

原有的大礼堂对面的劳模光荣榜已被拆除，并在此处修了房屋，难以恢复，这个建筑虽在大礼堂对

① 常青：《关于建成遗产问题的批判性认知与实践》，载《建筑学报》，2018（5）。

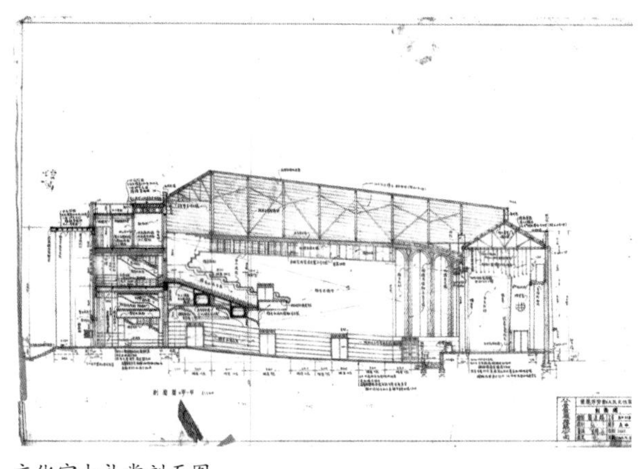

文化宫大礼堂剖面图

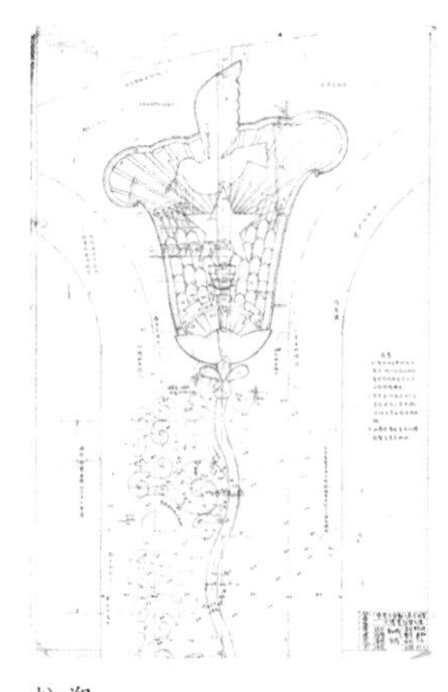

粉塑

文化宫红星亭

面，但因有大树阻隔其间，且外墙上又有攀缘植物“巴壁虎”，在视觉上尚无明显的违和感，可不必大动。但可利用其墙上的电子屏幕，采用智能化的手段让游客参与，展示重庆各届各级先进模范人物的事迹和风采，弘扬“劳动光荣”“劳动创造价值”的人生观、世界观和价值观。同时还可展示文化宫的建设历史与精美设计，让“历史活起来”，讲故事。

红星亭景区上的台地本来面积不大，却聚集了红星亭、中统楼、图书馆，陈列馆四处文保、历史建筑。但在2000年前后却在其周边临崖处修建了所谓“民俗风情长廊”“茶馆”“职工之家企业公司办公楼”等低俗商业建筑，将遗产本体团团围住，极不相融，失去了该景区居高临下视野开阔的优势，也剥夺了广大民众在原有观景长廊上凭栏远望、休闲赏景的权利。

这三处低劣建筑面积虽不大但害处却不小，如果对历史环境认真进行“状态评估”和“价值评估”，必然会被视为“垃圾”，必须拆除，而现设计方案予以保留极为不妥。原观景长廊已无迹可考。时至今日，可按照“与古为新”“和而不同”的原则，运用当代材料、当代技术、当代形式语言，在台地西北侧临崖处（即今“民俗风情长廊”处）创建新的观景长廊，并将茶饮、阅读以及免费测心压、测血糖等简单医疗服务功能融入其中（其设备可由红十字会捐赠）。上海杨树浦历史文化风貌保护区的滨江景观带“人人驿站”的设计经验可资借鉴。“在历史环境风貌整饬中，将‘创新’的冲动融于对历史韵味的体宜和拿捏是一种值得探索的高难度专业作为”。做得好，可恢复本景区作为城市公共空间特有的优势，而且这种“尊重古迹”“古今融合以为新”的做法还可反衬出遗产本体的固有价值，同时也映射出时代的进步和历史的演进。

其余建筑都是20世纪90年代及其以后修建的，已打上了那个时代的烙印。应在基本保持原貌的基础上进行有针对性的立面整治，主要是清洗修缮外墙，去除那些庸俗媚外的门脸招牌，规范雨篷、空调外机的设置、隐蔽和美化。其中所谓“职工文化娱乐中心”是一个附崖退台建筑，外墙色彩较深，与对面的多层退台的青石堡坎与绿色植物较为搭配，不宜改作“统一”的浅色调，但应以垂吊植物强化各层屋顶绿化，以弱化和软化并不美观的建筑形态。

历史本是一个发展进程，随着文化的传播和科技的进步，每个时代的建筑都有自己的时代特征。在历史环境的风貌整饬中不应该随意抹去时代的记忆。强制用一种风格“统一”“协调”，反而会失去历史的记忆，也与建成遗产与历史环境保护与传承的宗旨相违背。像2000年修建的高达十二层的综合办公楼硬要在外立面上采用干挂幕墙的方式给它穿上“高楼豪华”的外衣，不仅浪费国家资财，也不利于彰显建成遗产的价值，也与当年“增加生产”“厉行节约”“反对浪费”的历史氛围背而驰。在城市建设的发展进程中，我们曾经走过弯路，但这就是历史。留着它，会时刻提醒我们应该记取的教训。

此外，建成遗产空间功用的恢复与置换，也是“活化再生”的一项重要内容，应该在恢复文化宫作为劳动人民文化休闲、娱乐健身公共空间的属性的前提下，统筹安排合理使用。限于篇幅，此处从略。

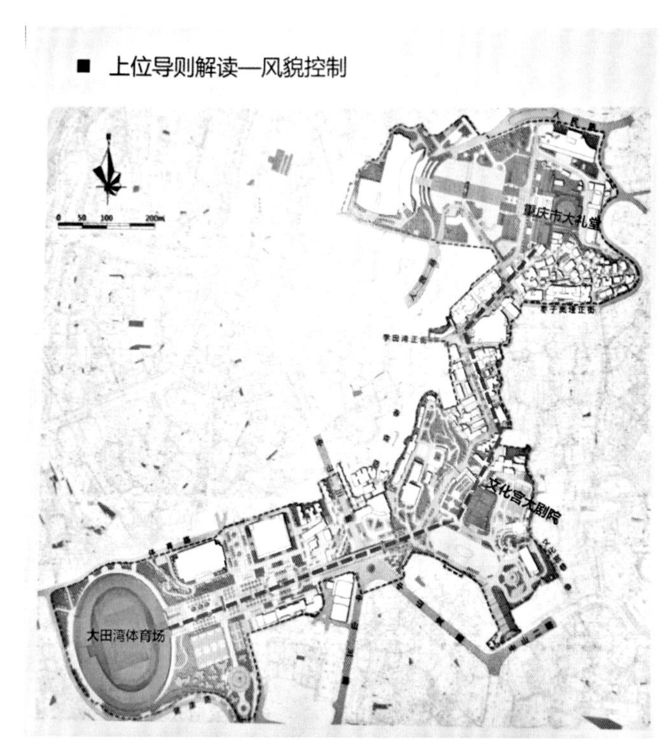

文化风貌保护区总平面图

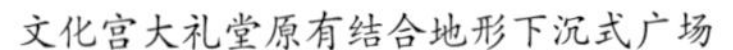

文化宫大礼堂原有结合地形下沉式广场

大礼堂前原有下沉式广场的大树 1

大礼堂前原有下沉式广场的大树2

四、关于园林工程的建议

文化宫的原始总图及相关资料显示，公营重庆建筑工程公司在取得原川东师范学校旧址的建设用地后，随即由公司设计部进行了精心规划，为了贯彻“增加生产、厉行节约”的方针，园区内大量的砖木结构且质量较好的建筑得以保留，略加修缮。对一些妨碍总体规划的建筑以及毁损严重的其他建筑予以拆除。另规划新建了大门、大礼堂、游泳池、露天舞台、红星亭、大众茶社、露天茶园、餐厅、冷饮店、照相馆、小卖部、儿童乐园、观光动物笼栏馆舍等等，改建完善文化宫内道路系统，露天溜冰场、篮球场、足球场等原有设施，改造增建各种花圃长廊，亭台水榭和花木绿植。

文化宫是新中国成立初期建成的重庆规模最大、设施最全、景园最美的城市公共空间，吸引了无数市民的踊跃参与，成为重庆人民美好生活的秀场。青少年时期居住在附近的著名建筑师李秉奇先生曾经是文化宫的常客，谈起其中的各类场所及各种活动时仍津津乐道、历历在目，喜不自禁，并惊叹前人依山就势，随地赋形，特别是在处理地形高差、创造特定场所与景观的能力与成就，可惜后来遭到了不同程度的破坏。

因此，在这次文化宫历史环境的保护与提升中首先要通过各种渠道尽最大可能收集相关的历史信息。能“保存”的要尽量保存，能“修复”的要尽量修复，在充分体认原设计“在地性”“自然主义”的原则精神下，根据具体情况作优化处理。

如红星亭及原川东师范旧址上廊亭以及鲁迅像及其前面的花圃水池都应该原貌“保存”以体现“岁月印痕”的“年代价值”。

大礼堂前原是结合地形下沉式广场，有较高的梯道与大礼堂前平台相通，使得大礼堂显得更为高大伟岸。后来在该处修所谓“渝澳国际艺术中心”，将广场地面抬高，减弱了大礼堂宏伟气势，应予恢复。

所幸，原广场地面长成的两株高大榕树得以保留，成为此处不可或缺的景观要素。建议此次修建地下车库时，其顶面与原下沉广场地面齐平，上述两棵大树不得移除；并恢复广场两侧半圆形带美人靠座椅的花圃廊架及与大礼堂前平台相接的梯道与堡坎。

此外，富有当年“革命文化”的雕塑台和红星亭旁边的喷泉水池等历史上的景观景点也应按原始设计图纸予以修复。

其次，要准确把握文化宫历史环境园林景观简朴、实用、自然、生态的总体调性，突出“在地性”的“自然主义”特征。同时引入现代景观“场所化”“生态化”“艺术化”的理念，在现实条件下有所作为，例如增强地下建筑、附崖建筑屋面的可达性和可用性，开辟“体宜”的活动场所，但不宜多搞所谓“豪华”“高档”的硬质铺装。

总体而言，现在文化宫内林木丰盛，长势良好，园林景观的“底色”不错，无须作太大改动，重点在主要道路两侧行道树树池和红星亭景区等多级堡坎台地上以及其他适当地方增加色叶植物或花卉作为“地被”，以丰富景观层次与色彩。

再次，由于文化宫保留有不同风格的建筑，要有意识地利用园林景观起到整合、协调、削弱“矛盾”、美化环境的作用。现设计将前述两棵大树及附近绿植移除，试图一进东门就能将大礼堂一览无余的做法，显然就缺乏这样的意识，也有悖于中国园林利用绿植丰富景观层次、小中见大的优秀传统。

最后，大礼堂（含马鞍山）—文化宫—大田湾是一个整体，要强化三个片区之间的交通系统、景观系统的有机联系，特别是相邻地面、天桥上的铺装与绿植，应视为这种有机联系的视觉纽带，三个片区不能自行其是，三个设计团队要加强彼此间相关工作的协调配合。

五、建成遗产保护的设计机制

建成遗产的保护工程是一件十分严肃而慎重的事情，其设计工作本质上是一件专业性极强的研究型设计课题，有一套严谨的法规和程序。

其中设计前期的调研尤为重要，设计师必须对课题对象的历史信息进行全面、深入而不带主观臆想的收集和梳理。包括建成遗产原始设计图说；老照片及相关的文字资料；走访历史见证人取得回忆记录；弄清历次修缮、改造的过程和后果；对历史环境进行细致的现场踏勘检测等等。在充分掌握建成遗产的全部历史信息之后，以此为依据，对课题对象进行认真的“状态评估”和“价值评估”，进而依据对建成遗产保护的学理认知和实践途经，制定正确的技术路线和具体的措施。

显然，“建成遗产”—“历史环境”的保护设计应该委托能够胜任的人员进行，包括对设计团队应该具备的学术高度、专业水准和职业精神进行客观的评估。一般而言，采用设计施工总承包（EPC）招投标而且是以“低价中标”的模式是很难确定适任团队的。这种商业团队以赚快钱为目的，往往缺少精益求精的意识与使命，更不要说相应的担当和责任了。

诚然，委托由适任团队来承担，可能设计费用较高。这是尊重知识、尊重人才、优质优价的体现。实际上，在国内，设计费用在整个工程费用中的占比极低，如果能够使得建成遗产的纪念价值和当代价值最大化、最优化，与其长远的社会、经济、文化、环境的综合效益比较起来是十分划算的。同时，适任团队不会无端地对历史环境中并非承载价值的遗产本体作价格昂贵的“穿衣戴帽”，而将节省下来的费用花在该花的地方，也是贯彻厉行节约、反对奢靡之风的国策必备的素质和使命。

现在，文化宫片区的设计已远远滞后于政府规定的施工进度的要求。但还来得及补救：一是已经确定的地下工程(包括地下车库和管网）可先行开工建设；二是最重要的文保建筑与历史建筑重庆市设计院保存有全套施工图纸，而且在李秉奇先生担任市院院长期间，对市院在民国时期直至新中国成立后20世纪80年代的全部手绘图纸进行了高清晰度的扫描转化，使之变成更易保存使用的电子文件，可以进行征用。这样既可以最大限度地真实还原历史原貌，又可以节约大量时间，无须另外设计。当然，对这些文献资料必须怀着敬畏之心，下功夫进行仔细研读、真正吃透。特别是对那些精美的“粉塑”“浮雕”和斩假石饰面要通过这次“修复工程”获得和“保持我们延续替造它的建造能力”。

显然，文化宫是重庆市设计院（前身公营重庆建筑工程公司设计部）的原创作品，具有完全的自主知识产权。征用时，在设计文件上应标明市院的权属，同时也应给予市院以适当的经济补偿。

另外，必须申明，徐尚志大师虽是重庆市设计院前身“公营重庆建筑工程公司设计部”的负责人，但文化宫各项工程的具体设计人及绘图、审核、核定都另有其人（见原始设计图签），如文化宫大门、大礼堂的设计人就是龚达麟，直至退休都一直留在重庆市院。当然，徐大师作为设计部负责人，自有其职责与作用，他们的功绩都不应被忽视和埋没，可以利用在光荣榜电子屏幕上展示图纸的形式加以纪念。

总而言之，只要理念正确，思路对头，举措得当，本项目的设计工作量和施工工程量都会比现方案大大减少，同时把节省下来的大量资金用在刀刃上，把“建成遗产”—“历史环境”的保护与传承做得更好，把政府要办的好事真正办成好事。

类似重庆劳动人民文化宫这样的设计，在国内城市中还会大量存在。基于此，我们特别呼吁建立完善有效的建成遗产保护设计机制，希望能以较为合理的方式，评估、委托适任团队承担设计，充分尊重知识、尊重人才，以保证建成遗产的纪念价值和当代价值最大化、最优化，实现长远的社会、文化、经济、环境的综合效益。

致谢：本文由重庆市设计院贺黎打字并插图。

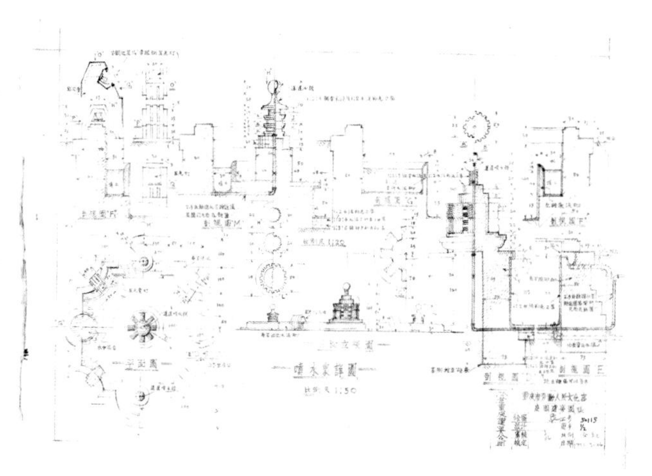

红星亭旁喷泉水池原始设计图

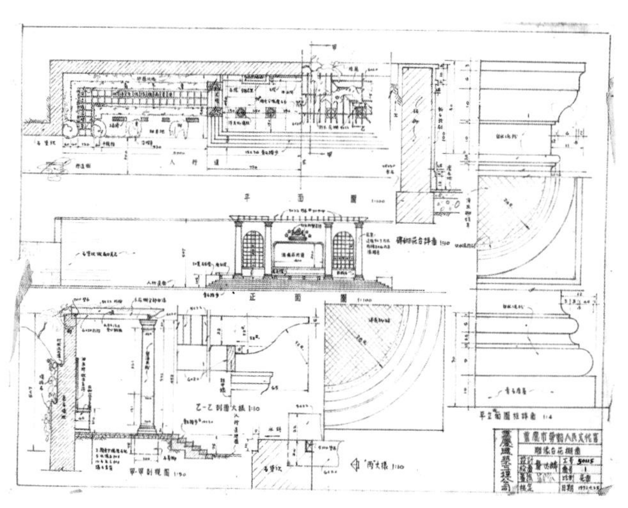

雕塑台原始设计图

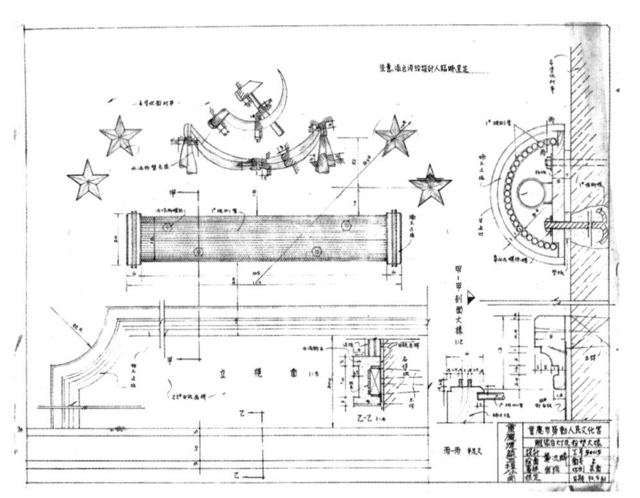

雕塑台原始设计图

Major Events of Architectural Design in the Past Seven Decades (Vol.2)

建筑设计70年大事记（2）

李 沉*（Li Chen）

浙江体育馆（1969年）

北京友谊商店（1972年）

1966年

3月，中国建筑学会在延安举行学术活动，并举行代表大会，选举产生了中国建筑学会第四届理事会。

6月，《建筑学报》声明改组，成立新编委会，组织批判刘秀峰《创造中国的社会主义的建筑新风格》一文。

8月1日，《人民日报》报道，中国人民解放军基建工程兵正式成立。

陈明达著《应县木塔》出版。

广西体育馆建成。

1967年

建筑工程部实行军事管制。

援建项目几内亚人民宫建成。

1968年

南京长江大桥建成通车。

刘敦桢先生逝世。

广州宾馆建成。

首都体育馆建成。

1969年

12月，天安门城楼重建工程开工。1970年3月30日竣工。

国家建设委员会、建筑工程部、建筑材料工业部的军管会联合向中央提出合并国家建委、建工部、建材部，成立国家基本建设委员会的报告。

浙江体育馆建成。

1970年

根据中央发出的精简机构下放企业的文件，建工部、建材部与国家建委合并，原建筑工程部直属建筑施工、勘察设计、科学研究、大专院校等企事业单位，绝大部分下放地方领导。

1971年

3月29日，建筑工程部第二任部长刘秀峰逝世。

国家建委在北京召开全国设计革命会议，重点批判基本建设方面的“大、洋、全”，提出进一步贯彻毛泽东主席关于开展群众性设计革命运动的指示，搞好设计战线的“斗、批、改”。

杭州机场候机楼建成。

郑州二七纪念塔建成。

1972年

广州矿泉别墅建成。主要设计人：莫伯治。

台北中山纪念馆建成。

梁思成先生逝世。

北京国际俱乐部建成。

*《中国建筑文化遗产》副主编。

中国建筑学会恢复外事活动。

1973年

扬州鉴真纪念堂建成（1963年设计）。主要设计人：梁思成。

全国几十家设计院联合编撰出版《建筑设计资料集》（第一版）。

芬兰建筑图片展举行。

广州东方宾馆新楼建成。

国家建委以（73）建发设字第748号文印发了《对修订职工住宅、宿舍建筑标准的几项意见》（试行稿）。

北京工艺美术服务部（1973年）

1974年

北京饭店东楼落成。主要设计人：张镈。

建筑科学研究院在北京召开全国住宅设计经验交流会。

北京建外外交公寓建成。

上海延安饭店建成。

南宁剧院建成。

国内第一座室内气枪靶馆在北京射击场内建成。

北京大学图书馆（1974年）

1975年

上海体育馆建成。

南京五台山体育馆建成。

国家建委召开了设计标准规范管理工作座谈会。

新疆驻京办事处建成。

北京动物园两栖爬行馆建成。

天津友谊宾馆建成。

1976年

7月28日，唐山发生大地震，百年工业城市顷刻间被夷为平地。国内勘察、设计单位立即投入抗震救灾、防灾减灾、防震加固以及相应的科研工作中。

10月8日，中共中央、全国人大常委会、国务院、中央军委发布《关于建立伟大领袖和导师毛泽东主席纪念堂的决定》。11月24日，毛主席纪念堂在北京天安门广场奠基。

北京长途电话大楼建成。

广州白云宾馆建成。主要设计人：莫伯治。

北京协和医院门诊楼建成。

陕西户县农民画展览馆建成。

广州市矿泉旅舍建成。主要设计人：莫伯治。

延安制药厂（1978年）

1977年

3月30日，全国基本建设会议在北京召开。

8月29日，毛主席纪念堂建成。

12月15日，合肥骆岗机场建成通航，这是我国第一座大型国际备降机场。

长沙火车站建成。

1978年

3月18—31日，1978年全国科学大会在北京召开。建筑科技方面获奖项目有176项。

4月6日，新唐山民用建筑设计讨论会在唐山举行。

5月26日，中国建筑学会和国家建委建筑科学研究院在广州联合召开旅馆建筑设计经验交流会，会后出版了《旅馆建筑》一书。

7月29日，国家建委以（78）建发设字第410号文印发了《关于颁发试行〈设计文件的编制和审批办法〉的通知》。

9月11—15日，中国建筑学会与国家建委科技局、国家建委建筑科学研究院和华北标办共同举办“唐山市公共建筑评议会”。

10月19日，国务院批转国家建委《关于加快城市住宅建设的报告》。

10月20日，邓小平同志视察北京前三门高层住宅。

10月22日，中国建筑学会建筑创作委员会召开恢复活动大会，会上对建筑现代化和建筑风格问题进行了座谈。

12月18—22日，党的十一届三中全会在北京召开。

《建筑设计资料集》出齐。

北京妙应寺（白塔寺）白塔修缮工程开工。

12月23日，上海宝山钢铁总厂建成投产。

杭州剧院建成。

团中央办公楼建成。

外贸谈判大楼建成。

1979年

1月，国家建委在北京召开全国勘察设计工作会议。

2月20日，中国建筑学会和国家建委科技局联合印发《关于组织城市住宅设计方案竞赛评选工作的通知》。

3月，国务院发出成立国家建筑工程总局和城市建设总局的通知。

5月，我国第一幢整体预应力装配式板柱结构试验楼建成。

6月8日，国家计委、国家建委、财政部联合发出《关于勘察设计单位实行企业化取费试点的通知》。根据通知，全国18家勘察设计单位成为全国首批企业化管理改革试点单位，由核拨事业费改为停拨事业费，收取设计费，采取自收自支、自负盈亏、自我约束、自我发展的企业化管理的经营模式。这是新中国历史上第一次实行设计收费制度。

7月，中共中央、国务院同意在深圳、珠海、汕头、厦门试办出口特区。1980年5月，中共中央、国务院决定将这四个出口特区改称为“经济特区”。各地许多大中型勘察设计单位纷纷到特区设立分院。

8月29日，邓小平同志在北京视察用新型轻质建筑材料建造的框架轻板试验性建筑。

12月，中国建筑学会建筑材料学术委员会在上海召开“粉煤灰在混凝土中应用”学术会议。

全国第一个商品住宅小区——广州东湖新村开工建设。

苏州饭店新楼建成。

秦始皇兵马俑博物馆在西安建成。

苏州饭店新楼（1979年）

1980年

2月，全国农村住宅设计竞赛开始举行。

3月16日，国家建委印发《关于印发〈对全国勘察设计单位进行登记和颁发证书的暂行办法〉的通知》。这是我国第一个勘察设计市场准入制度。

4月2日，邓小平同志向中央负责同志谈关于建筑业和住宅问题。

5月16日，国家建委、国家计委、财政部印发《关于进一步做好勘察设计单位企业化试点工作的通知》，确定增加16个试点单位，并随文印发了《关于进一步做好勘察设计单位企业化试点的意见》。

6月7日，国家建工总局颁发直属勘察设计单位试行企业化收费暂行实施办法，提出勘察设计单位与建设单位实行经济合同制，规定了取费率与拨款办法。这是我国设计单位改革靠国家财政拨款作为经费主要来源、打破“大锅饭”的第一个法定文件。

6月27日，建国饭店在北京开工建设。

7月3日，国家建委印发关于开展优秀设计总结评选活动的通知，在全国勘察设计行业开展评选20世纪70年代优秀设计的活动。

10月18—27日，中国建筑学会第五次全国代表大会在北京召开。杨廷宝当选为理事长。

华森建筑与工程设计顾问有限公司在香港成立

12月22日，国家建委在北京召开了全国设计处长座谈会。

《世界建筑》杂志创刊。

上海电信大楼建成。

国家海洋局、中国贸促会办公楼（1980年）

上海龙柏饭店（1981年）

西安钟楼饭店建成。

1981年

1月2日，国家建委颁发了《全国工程建设标准设计管理办法》。

3月1日，新华社报道，“中国乐山博物馆”建筑设计方案，获得了1980年日本国际建筑设计竞赛佳作奖。设计方案的作者是同济大学的四名讲师：喻维国、张雅青、卢济威和顾如珍。

5月4日，全国医院建筑设计学术交流会召开。

7月28日，国家建委、国家经委发布《国家优质工程奖励暂行条例》。

9月3日，国家建委印发《对职工住宅设计标准的几项补充规定》。“补充规定”是设计、建设标准，而不是普遍的分配标准。

10月19—22日，中国建筑学会负责的“阿卡·汗建筑奖”第六次国际学术讨论会在北京召开。

11月9—14日，国家建委在北京召开全国优秀设计总结表彰会议。出席这次会议的，有各省、市、自治区建委和国务院有关部、委、总局主管设计工作的负责人，有全国优秀设计评选委员会委员，有获得国家优秀设计项目奖的设计单位的代表，共280人。这是新中国成立以来全国设计战线第一次表彰优秀设计的盛会。

11月11日，国家建筑工程总局在常州召开全国建筑工业化经验交流会。会议总结了近几年经验，提出发展工业化要从国情出发，因地制宜，以住宅建设为重点，充分发挥产业优势。

浙江大学图书馆建成。

上海龙柏饭店建成。

1982年

1月2日，中共中央、国务院发布了《关于国营工业企业进行全面整顿的决定》。根据这个文件的精神，各勘察设计单位也随后进行了全面整顿。

2月8日，国务院批准24个城市为中国第一批历史文化名城，它们是北京、承德、大同、南京、苏州、扬州、杭州、绍兴、泉州、景德镇、曲阜、洛阳、开封、江陵、长沙、广州、桂林、成都、遵义、昆明、大理、拉萨、西安、延安。

3月8日，第五届全国人大常委会第二十二次会议通过的《关于国务院机构改革问题的决议》，决定撤销国家建委，将国家建委的综合局、设计局、施工局及重点一、二、三局转到国家经委并成立基建办公室。（1983年3月把主管工程勘察设计工作的职能转到国家计委。）

4月24日，中国建筑学会设计学术委员会在合肥召开全国居住建设多样化和居住小区规划、环境关系学术交流会。

5月4日，第五届全国人大常委会第二十三次会议通过《关于国务院部委机构改革实施方案的决议》，设立城乡建设环境保护部。

6月5日，由香港建筑师学会筹组，中国建筑学会主办的“香港建筑图片展览”在北京开幕。展览在北京展出后，去西安、上海、郑州、南京、成都、昆明、广州等地巡回展出。

8月中旬，由建设部、文化部和中国美协共同召开的全国城市雕塑规划学术会议在北京举行。来自十多个省、市的有关专家和负责同志，就城市建筑雕塑的规划和建设等问题交换了意见。会议确定，在北京、天津、上海、西安四个城市先行试点。

9月3日，由中国建筑学会筹办、香港建筑师学会主办的“中国传统建筑图片展览”在香港展出，以王华彬副理事长为团长的中国建筑学会代表团出席了开幕式。这次共展出112块图板，包括城市、宫殿、寺庙、居民、园林等图片188张。

11月19日，《中华人民共和国文物保护法》公布。

12月23日，著名建筑学家杨廷宝先生病逝。

12月27日，《人民日报》发表文章《为“寒窑”召唤春天》，报道著名建筑专家任震英调查黄土高原窑洞建筑的事迹，并发表本报评论员文章《窑洞仍有生命力》。

北京图书馆东楼建成。

中国建筑工程总公司成立。

香山饭店建成。

1983年

3月13—23日全国勘察设计工作会议在京召开。时任国务院副总理姚依林出席会议并讲话。会议对《关于勘察设计单位试行技术经济责任制的若干规定》《基本建设设计工作管理条例》等7个文件进行了讨论，并建议成立“中国勘察设计协会”。

3月28日，著名建筑学家童寯先生病逝。

6月10—15日，中国建筑学会园林、绿化、城市规划、建筑设计、建筑历史、建筑经济五个学术委员会，在福建武夷山联合召开“风景名胜区规划与建设学术讨论会”。

6月15日，中国剧院在北京开工建设。该工程是为纪念毛泽东主席90周年诞辰，庆祝新中国成立35周年演出而在总政歌舞团排演场原建筑基础上改扩建的国内第一座现代化歌舞剧院。

6月21日，建设部决定将综合性的中国建筑科学研究院调整分设为中国建筑科学研究院、中国建筑技术发展中心、建设部建筑设计院和建设部综合勘察院等4个单位。

6月30日，国家计划委员会发布《开展创优秀设计活动的几项规定》（以下简称《规定》）的通知。指出，为了推动和鼓励全国各设计单位和广大设计人员努力做出大批优秀设计，为社会主义建设事业做出更大的贡献，有必要在全国范围内广泛深入地开展创优秀设计活动。《规定》对在全面改善设计工作的基础上开展创优秀设计活动、优秀设计的标准、优秀设计的评选、优秀设计的奖励，加强对开展创优秀设计活动的领导等做出了规定。优秀设计分三级，即国家级；部、省、市、自治区级；设计院（所）级。国家级优秀设计的评选，两年或三年组织一次。从此，全国及各部、省、市、自治区持续开展了创优评优活动，调动了勘察设计人员创优的积极性。

7月18—28日，瑞士1970—1980年建筑图片展览在北京建筑展览馆举行。

8月，国务院颁布《建设工程勘察设计合同条例》。

10月1日，南京金陵饭店建成并对外营业。

11月12日，首都规划建设委员会成立并举行第一次会议。

11月19—22日，中国建筑学会成立30周年大会在南京召开。之后，召开了中国建筑学会第六届理事会第一次会议。

12月10日，长城饭店在北京建成并开始营业。

12月18日，建设部颁发《建筑设计人员职业道德守则》。

建筑学家梁思成先生的遗著《营造法式注释》出版。

广州白天鹅宾馆建成，主要设计者：佘峻楠、莫伯治。

北京钓鱼台国宾馆12号楼建成。

1984年

1月，国务院颁发《城市规划条例》。

2月23日，新华社报道，西安冶金建筑学院王瑶等13名大学生根据居民要求提出的西安旧居住区化觉巷改建方案，获得国际建筑史协会1984年大学生国际竞赛奖第三名。

3月26日—4月6日，中共中央书记处和国务院联合召开沿海部分城市座谈会。会议建议进一步开放14个沿海港口城市。它们是：大连、秦皇岛、天津、烟台、青岛、连云港、南通、上海、宁波、温州、福州、广州、湛江、北海。

上海游泳馆（1984年）

5月24日，中共中央决定，城乡建设环境保护部部长、党组书记李锡铭调任中共北京市委书记。芮杏文任城乡建设环境保护部党组书记，仍兼任国家计委副主任、党组成员。同年7月7日，国家主席李先念发布主席令，任命芮杏文为城乡建设环境保护部部长，免去李锡铭的城乡建设环境保护部部长职务。

6月16—20日，现代中国建筑创作研究小组在昆明召开成立大会。

6月，时任中共中央总书记胡耀邦在《国内动态清样》第1494期《工程师章继浩对改革设计管理体制的建议》上给胡启立、王兆国同志作了批示：“建议印成书记处参阅文件，改革问题需要我们一个领域一个领域地抓，把每个领域的改革方向、方针和政策抓准。建议书记处召开座谈会进行研究并提出一个报告。”6月19日，胡启立、郝建秀、王兆国等同志在中南海召开设计改革座谈会。国家计委根据座谈会的精神起草了

《关于工程设计改革的几点意见》。1984年11月，国务院批转国家计委关于工程设计改革意见的通知指出，这是一份具有纲领性的改革文件。

7月21日，北京市建筑设计研究院在民族文化宫隆重集会，庆祝总建筑师张镈从事建筑创作五十周年。戴念慈、杨春茂及有关单位负责人和建筑界知名人士100多人参加了庆祝会。

9月3日，建设部副部长戴念慈，就国家允许开办个体建筑设计事务所问题，对《经济日报》记者发表谈话。

10月24日，天津市人民政府在蓟县（现蓟州区）举行独乐寺重建1000周年纪念活动，为“独乐寺重建一千周年纪念碑”揭幕，并举行了学术讨论会。

武夷山庄建成。

上海游泳馆建成。

阙里宾舍（1985年）

1985年

1月10日，国务院发布了《关于技术转让的暂行规定》。

1月19日，“大地”建筑事务所成立。这是北京第一家中外合作经营的建筑设计单位。

1月21—26日，全国设计工作和表彰优秀设计会议在北京召开。

2月3—7日，建设部设计局和中国建筑学会召开小型繁荣建筑创作座谈会，邀请部分中青年建筑师、专家学者，从建筑理论、方针、政策、设计思想、创作方向和设计体制等方面，集中研究建筑设计如何创优、创新，改变建筑造型一般化的现状，提高建筑作品的经济、社会、环境效益。

3月5日，国家计委、城乡建设环境保护部颁布了《集体和个体设计单位管理暂行办法》，对集体和个体设计单位的资格审查、经营管理、质量管理等作了规定。

5月，由《建筑师》杂志举办的全国大学生建筑设计竞赛评选在福建进行，此次设计竞赛以“高等学校校庆纪念碑”为题。

6月11日，城乡建设部设计局成立建筑设计收费标准编制组，编制建筑设计收费标准；成立全国建筑设计工日定额编制组，编制“全国统一建筑设计工日定额”。

8月24日，首都规划建设委员会全体会议通过了《北京市区建筑高度方案》。

8月27—29日，中国建筑历史研究座谈会在北京举行。在建设部支持下，由汪坦先生主持此项研究，会后发出“关于立即开展对中国近代建筑保护工作的呼吁书”。

9月16日，中国第一座伊斯兰文化中心工程——宁夏伊斯兰文化中心在宁夏银川举行奠基典礼。该中心将设立伊斯兰学术研究机构，总建筑面积为6万m^2。

9月21日，由上海市建筑学会等单位联合举办的“庆祝著名建筑师庄俊、陈植从事建筑设计、教学活动七十、五十六周年”座谈会举行。

11月7日，城乡建设环境保护部批准《建筑设计统一工日定额》在全国颁布试行。

11月22日，根据六届全国人大常委会第十三次会议决定，任命叶如棠为城乡建设环境保护部部长，免去芮杏文城乡建设环境保护部部长职务。万里、李鹏副总理在中南海召集建设部及各厅局负责同志开会，宣布任免事项。

11月29日—12月3日，繁荣建筑创作学术座谈会在广州举行。这是自1959年上海住宅建筑标准及建筑艺术问题座谈会以后，第一次研究建筑创作问题的全国性专题会议。

我国第一部记载当代建筑业发展历程与建筑成就的大型工具书《中国建筑业年鉴》出版。

曲阜阙里宾舍建成，其主要设计人为戴念慈。

中国国际展览中心2～5号馆建成，其主要设计人为柴裴义。

南京大屠杀遇难同胞纪念馆（一期）建成，其主要设计人为齐康。

新疆人民会堂建成。

敦煌航空港站楼建成。

黄鹤楼（重建）建成。

自贡恐龙博物馆（1986年）

深圳体育馆建成。

1986年

1月12日，国务院发布了《节约能源管理暂行条例》。

2月15日，国家计委发布了《印发〈关于加强工程勘察工作的几点意见〉的通知》。

2月，城乡建设部颁发《建筑技术政策》。文件包括《建筑技术政策纲要》和八个专业技术政策。

2月20日，国家体委和北京市人民政府联合召开第十一届亚运会工程建设动员大会，将为1990年在北京举行的第十一届亚运会建设一批体育场馆和训练场地。

3月5日，建设部在北京召开《民用建筑设计通则》审查会和民用建筑设计标准审查委员会第二次工作会议。

6月30日，国家计委颁布了《全国工程勘察、设计单位资格认证管理暂行办法》（以下简称《暂行办法》）。这是在全国范围内对勘察设计单位进行的第二次资格认证。《暂行办法》规定，我国的工程勘察、设计单位，必须经过资格认证，获得工程勘察证书或工程设计证书，才能承担工程勘察任务或工程设计任务。证书等级分为甲、乙、丙、丁四级。

7月1日，国家计委和外经贸部联合发布《中外合作设计项目暂行规定》。

8月7日，国家计委发布了《关于勘察设计单位推行全面质量管理的通知》。

8月11日，西南地区建筑学会在西藏拉萨举行第四次学术交流会议，交流、讨论了建筑创作方向和建设、保护历史名城等问题。

8月22日，由建设部设计局会同新疆等各少数民族地区于乌鲁木齐市举办了全国少数民族地区建筑创作学术讨论会。

10月14—16日，中国近代建筑史研究讨论会在北京召开。

10月15日，国务院批准第一批全国烈士纪念建筑物保护单位。

10月21日，中国建筑学会在江苏常熟召开了《全国村镇规划和建筑设计学术讨论会》。

1986年，首次国家级优秀建筑设计、优质工程评选活动举行。

唐山抗震纪念碑建成，其主要设计人为李拱辰。

自贡恐龙博物馆建成。

杭州黄龙饭店建成，其主要设计人为程泰宁。

中国银行大楼建成，其主要设计人为熊明。

1987年

1月10—17日，全国勘察设计工作会议暨中国勘察设计协会第一届理事会议在北京召开。

1月，南京雨花台烈士纪念馆在南京落成，其主要设计人为齐康。

2月，由文化部社会文化局、中国建筑学会、中国建筑工业出版社联合举办的“全国文化馆建筑设计竞赛”在全国普遍展开。

4月20日，国家计委、财政部、中国人民建设银行（1996年互名为中国建设银行）、国家物资局发布了《关于设计单位进行工程建设总承包试点有关问题的通知》，批准了广东建设承包公司（广东省建筑设计院）、中国武汉化工工程公司等12家设计单位为总承包试点单位。

6月1日，中国建筑学会建筑创作学术委员会在京举办当前世界建筑创作趋势学术讲座，国外几位建筑学者分别介绍了近年来本地区建筑发展趋势，阐述了建筑文化等问题。

天河体育中心（1987年）

7月1日，《住宅建筑设计规范》颁布实行。

7月13—21日，国际建筑师协会第16次世界建筑师大会第17次代表大会先后在英国布赖顿和爱尔兰都柏林召开，中国建筑学会副理事长吴良镛等8位同志组成中国建筑代表团参加了会议，吴良镛在会上当选为国际建筑师协会副主席。

8月18日，《建筑科学的未来》研讨会在京举行。

10月1日，《中小学校建筑设计规范》颁布实行。

10月6日，北京图书馆新馆举行竣工、开馆典礼，该馆为世界五大图书馆之一，居亚洲之首。

10月16日，当代建筑文化沙龙在北京举行首次环境艺术讲座。

10月，南京工学院建筑系集会庆祝建系60周年暨纪念刘敦桢先生90周年诞辰。

12月11日，中国建筑学会第七次代表大会在京开幕。

天津水晶宫饭店建成。

深圳科学馆建成。

北京国际饭店建成。

云谷山庄建成。

广州天河体育中心建成。

1988年

1月1日，《城市规划设计收费标准（试行）》开始试行。

1月，天安门城楼对外开放。

3月，全国人大七届一次会议批准国务院机构改革方案，决定撤销城乡建设环境保护部，设立建设部。1990年10月30日，国家机构编制委员会发出了《关于印发建设部“三定方案”的通知》。该“三定方案”将国家计委主管的基本建设方面的勘察设计、建筑施工、标准定额等职能划归建设部，下设“设计管理司”承担指导和管理全国基建勘察设计等职能。

4月12日，杨尚昆主席任命林汉雄为建设部部长。4月22日，建设部根据国务院通知，自即日起启用“中华人民共和国建设部”印章。

4月24日，清华大学建筑学院成立。

4月28日，北京80年代十大建筑选出。当选建筑是北京图书馆、中国国际展览中心、中央彩色电视中心、首都机场候机楼、北京国际饭店、大观园、长城饭店、中国剧院、中国人民抗日战争纪念馆、地铁东四十条车站。

5月，原国家计委设计局与原城乡建设环境保护部设计局合并为建设部设计管理司，吴奕良任司长。

5月，建筑管理研究会在黑龙江省牡丹江市召开“深化建筑设计体制改革研讨会”，会议研究了《建筑设计单位承包经营责任制实施细则》（讨论稿），第一次提出在建筑设计单位推行“工效挂钩”的分配办法。

10月，海峡两岸建筑专家、学者首次在香港聚会，举行了近40年来的第一次座谈会。参加会议的专家、学者共46人。

11月10日，建设部和文化部联合发出通知，要求各地城市规划部门要与文物部门和建筑学会密切配合，抓紧做好近代建筑物的调查、鉴定与保护工作。

11月18日，建设部、财政部联合印发《工程勘察设计人员业务兼职有关的规定》（以下简称《规定》）。《规定》指出，任何单位和个人，不得将工程勘察设计作为“业余技术咨询”或“业余技术服务”等对待，组织人员承担、收取现金发给个人。任何勘察设计单位（包括集体和个体设计单位）不得以“业余兼职”或“业余设计”的名义，私下拉其他单位的工程勘察设计人员搞工程勘察设计。

西汉南越王墓博物馆（1990年）

雨花台烈士纪念馆（1988年）

9月25日，建设部颁布《工程设计计算机软件管理暂行办法》和《工程设计计算机软件开发守则》。

雨花台烈士纪念馆建成开放。

大雁塔风景区三唐工程建成。

九寨沟宾馆建成。

天津市体院北住宅建成。

天津铁路新客站建成。

中国科学技术大学新校区建成。

1989年

2月17日，《中长期科学技术发展纲要（建设）1990—2000—2020》在建设部科学技术委员会纲要评审会上审议通过。

3月，中国现代艺术展在北京举行，建筑作品引起观众兴趣。

4月1日，《无障碍设计规范》由建设部颁布实施。

4月，北京长富宫中心建成。

5月，《当代中国建筑师》（第一卷）由天津科学技术出版社出版，书中介绍了50位中国建筑师的经历、设计思想和代表作品。

5月19日，建设部印发《关于印发〈对集体、个体设计单位进行清理整顿的几点意见〉的通知》。

6月28日，中国建筑学会召开纪念世界建筑节座谈会。

7月6日，由《世界建筑》杂志发起的评选“80年代世界名建筑”和“80年代中国建筑艺术优秀作品”的结果揭晓。

9月8日，财政部印发《关于对勘察设计单位恢复征收国营企业所得税的通知》。

9月25日，建设部印发《关于印发〈工程设计计算机软件管理暂行办法〉和〈工程设计计算机软件开发导则〉的通知》。

10月23—25日，中国建筑学会在杭州召开“中国建筑创作40年”学术会议，同时召开了中国建筑学会建筑师学会第一届代表会议。

11月27—30日，由国际建筑师协会亚澳区、中国建筑学会和清华大学共同主持的国际学术讨论会“转变中的亚洲城市与建筑”在清华大学召开。

12月，北京港澳中心建成，其主要设计人为严星华。

天津国际展览中心建成。

新疆吐鲁番新宾馆建成。

四川省体育馆建成。

新华社业务技术楼建成。

大连银帆宾馆建成。

西安古都大酒店建成。

1990年

3月，在全国人大七届三次会议上，林元坤等32位代表提出了339号议案《建议尽快拟订颁发我国的工程设计法》。（10月8日，全国人大财经委员会第37次全体会议审议并同意了339号提案。）

4月1日，《中华人民共和国城市规划法》公布。

5月3日，建设部印发《关于印发〈关于工程建设标准设计编制与管理的若干规定〉的通知》。

5月5日，中国建筑学会与中国图书馆学会在宁波大学联合召开“全国图书馆建筑设计学术研讨会”。

5月10—14日，中国建筑学会体育建筑专业委员会在北京召开“1990年亚运会建筑设计施工管理经验研讨会”。

6月2日，建设部印发《关于勘察设计单位推行全面质量管理工作有关问题的通知》。

1990年，第11届亚运会在北京举行，一大批新建筑建成并投入使用。

1990年，上海市评出“上海十佳建筑”和“上海30个建筑精品”。曲阳新村、上海体育馆、上海游泳馆、上海展览馆、淀山湖大观园、华亭宾馆、静安希尔顿酒店、铁路上海站、华东电业大楼、延安东路隧道荣获“上海十佳建筑”称号。闵行一条街等荣获“上海建筑精品”称号。

1990年，建设部颁布建设行业新技术、新产品项目制度以及推广奖励制度。

7月26日—8月2日，与中国土木工程学会在北京联合举办了“全国青少年亚运工程科技夏令营”活动，有150多名青少年及辅导员参加。

8月25日，建设部印发《关于公布全国勘察设计大师名单的通知》。公布的名单有勘察大师100名、设计大师20名。建筑界20位设计大师是齐康、孙芳垂、孙国城、严星华、杨先健、佘浚南、陈植、陈浩荣、陈登鳌、陈民三、张镈、张开济、张锦秋、赵冬日、徐尚志、容柏生、黄耀莘、龚德顺、熊明、戴念慈。

11月2—5日，在北京举办国际体育建筑学术交流会。来自20多个国家近200名中外建筑专家参加了会议。

12月13—15日，第十二次全国勘察设计工作暨表彰会议在北京召开。

广州西汉南越王墓博物馆建成，其主要设计人为莫伯治、何镜堂。

上海永新彩色显像管有限公司（一期）建成。

上海新锦江大酒店建成。

峨眉山金顶金殿华藏寺建成。

武汉大学人文科学馆建成。

中国人民银行总行金融中心建成。

沈阳北新客站综合楼建成。

北京动物园大熊猫馆建成。

亚运村（1990年）

国家奥林匹克体育中心（1990年）

Commemorating Architecture Educator Mr. Luo Xiaowei

纪念建筑教育家罗小未先生

CAH编委会（CAH Editorial Board）

著名建筑学家、建筑教育家，同济大学建筑与城市规划学院教授、博士生导师，上海市建筑学会名誉理事长，第六届、七届民盟中央委员，第九届、十届民盟上海市委副主委，第十一届、十二届民盟上海市委名誉副主委，第八届全国政协委员罗小未先生，因病医治无效，于2020年6月8日在上海逝世，享年95岁。

罗小未先生籍贯广东番禺，1925年9月10日出生于上海。罗小未先生1948年毕业于上海圣约翰大学工学院建筑系，获学士学位。1948年3月至1950年12月在上海美商德士古洋行工程部任绘图员、助理建筑工程师。1951至1952年在圣约翰大学工学院建筑系任助教。1952年院系调整，随圣约翰大学建筑系师生并入同济大学建筑系，历任同济大学建筑系助教、讲师、副教授，1980年起任教授。1985年由国务院学位委员会评为博士生导师。

在半个多世纪的事业生涯中，罗小未先生一直投身于外国建筑历史、理论的教学与研究，做出了杰出的贡献。她是同济大学建筑系建筑历史教研室创始人之一，早在20世纪50年代，她就开设了国内最早的外国近现代建筑史课程。自20世纪80年代起，她不断考察、追踪和引介世界建筑发展的新思潮和前沿理论，开设了国内最早的现、当代建筑历史与理论课程，并致力于建筑历史与建筑理论、建筑评论以及建筑设计方法的探索。她的建筑史教学与研究视野广，造诣深，学术成果丰硕。她曾主持编著西方建筑史教材近十部，其中的《外国建筑历史图说》和《外国近现代建筑史》是国内建筑院校传播最广、使用最持久的建筑史教材和专业参考书。她的代表作《现代建筑奠基人》，以及关于后现代建筑多元主义思潮的学术论文，对中国当代建筑理论与实践的发展都产生了历史性的影响。2006年，她获得了中国建筑学会“建筑教育特别奖”。

罗先生是一位具有广泛社会影响力的建筑学家，在学界享有很高的声望。自20世纪80年代起，她在国内各大建筑院校和科研机构巡回讲学，介绍国外建筑最新动态与发展趋势，为青年学子打开国际视野的窗口。她曾任中国建筑学会第四、五、六、七、八届理事会理事，中国建筑学会建筑史分会顾问，国务院学位委员会第二届学科评议组成员，上海市建筑学会第七、八届理事会理事长，上海建筑学会名誉理事长，中国科学技术史学会第一届理事，上海市科学技术史学会第一届副理事长，获全国“三八红旗手”称号。罗先生是《时代建筑》的创办人之一，1985年至2001年间担任期刊主编，1985年至今担任历届编委会主任，获得了《时代建筑》“终身荣誉奖”。她还担任同济大学建筑设计研究院（集团）有限公司顾问，参与多种类型项目的评审评奖活动，是部分重大建设的直接见证人。

《罗小未文集》

《李德华文集》

在圣约翰大学读书期间与同学在郊游途中（左为李德华先生）

2016年李德华规划教育思想研讨会结束后的集体合影

1959年与梁思成先生及学生们座谈

1986年同济大学建筑与城市规划学院成立时，罗小未与金经昌先生在一起

同济大学建校八十周年（1987年），画面正中为罗小未、李德华二位先生

罗先生是当代中外建筑文化交流的使者，长期推动国际间的学术合作，在国际建筑界具有广泛的影响力。她曾在美国、英国、澳大利亚、意大利、法国、印度等许多国际论坛、大学讲堂和会议上作报告，兼任世界多所大学的客座教授和访问学者，1986年起担任意大利国际建筑杂志《空间与社会》的顾问，1987年被选为国际建筑协会(UIA)建筑评论委员会（CICA）委员，1998年获得美国建筑师学会荣誉资深会士（Honorary Fellow, the American Institute of Architects）的称号。同时，罗先生在多种国外杂志和书籍上撰文，介绍中国丰富多样的建筑、园林与城市文化，为世界了解中国建筑文化做出了积极的贡献。

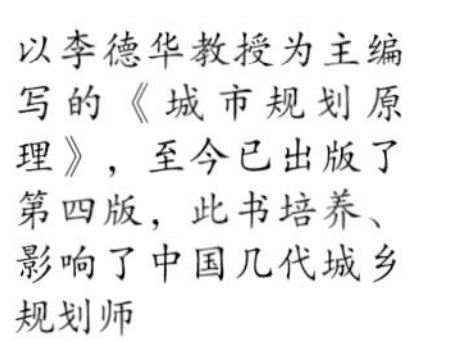

以李德华教授为主编写的《城市规划原理》，至今已出版了第四版，此书培养、影响了中国几代城乡规划师

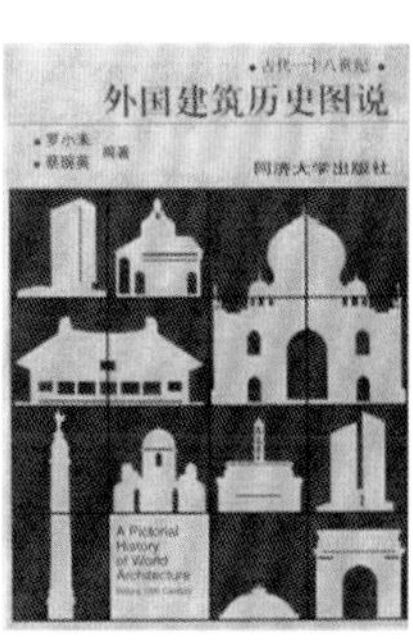

此书自1986年后重印了23次，发行量20余万册，在国内建筑院校的外国建筑历史教学方面有重要的作用

罗先生是上海近代建筑与城市研究以及地方文化遗产保护工作的开拓者。20世纪80年代末以来，她长期关注并开展上海近代建筑史的研究，最早将历史建筑置于城市文脉中进行解读。她主编的《上海建筑指南》《上海弄堂》《上海新天地》以及《上海老虹口区北部的昨天、今天与明天》等一系列专著，都是研究上海近代城市与建筑的重要成果，也对推动近代建筑遗产的价值认识意义深远。

谈及建筑创作及现代城市历史文化遗产保护等问题，罗先生有她独到的观点和看法。

历史文脉是继承，而不是创造的。城市历史文脉是城市的记忆，城市居民精神的安慰、寄托、发展的动力。什么叫海派文化？海派文化的本质上是开放、包容。追溯历史，开埠前上海已经是个经济快速增长的商贸集散地，已经有了海派文化。现在从浦东的民居建筑就可以说明这一点：包容了南北建筑的风格。明白这一点是非常重要的。

在2002年上海双年展“‘都市营造’——历史文脉是城市的记忆”主题讨论会上，罗小未发表自己的观点。

我们之中有些人曾经身经百战、经验丰富，经手项目可以以百为单位计算；他们对建筑师的职责、工作范围以及应有任务不可谓不知，对适用、经济、美观尽管感到不能再像以前那样总是把前二者放在首位但不至于说不必去理他。但在实践时，面对甲方的一切以自我利益为主、平方米越多越好、房屋越高越好，不把左邻右舍的日照、通风放在心中，尽可能把自己应负的社会设施包袱推给别人时，便感到困惑了，忘却了建筑师应为公众利益服务的天职，成为甲方的帮凶。须知甲方可以从自己的立场提出各种要求，但建筑师是专业的实施者，实施出来成果的优劣，责任当然应在的建筑师。此外，在建筑形式与风格上，有些建筑师也表现出他们在创作思想上困惑与理论的薄弱。甲方提出什么“要以前没有见过的”“要五十年不落后”，以及什么“帝王气派”“霸王风度”等也使建筑师伤尽脑筋。由于建筑师本身就缺乏这方面的生活体验与知识理论，只好盲目抄袭、东拼西凑。

我们之中有些人（好像是年轻的居多）以为设计是灵感的流露、天才的横溢，只要大笔一挥，惊人的方案便出来了。他们翻翻勒·柯布西耶的全集以及其他名建筑师的手册，不都是只有寥寥的几笔吗？谁不知这寥寥几笔本身就是长期的经验积累、深思熟虑与反复推敲的结果。而要把这寥寥几笔发展成一个正式的设计，又不知要花费多少心血与匠心。只要看笔法像孩儿画似的抽象艺术大师康定斯基和把绘画抽象到只有“几何形方格”的蒙德里安，他们的早期作品均显示出深厚的写实功力和挥洒自如的笔法。是这些雄厚的千锤百炼的基本功为他们奠定了日后成功的基础。

——《石阶上的舞者——中国女建筑师的作品与思想记录》

新天地广场只保护了建筑的一层皮，算不算是历史建筑保护？这是目前有些人士喜欢提出的问题。我想，要讨论这个问题可能先要从城市为何要保护它的历史人文意象谈起。须知一个美丽和富有生命力的城市必然是一个有个性、有识别度、有内涵、有底蕴的城市。人们看到它今日的生机盎然必然会对它的身世与经历，特别是那可歌可泣的历史感兴趣。对它过去了解得越多，感情也就越深，并能从他的过去来想象它今天与明天发展的可能性。建筑是城市所有的历史人文意象中最能诉说城市历史的载体。此外，随着科技与人们生活的关系越来越密切，城市面貌正在日益趋同。要使城市具有自己的特点、个性与可识别性，最直接、最经得起考验与最有效的方法，莫如保护一些能说明城市历史的建筑与环境。为此，我们不仅要致力于今日的建设，还要保护一些历史遗产。目前，上海除了保护历史文物建筑之外，还要保护历史文化风貌区与优秀历史建筑的意义就在于此。

——《石阶上的舞者——中国女建筑师的作品与思想记录》

作为杰出的建筑教育家，罗先生桃李满天下，培养了众多学生，其中很多都卓有成就。在大家眼中，罗先生视野宽阔，开放包容，洞察敏锐，学养深厚，对事业勇于创新，锲而不舍，始终是后辈学术成长道路上的引路人，其嘉言懿行垂范后学，薪火相传，桃李芬芳。罗先生热爱生活，仪表优雅，热情待人，与大家亲如一家，在业内业外、国内国外广交挚友，德高望重，是建筑界一直被尊称为“先生”的女教授。

罗先生留下的建筑思想、教育理念以及大量著作，将永为我们所景仰和学习。罗先生的精神将激励后人奋进前行。

Recalling Two Old Friends
忆故人二则

马国馨*（Ma Guoxin）

（一）忆建筑前辈李滢

李滢像（1973年）

2020年6月17日21时，收到北京院原杨伟成总转来李滢亲属发的一条消息："我们的姑姑李滢，于2020年6月16日16时因呼吸衰竭医治无效离开了我们，享年96岁。按照姑姑生前意愿，不举办告别仪式，将于6月20日送别。侄李XX，李XX，XX泣告。"杨总随后还补了一句："李滢也走了，兴许在途中与罗小未不经意间相遇。"这是指前几天刚从网上看到的消息，同济大学教授罗小未先生于6月8日6:30于上海家中去世，享年95岁。罗先生在圣约翰大学时比李滢低三届，她们都是我尊敬的建筑界前辈。尤其是李滢在北京院时和我共事，还有过一段交集，所以更想为此写点东西。

李滢是北京市建筑设计研究院的资深老建筑师，1950年回国，但国内建筑界知道她名字的人不多，她也根本不在公众场合露面，所以还是要花费一些篇幅介绍一下。她1923年1月9日出生于北京，曾用名李莹、李若琼，福建闽侯人。1930—1933年在家读书；1933年9月—1944年9月在上海中西小学、工部局女中和上海中西女中学习；1941年9月—1941年12月在北京燕京大学学习；1942年2月—1945年在上海圣约翰大学建筑系、土木系学习；1945年12月—1946年在上海泰利洋行实习；1946年9月—1947年9月美国麻省理工学院学习；1947年10月—1949年9月在美国哈佛大学学习；1949年9月—1950年11月在欧洲参观学习，并在事务所实习；1950年12月经澳门回国；1951年1月—1952年1月在上海圣约翰大学建筑系助教；1952年2月—1956年任北京都市计划委员会工程师；1956—1970年8月任北京市建筑设计研究室建筑师；1970年8月—1972年1月下放北京第一建筑工程公司劳动；1972年1月—1984年9月在北京市建筑设计研究院第六设计室担任高级建筑师；1984年9月退休。

还是要从圣约翰大学说起。大约创建于1879年，是新中国成立以前国内14所教会大学中历史最久的一所学校，初办时设西学、国学、神学三门，1881年起完全用英语授课，1913年起开始招收研究生，1936年起开始招收女生，1942年创办了建筑系，先后培养了一批各专业和学科的人才。李滢就是约大建筑系的第一届毕业生，共5人，除了李滢以外还有李德华、白德懋、虞颂华和张肇康。当时的系主任是黄作燊教授（1915—1975年），他毕业于英国AA建筑学院和哈佛大学，在约大建筑系引进了包豪斯的现代建筑教学体系和方法，在当时国内独具个性。黄对李滢的评价是："她是一个努力钻研业务的'好学生'"，"她在学校时仅和建筑学专业的同学交往，她很好胜，专心于业务。"她的同班同学李德华先生回忆："当时她只是埋头念书，学习相当用功，也非常好胜，因此学习成绩很不错，除了读书以外，其他任何活动都不参加（那时也没有多少什么活动），也不参加体育活动，也极少听她谈到文娱戏剧之类。""在学校读书时表现得非常好强、好胜，也很骄傲，装束突出，短发不烫，穿长裤不穿旗袍，很引人注目的。"这些已经十分生动地勾画出大学时的李滢了。

毕业后，李滢有不到一年时间在上海泰利洋行实习，洋行老板的儿子是黄在英国AA学院的同学白兰特（A. J. BRANDT），他在约大建筑系教建筑构造。李滢的同班同学白德懋回忆："毕业后，李滢和我即进入兼职老师白兰特的上海建筑事务所实习。"但很快李滢即决定要去美国深造，临行之前，黄作燊特地和上海的同学王大闳、郑观宣买了一套李明仲的《营造法式》，托李滢带去送给在哈佛大学的格罗庇乌斯，他曾是黄等3人的老师。

李滢到了美国以后，1946年9月—1947年9月在麻省理工学院学习，获硕士学位；1947年10月—1949年9月在哈佛大学读研究生，获硕士学位，其中1947年6月—1947年10月还在纽约的布鲁耶尔（M.

* 中国工程院院士，全国工程勘察设计大师。

格罗皮乌斯

阿尔托

布鲁耶尔

BREUER）事务所实习。李滢曾说："我最接近的老师有格罗庇乌斯、阿尔托、布鲁耶尔和开比斯（G. KEPES），因为他们都是有名的大师，他们对我也比对一般美国学生在学习和生活上照应得更多，可能是把东方学生作为自己教研组的点缀品。"

格罗庇乌斯（1883—1969年）生于柏林，1919—1928年任魏玛和德骚的包豪斯学院院长，1934—1936年去伦敦，1937年后去美国，1937—1941年与布鲁耶尔一起在麻省理工学院，1945年成立协和（TAC）事务所，1938—1957年在哈佛大学建筑研究生院任教授、副系主任。布鲁耶尔（1902—1981年）生于匈牙利，从包豪斯学院起就是格罗庇乌斯的得力助手，1924—1928年在包豪斯学院，1935—1936年去伦敦，1937—1946年任麻省理工学院和哈佛大学建筑研究生院的助教授，并成立了自己的事务所。1946—1976年在纽约开设了事务所，但在那一阶段他并没有什么太大的工程，除了自己的住宅外，还有几栋私人住宅工程。李滢也就是这段时间曾在他那里实习。阿尔托（1898—1976年），芬兰人，主要的业务活动都在芬兰和北欧其他国家，1938年曾在美国举办个人展览，并设计纽约博览会的芬兰馆。1946—1948年，曾任麻省理工学院建筑系的教授，并曾于1949—1948年设计过麻省理工学院的学生宿舍，另外在1963年设计过纽约国际教育学院的考夫曼会议室，这大概也是阿尔托在美国仅有的几栋作品。他还曾和李滢约定去芬兰他的事务所去进行施工图的实习。连她的表姨夫梁思成先生都说：（在美国）大概学业不错，颇受到当时在美国的芬兰建筑师阿尔托和德国建筑师格罗庇乌斯的重视。

李滢在美期间和梁思成先生有密切交往，因为李滢的母亲王稚姚是林徽因的表姐，是她的表姨，所以和梁家关系也很近。1946年清华大学设建筑系以后，10月梁先生去美国考察之前曾去上海李滢家，在李家和黄作燊第一次见面。梁到美国以后，1946年秋至1947年夏在耶鲁大学讲学，寒假时去波士顿，租住赵元任家的房子，于是和李滢几乎可以天天见面。当时正好哈佛大学没有女生宿舍，这样在梁离开时，李就继续租住了梁先生的房子，成了赵元任的房客。赵元任当时一直在西海岸加利福尼亚大学讲学，房子由大女儿赵如兰打理，她们由房东房客关系进一步发展为朋友关系。在此期间梁先生还带李滢到波士顿和纽约所有的大博物馆去专门参观馆藏中国文物，并亲自讲解。

哈佛毕业以后的1949年2—8月，李滢还短期在美国的A.D.SCHUMACKER事务所打工，这是一个不出名的小事务所，当时基于好多个原因。首先是李滢认为美国古代文化一无所有，很想去欧洲考察一下古典建筑；其次，她和阿尔托接触后认为北欧的设计水平比美国高，加上又有和阿尔托事前的约定；三是当时上海解放后，1949年6月，她和家里通过电话了解国内的情况，母亲让她回国来参加国家建设，但同时也告诉她因战争尚未完全结束，真正开始建设还需要一点时间，可以稍晚回来多学一点东西；再加上二战以后欧洲经济亟待繁荣，英镑贬值，欧洲急需换取美元外汇，开展旅游业招揽游客，所以美国学生利用假期成批去欧洲观光。另外也有经济上的原因，因李滢的二弟李功宋也在美国留学，家里已不可能经济上再予支持，她要多留一些钱给二弟，自己想办法打工赚钱好去欧洲。当时由导师格罗庇乌斯开出介绍信，但波士顿的几家大事务所十分保守，不要女职工，更不肯收中国女生，最后找到这家小事务所，正好老板有一个公寓住宅的任务，李滢就在这里干了几个月，工资是每小时2美元。另外在美国学习工艺美术的丹麦留学生在意大利有熟人，约好和李滢一起去意大利参观，还有一位丹麦菲斯卡的父亲是丹麦皇家学院的教授，答应可以提供在丹麦的食宿，并介绍去一家丹麦的建筑事务所去实习，这样安排大致停当。当然也可能有李滢的男友洪朝生正在荷兰从事研究工作的原因。

她从意大利的舒波里，到罗马、威尼斯，然后到希腊的雅典、克里特岛、德尔菲，最后经瑞士到达丹麦，住在老菲斯卡家，兼职家务助理，对方免费提供食宿，同时在PREBAN HAUSEN事务所实习，只有少量工资。当中她还曾途经比利时、荷兰去法国巴黎，也还曾去瑞典的马尔摩参观。但原与阿尔托约定的去那里补上施工图课的约定，则因李滢在丹麦生病而未能实现。1950年底，她经英国伦敦，坐船经香港停留一周后由澳门入境回国，这一年李滢27岁。

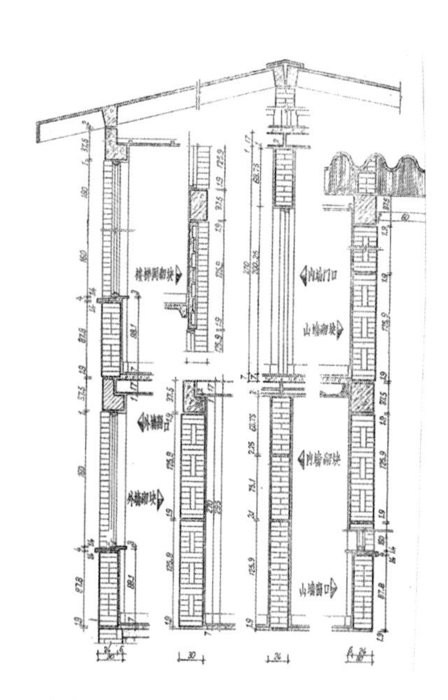

振动砖壁板剖面

振动砖壁板剖面

1951年1月起她在上海圣约翰大学建筑系任助教。系主任黄作燊说：“她回到上海后我就拉她到约大建筑系任教。”当时约大工学院的院长杨宽麟也很重用她，因为是她的老师和家庭朋友。罗小未先生回忆：李滢原是约大的建筑系第一届毕业生，后到哈佛大学设计研究生院师从格罗庇乌斯，又在另一位大师阿尔托门下研究建筑设计，任教后在教学中发挥了很大作用。李德华先生回忆：她对搞建筑和建筑教育是很热诚的，她着意要搞出一些东西来，试着搞一些“新”的办法，培养同学的“想象”，要初入学的同学凭“直觉”来设计房屋、动手垒砖、做泥塑陶器杯等来培养同学“手的经验”等等，那时她很得一部分同学的欢迎。

但李滢在约大待了不到一年时间，就于1952年1月离开，据李自己讲是不辞而别。离开的原因据李德华先生推测：她对约大的建筑系不满意，对黄作燊也不满意，认为他不负责，她对那时的工作有灰心情绪，同时她也不喜欢上海圈子里的风气……，但多人公认的原因之一是李滢说她喜欢北京，她小时候是住在北京的，她喜欢北京四合院建筑那样宁静的生活。随即她于1952年3月到了北京，在北京都市计划委员会企划处任副建筑师。北京市都委会成立于1949年5月22日，叶剑英同志兼任第一任主任，9月梁思成先生致信聂荣臻市长，希望政府用各种方法鼓励建筑师来北京参加北京的都市计划工作。当时除陈占祥之外，还有吴景祥、赵深、黄作燊等，但后三位最后都又回到上海，还有多位青年建筑师，其中就包括李滢。1950年2月，市政府通过都委会新的组成人员，聂荣臻任主任，张友渔、梁思成任副主任，1951年5月都委会宣布了组织机构，技术室主任为梁思成，企划处处长为陈占祥，资料组组长为华揽洪，市政组组长为华南圭，用地组组长为王栋岑。12月，彭真任都委会主任。在都委会企划处，李滢面对着政治上和业务上的重新学习。“学习了总路线才认清新社会主义建设本质和具体步骤，更在这次反浪费反复古反形式中，才沉痛地看到以往规划建筑工作中脱离了经济的不正确设计不但不能推进社会主义建设事业，反而阻碍了发展。”在企划处的工作上，“规划没学过，在都委会薛子正同志直接领导，耐心教育使我深深懂得规划设计的阶级性问题”。当时张铸总对李滢的评价是：“留美学习规划、建筑学，有独立见解，但为人不善自理生活，有名士味。”1952年12月，市政府决定将左、右安门两大积水洼地、苇塘，疏浚整治成优美的公园。李滢对两地及附近地区进行了踏勘、调查，当时这里遍地乱坟，污水荒草，蚊蝇横飞，无路可行，李滢在此基础上做了规划方案，疏浚了两湖，保存了一些文物，为后来发展成龙潭湖公园和陶然亭公园打下了很好的基础。

建筑創作的一般問題
（1960年一批工程的調查研究报告）

去冬今春，我們抓住了去年設計任务已基本完成，今年設計任务尚未大批下达的空隙，以及今年任务有所減少的时机，发动群众用整风和大鳴大放的办法，对大跃进以来，特別是1960年的建筑設計，进行了調查研究。运动从重点解剖錯誤和缺点較多的設計入手，本着解除顾慮、弄清事实、明辨是非、找出原因、改进工作、提高思想的精神，組織全院对紡織工业学院食堂、601礼堂、中医研究院主楼、中国建筑公司办公楼、国际俱乐部、長話大楼、古城4号住宅等七項工程进行了深入地解剖分析。以活生生的反面的典型教材教育群众，大大提高了群众的政治觉悟和認識水平。之后，又将檢查重点轉向另一批优点較多、比較成功的設計，再从正面来总結經驗教育干部。这批解剖的工程，包括北京工人体育館、公安学院教学楼、9014住宅和中国医科大学食堂等四个工程，有重大工程，也有一般工程。在两批典型解剖的基础上，我們先后組織技术人員对303項設計（佔1960年全院的530余項設計的58%）进行了檢查总結，并对可能进行修改的設計进行了必要的与适时的修改。經过半年多的时間，从反面到正面，由个別到一般，边鳴放边整改，边調查边研究，通过大量的事实，初步观察到建筑設計中带有普遍性、

李滢的《建筑创作的一般问题》

但由于健康的原因，李滢从1953年3月到1959年10月因病全休了6年时间。她早在1945年就患有慢性肝炎、心脏病，在美国时就曾休学一学期，后来又加上高血压，又做过胆囊手术。都市计划委员会于1955年2月撤销，进而成立都市规划委员会，李滢于1955年6月调入北京市建工局设计院（即北京市建筑设计院）。长期病休使她与外部的形势脱离较久，无论是思想上还业务上都显现出了差距，让平日好胜的她也有自卑感，怕掉队太久。但另一方面，病休也使她没有参加政治活动。身体痊愈后，李滢上班，并于1961年与洪朝生（1920—2018年）结婚。洪当时是中国科学院物理研究所专门研究低温物理的研究员，他们在美国时就认识，按杨伟成先生的说法：“他（指洪）追求李滢多年后才如愿，李滢身体一直不好，这也是她不愿意结婚的重要原因，所以她一生中没有生育。”当时洪朝生41岁，李滢38岁，真是地道的“大龄青年”了。洪于1980年当选为中科院数理学部学部委员。

李滢被设计院分配到研究室，最早是参加振动砖墙板和大型壁板的构造研究和节点汇编。北京院早在1953年就成立了研究室，沈勃院长回忆：“为了掌握先进技术，提高设计水平，抽调了一批有经验、有一定外语基础的同志组成了研究室。研究室下分三个科：研究科、试验科和预算科。从单纯的材料、构件、节点的检验，逐步开展了防水、防雷、声学、热工等专业研究……

这些研究成果，不但对我院一般设计帮助很大，同时对我国建筑行业开发先进技术也起了推动作用。”早期的专家除李滢外，还有顾鹏程、阮志大、雍正华、向斌南、马增新等人。当时在预制构件的设计研究上，1957年就在北京月坛西洪茂沟设计了适合工业化施工的大型砖砌块试验住宅方案，其中一室户12.5~18.9 m^2，占25%；二室户23.56 m^2，占65%；三户室36.2 m^2，占10%。结构上三道纵墙承重外墙36 cm，内墙2~4层为24 cm，砌块按每层三段，外墙砌块作出凹口，安装后用混凝土填实，楼板是预制预应力棒空心板，屋顶是钢筋混凝土波形大瓦。当时创造了8天盖一栋4层住宅的记录，造价也从预算的64 元/m^2降到54.34 元/m^2，是我国较早的砌块试验住宅，但也还有湿作业多、自重大、吊装次数多等问题。1960年，振动砖壁板又有进一步发展，用浸透水的砖配以50号以上水泥砂浆，经平面振捣器振捣，使砖和水泥砂浆形成严密的砖壁板砌体。这样可以提高砖砌体的强度约1/3，同时用较薄的砖壁板来代替较厚的砖砌体，通过定型化、装配化减少施工程序，在26中单身宿舍和弥勒庵小学宿舍工程进行了试验。26中的外墙板总厚22 cm，除砖壁板外外部还有7 cm厚硅酸盐泡沫混凝土，另一工程的外墙非承重壁板还有两层砖，中间用矿渣棉夹心和利用硅酸盐膨胀矿渣及水渣壁板，在利用工业废料上做了探索。到1959年，在学习苏联经验的基础上，又设计了装配式大型壁板试验住宅，当时是5层4个单元，端头单元为2-3户型，中间单元为2-2-2户型，其中二室户总计83.8%，三室户总计16.7%，房间开间3.6 m，进深5.4 m，这样最大构件重量不超过4吨。由于是试验住宅，所以除北京院标准室、研究室外，还有清华大学、建工局研究所和四建公司参加。承重壁板四面有肋，当中薄壁厚5 cm，而保温是在肋间里面贴13 cm厚的轻质浇水渣混凝土。所有的这些做法都是基于当时施工条件、材料供应，可能由标准室、四室和研究室共同合作提出的可行方案。当然，从现在的角度看，都属于较为早期的做法了。我想，李滢就在这些工程实践中发挥了自己的作用，推动了预制化、装配化的发展。

李滢书法

1959年5月18日至6月4日，建筑工程部和中国建筑学会在上海召开了住宅标准及建筑艺术座谈会，有全国设计单位、高等院校的专家学者和建筑师120余人参加。会中只用4天讨论住宅标准问题，其余时间基本都在讨论建筑艺术问题，大家各抒己见，畅所欲言，就“适用，经济，在可能条件下注意美观”的建筑方针问题、继承与创新的问题、建筑形式与建筑美、中国建筑创作应走的道路等议题发表意见。会议结束时，刘秀峰部长做了题为《创造中国的社会主义的建筑新风格》的总结报告，对10年来中国建筑创作的曲折道路进行了分析、总结和认真评价，对建筑界长期以来一直关注的几个重要理论问题提出了自己的看法，还是具有相当的学术水准。会议之后，刘秀峰又向中共中央汇报了上海座谈会的有关情况，提出“正确的解决这些问题已经成为当前设计人员和教学人员的普遍要求，而首都国庆工程的建设又引起了大家讨论建筑艺术理论问题的很大兴趣”。在座谈会开始，首先就由专家们介绍了资本主义国家和社会主义国家的建筑发展状况，因此细致地了解国外建筑界的发展概况，分析其源流和理论发展，使人们能够有所了解就成为当务之急。

正是在这样的大形势下，北京院的研究室，也在1960年专门成立了国外建筑理论研究组。1960年12月，新任北京院党委书记的李正冠身体力行，并结合北京院1960年在一批工程调研中所发现的问题，以及涉及的若干重要理论问题，如阶级观点和和群众观点；全局和整体；生活体验与从实际出发；以人为主处理人与物、技术与艺术的关系；正确对待古今中外的建筑遗产；集体创作于个人才华等，总结了题为《建筑创作的一般问题》的长篇报告，约6万余字。文中还就建筑风格、时代精神等问题与张开济总提出讨论商榷。与此同时，他还在私下向华揽洪和陈占祥讨教学习法文和英文的问题，由于华和陈当时摘掉“右派”的身份，后来成为李正冠为人诟病的一件事情。李滢由于留美的经历以及与几位现代建筑大师的交集，自然成为研究室理论组的主要力量。当时她收集了大量有关赖特、勒·柯布西耶、格罗庇乌斯、密斯·凡·德·罗、阿尔托等人的设计作品和理论观点分别整理成册，供设计院和建筑界在建筑艺术创作的讨论中分析和利用。她提出了允许不同的学术流派存在，取长补短，把我国的民族传统和现代他人的经验结合起来，根据国情发展民族传统；学习外国的经验要有分析、有取有舍等观点，丰富了国内建筑历史和建筑理论的研究。但听说这些研究材料后来不知所终，我想还是不会丢失，说不定还保存在某位有心的人手中。

我在1965年被分配到北京市建筑设计院工作，随后按规定去参加“四清”一年，于1966年8月到五室上班。当时随着运动的开展，红卫兵的串联，我忙于参与红卫兵的接待工作，同时也注意院里大字报的情况。因为初来设计院，对院内情况很不了解，尤其是人事情况，从大字报里可以了解许多内幕，我就是通过大字报知道了院里的许多老职工，同样也是通过看大字报知道了李滢。她写的大字报很少，内容也完全回忆不起来了，但是她的书法却给我留下了深刻的印象。因为经常在院里看大字报，所以后来我基本看到字迹就能知道是谁写的，而院里女同志书法能够拿得出手的也就是两三位，记得好像有潘志英，她的字体基本是行楷，较端正，而李滢的书法我明显能够感到是在学郑板桥的“板桥体”。郑板桥的行书字多不相连，大小错落，活泼自然，尤其是他将楷书、隶书、行书和绘画的笔意融为一体而创造的“六分半体”，其章法布局如乱石铺街，大小错落有致，既随势而就又匠心独具。我那时对书法虽无研究，但对“板桥体”还略有所知。李滢的书法不但充分掌握了“板桥体”的特点，而且运用自如，十分熟练，故而给我留下了深刻的印象。

后来在院里看到了李滢本人。她个子很高，估计身高在一米七以上，留短发并抿到耳后，脸色黄瘦，以致颧骨有点突出。她经常穿毛蓝或深蓝的中式对襟衣服，夏天上班时戴大草帽，冬天时脚上穿一双高腰大皮鞋。她平时骑车上班，在两个裤脚处经常夹一个夹子，走起路来大步流星，很有一些男人气概。当时设计院的女工程师出身于名门大家的很多，我到院时他们在衣着上已经收敛了很多，但仍然可以看出较高的艺术品位以及在着装上的追求。但李滢的装束打扮与她们截然不同，表现出特立独行、与众不同的风格。这些印象都是远观，并未直接交谈过一次。1970年设计院有412名干部下放劳动，李滢也下放到建筑公司，先后当过灰土工、木工、抹灰工等，并于1972年回院分配到六室工作。她认为这两年是“第一次到劳动人民中，到施工实践中去，所以很有收获。” 下放干部的回院可能还缘于1971年10月万里同志召集建设局、规划局、设计院谈工作时提出过“对老的设计人员以及下放的专业干部要用起来，要调动一切积极因素”的指示所致。也就是在这一时期，我从建工出版社杨永生总编那里才得知：“你们设计院的李滢在美国时，曾在格罗庇乌斯、阿尔托那儿待过”。这一来，自然让我更肃然起敬了。

李滢她们回院后，分到六室工作，我却于1973年去北京朝阳区带领知青参加劳动一年。1974年我回院在三室做了一段工程以后，于1975年2月被任命为第六设计室副主任，这样就与李滢成了共处一室的同事。当时我31岁，在室里分管科研和建筑方案的审定。同事们可能是客气，见面时都叫我“马主任”，只有李滢当时52岁，见到我，时经常称呼“小马主任”，凭空增加了几分亲切感，更像一位老大姐。当时李滢在黄晶和张长儒任组长的建二组工作，我的印象黄晶和李滢的关系处得很好，李滢对工作十分热心，积极主动，经常向黄晶提出各种想法和建议，努力要多做一些事情。

我到六室工作以后，记得还到李滢家里进行过一次家访。那时每每逢年过节，室领导都要分头进行家访以示关心。当时的家访多是形式上的，因为一般职工所遇到的问题多是工资和住房问题，而这些问题我们根本解决不了，只能口头上表示同情之意。李滢家在西城西文昌胡同6号，紧挨西长安街，她当时已是五级工程师，工资178元。他爱人工资更高，所以经济上不会有什么问题，和一般技术人员40~50多元相比更是天上地下了。住房是四合院的北房，但并不是中国传统的四合院，而是民国时的四合院形式。我记得她家里较宽敞，简单利索，没什么多余的东西，给我特深的印象是门窗上都挂着竹帘，竹帘又不像是完全防蚊蝇，窗户上的竹帘更像是遮挡阳光和通风之用，很有“草色入帘青”的意境。我想这房子很可能是李滢在都委会工作时分给她的，因为六室的老建筑师黄世华也住在这个院子里，黄原来也是都委会的，1953年还和陈占祥一起提出北京总体规划的乙方案，都委会撤销以后也到了北京院。李滢的住房北墙就紧挨长安街，所以她也十分担心，如果长安街扩宽，这房子就保不住，她是宁可住平房也不愿意住楼房的。

海洋局贸促会外景

到六室以后遇到的重要工程就是西二环路的规划。西二环路的规划最早由四室搞了一年多，1973年2月转到了六室，当时参加规划工作的有黄晶、李滢、何方和许绍业，其间审查汇报过多次，1975年3月分别向市委和国务院汇报过。吴德、丁国钰、陈锡联、华国锋、谷牧等参加。在1973年7月市建委主任赵鹏飞就谈到，首都的改建，应该和地铁建设相结合，把城市的环路搞好，对首都面貌改变关系很大，西二环路规划要早搞出来，明年开始建设。西二环路全长约5 km，分为8个区段，其间有3座立交桥，建设内容以居民住宅和配套设施为主，其间也还有若干公共建筑。规划组和李滢在接到任务以后，即对西二环的现状规划资料进行调研。因为此前的地下地上建设有一阶段处于无政府状态，各种竣工资料很不齐全，尤其是把原来的护城河改造成钢筋混凝土的盖板河，断面和走向都较复杂，限制了规划用地。因此要了解第一手详细资料，就要到现场进行详细的摸底调研，只有这些弄清以后，规划设计才有准确和可靠的依据。我到六室以后，一方面，院里由张镈总指导，由各室抽调人员成立了干道调研小组，从

李滢像（1987年）

4月到8月用两个多月时间考察了由南到北18个城市，做出了相应的调研总结报告。同时西二环路上的一些工程也陆续下达到六室，如西便门小区、广播局住宅、海洋局贸促会办公楼、中央音乐学院教学楼、人民医院等工程，所以李滢他们前期扎实的调研，为工程的顺利开展创造了条件。

与此同时，海洋局贸促会办公楼的工程也在进行。工程由建二组的徐桂琴任主持人，她设计能力很强，经验也很丰富，但对我的意见还是十分尊重，我们也还曾帮助她画过透视表现图。在海洋局贸促会办公楼工程上，我在审定时先后曾提过几条意见。一是方案开始时的设计方向，因为办公楼立面的处理，一般是一开间一个大窗，或一开间两个小窗，然后开间之间形成壁柱，当时我主张每开间做几个小窗，并形成连续的开窗效果，这样当外墙面做预制墙板时，总的规格型号也不会太多，内部分割也更灵活方便。立面方案确定以后，李滢在这个工程中研究了外墙板的构造做法，除本身的保温防水要求外，还有与框架结构的联结做法等。对于这些技术做法我没有过问，因为北京院的预制墙板研究除了在住宅建筑上应用多次以外，在公共建筑上如1958年的民族饭店工程（48 m高），1964年的民航总局办公楼（54 m高）都积累了不少经验。北京院里当时还用试验用的预制壁板盖了一座二层实验楼，后来成为院里的医务室。二是在工厂预制墙板时，徐桂琴来问过我墙板的断面凹凸尺寸，因为这与墙板重量有关，我建议凸出部分不要小于15 cm，以使立面上有明显的阴影韵律效果。三是墙板都安装差不多时，一位老建筑师建议把窗下墙改换一个颜色，这样立面上框架部分、窗下墙和窗户就是三种颜色，而我认为表现工业化、装配化的办公楼还应以简洁为上，所以决定了墙板全部是一种颜色处理。从建成效果看，我感觉还是可以的。李滢也在工程实践中进一步熟悉了工程组织、专业配合和施工知识。

之后，我在六室的工作也比较特殊。1976年以后，我先后在前三门工程设计组和毛主席纪念堂设计组工作，脱离开六室，后来又因要去日本学习，从1980年起脱产学习日文，之后又有两年去日本研修，所以李滢在六室的情况和她退休的事就全然不了解了。

但后来又有一次机会见到李滢。那是1987年6月6日，同济大学罗小未教授来北京院做学术报告，介绍西方近现代建筑的发展，报告结束以后意犹未尽，于是少数人又到科研楼十层，当时的亚运会设计组来座谈。李滢和罗小未先生、白德懋总都是原圣约翰大学的校友，还有戴念慈部长都来参加。我当时忙于用长焦镜头给他们拍照，所以对座谈的内容并没有注意，但留下了他们几位的形象记录。因为用的是反转片，所以每一位都只拍了一张，要是像现在有数码相机就会好多了。李滢那一张对焦不理想，但仍是她后期形象的一次记录。那一年她64岁。自这一次以后，我就基本听不到有关她的任何消息了。

从时间上看，李滢属于继庄俊、杨廷宝、梁思成、陈植、童寯老一辈留学海外建筑师之后的第二代留学生。比她稍早或和她几乎同时代留学的老建筑师如徐中、汪定增、冯继忠、黄作燊、林乐义、赵冬日、汪坦、刘光华、沈玉麟、吴良镛、张钦楠等前辈都在各自的岗位上发挥了作用，相形之下，李滢与他们相比就有些默默无闻了，我想这里面有多方面的因素。李滢回国到京以后，先后参加了一系列的政治活动和思想改造，表现也十分积极主动，剖析自己的家庭，检查自己在国外学习时所受的影响，所以研究所党支部认为她“大跃进后思想上有进步要求，拥护“三面红旗”，能为组织上暴露思想，争取帮助……工作态度踏实、认真，带病坚持工作，生活作风朴素”。她所在的小组也认为她“能响应党的各项方针政策，工作积极努力，有时带病工作；靠拢组织，能经常汇报自己的思想，注意政治学习，要求自己比较严格；能从生活上关心同志”。从她在六室的工作，我也感到老大姐十分积极热情，工作努力。但是由于长期病休，在业务上还不能马上适应设计室里的业务工作，尤其是施工图方面有些吃力。另外对李滢这样学有成就、爱国回归的海外回国人员，虽然在待遇、工资、生活补贴等方面都按照政策一一落实，但始终没有找到一个最适合发挥她的特点的工作环境和工作岗位，也使她的潜力未能充分得以发挥。在1982—1983年间，她又曾进行过建筑理论的研究，但听说无果而终。在她退休以后的几十年当中，我曾先后向多位建筑界从事建筑史研究或建筑评论的同行推荐过她，希望能从李滢的身上发掘出更多对中国建筑界有参考价值的材料，但看来都没有成功。赖德霖先生主编的《近代哲匠录》有关李滢的条目只有简短的几行，且内容也不完全准确。联系到她自己检查“个人英雄主义”“事事但求与众不同”“不了解客观而坚持主观”以及她先是好胜要强，而后又有自卑的矛盾性格，再加上爱人洪朝生回国后在低温物理和超导研究的成就，获得一系列国际、国内奖项和荣誉，已是全国人大代表和全国政协委员，相对比之下，可能会更有助于理解她后来的心理状态和表现吧。

从我所了解的李滢的情况可以看出，她应是属于早期爱国归来的海外留学回国人员中的一个特例，但了解她的这些情况对于我国建筑界来说也还是有一定参照作用的，和众多建筑前辈一样不应被遗忘，所以写了这些文字来表达对李滢老大姐的怀念。

2020年7月4日一稿

（二）工程合作忆司徒

疫情中的2020年3月5日，是农历惊蛰日，下午在微信上忽然看到一条消息："著名雕塑家司徒兆光先生，于2020年3月4日18点在北京逝世，享年80岁。"司徒先生是我熟悉的雕塑家和美术教育家，不想突然就走了，让人十分伤感惊愕。

很快找到了中央美术学院范迪安院长的手机号，发去了向家属慰问的唁电，并简短回顾了一下与司徒先生的交往，还发去了几张相关的照片，很快收到范院长的回信："谢谢来信表达对司徒兆光先生的追念！往事不忘，言简意深，足见真情！我一定转达给司徒先生亲属。"后来又看到中央美院的正式公告，范院长题词："以生命之塑，见内美之光。"他代表院方、中国美协对司徒先生的逝世表示哀悼，并向其亲属致以问候。

司徒兆光先生1940年生于香港，祖籍广东开平市，是文化部原副部长、著名电影人司徒慧敏之子。1959年毕业于中央美院附中，后考入中央美院雕塑系，1961—1966年在苏联列宁格勒（彼得格勒）列宾美术学院雕塑系留学，师从著名雕塑家M·阿尼库申教授。回国后在中央美院雕塑系任教，曾任系主任，全国城雕建设指导委员会委员、全国雕塑艺术委员会委员、首都城雕艺术委员会委员，还曾被授予俄罗斯列宾美术学院荣誉教授等称号。在雕塑创作和培养人才上都有重大贡献。

由于几项工程设计，我得以有幸认识司徒先生并获得与他共同合作的机会，所以对司徒先生还是有深刻的印象。

第一次合作是在北京筹办亚运会的过程中。1990年亚运会是我国第一次举办大型的综合性洲际运动会，所以各级领导都十分重视，尤其是在新建的主要比赛设施——国家奥体中心的建设中，除了大量的比赛和训练设施外，对体育中心的环境景观设计还下了很大的功夫。除了在任务书中，为环境绿化、雕塑列出了专门的投资外，还强调"做好绿化、美化、雕塑、小品建筑等设计"。城雕工作在工程之初就开始酝酿，进行了三次征稿，大约前后有300多个方案，期间还多次开会。1986年11月，首雕委开会布置任务，1987年多次讨论和评审草稿，利用这些机会，我也见到了以刘开渠先生为首的多位雕塑家，包括中央美院雕塑系司徒先生在内，并陪同他们在1990年2月5日踏勘现场，在3—4月各方案陆续定案，在8月份以前全部安装完毕。最后我还陪雕塑家们去各处观看了他们的作品，以及我们为配合雕塑作品所作的环境设计。

应该说奥体中心的雕塑群创作（整个园区共21组雕塑）是北京城雕建设史上的一个重要成果，"这批作品在艺术质量、数量、社会效益方面均取得显著成就，这是20世纪80年代末规模最大的一次城市雕塑创作活动，有着承前启后的意义。"当时首雕委的领导宣祥鎏同志指出："我们努力提倡不同形式和风格的自由发展，对于题材的选择、地点的确定、手法的表现、材料的采用等等，一般不加限制，不设框框，放手让大家发挥自己的创造性。"而我作为建筑师的主要任务就是要根据首雕委所选定的雕塑方案，根据其体型大小、材质特点、视看环境、作品内容等诸多要素，与雕塑家共同商定雕塑的安放地点及安装方式。当时司徒先生创作的"遐思"就是一个铸铜的裸体女像，据我所知这可能还是我国从1949年以来第一个安放在室外的裸体女像（当时孙家钵先生也有一个黑花岗石的人像，但比较含蓄）。这也从一个方面向世界各国展示了我国在艺术创作上的开放和包容，这个雕塑对于司徒兆光先生，对于审批的各级领导都是需要一定的胆识和突破。

司徒兆光先生（1995年12月）

当时奥体中心的雕塑中有若干组具体的人像雕塑，我当时考虑要为它们创造比较开阔的视看环境，不要因树木、建筑等过分遮挡，如果可能，尽量创造一些不同高度、不同视点的观看角度。所以把"遐思"雕塑安放在奥体中心全区中央2.7公顷月牙形水面北面的岸边，其背景为呈银白色的游泳馆和体育馆，雕塑微微抬起的眼神远望着宽阔的水面以及远处的旗杆和体育场，而雕塑本身又和池岸边专门设计的汀步和深入池中的台阶相互呼应，加上周围还有不少高台和平台，可以从不同角度看到雕像，我自认其安放位置和方式还是比较理想的。当时在奥体中心创作雕塑的艺术家比较多，虽然都认识了，但和司徒先生的交流不是太多，只是和一些需要建筑环境配合更多的艺术家讨论得更多。

不想几年以后和司徒先生又有了一次合作的机会。1995年是清华大学建筑系学习的建五班毕业30周年，我们很早就酝酿要为建筑系的奠基人梁思成先生捐赠一座雕像，均因种种原因没有实现，这次决心要实现这个愿望，也表示我们毕业30年的学子们对恩师的怀念。在征得了校方同意以后，工作即进入实施阶段。第一件事就要商定创作雕像的雕塑家人选。我班同学、时任建设部规划司副司长的王景慧是全国城雕指导委员会的委员，对雕塑家们比较熟悉，而我因亚运会工程关系，也认识一些雕塑家，最后从风格、手法和表现力等方面考虑，选定了时任中央美院雕塑系主任的司徒教授友情“出演”，当时知道他是文艺世家，他哥哥司徒兆敦在北京电影学院任教，被誉为“中国纪录片之父”。司徒先生高兴地接受了这一工作。后来和司徒先生交谈时才知道，他在苏联留学时还曾遇到过在那时访问苏联的梁思成先生，这种印象也是他创作的有利条件。

奥体中心《暇思》

1994年8月23日，王景慧、孙凤岐和我陪同司徒先生去清华和梁先生夫人林洙先生见了面，了解了一些情况，提供了部分资料。1995年2月11日上午，王景慧和我一起去中央美院司徒先生的工作室，看最初的草稿，感到有一些需修改的地方，因为梁先生去世时没有留下石膏的面模。司徒先生说许多名人在去世后都会留一个面模，在技术上十分简单，这在以后的人像创作上就比较容易掌握面部的骨骼结构，但在梁先生去世的那个特殊时期，这是根本不可能的。后来林洙先生，建筑学院资料室，《新清华》等都提供了大量照片资料，司徒先生的工作室里也到处放着梁先生不同时期和不同角度的照片，工作也渐入佳境。林洙先生去的次数当然最多了。我在2月17日下午曾陪关肇邺、楼庆西、宋泊、郭德菴、俞靖芝等先生去美院看小样。宋泊和郭德菴先生是司徒先生同行，关、楼二先生和梁先生共事多年，都提出了许多中肯的意见。2月21日下午我去美院接上司徒先生去清华，和建筑学院胡绍学院长一起研究雕塑安放的地点和基座设计。当时学院的新楼梁錸琚楼也刚建成不久，按照人们的一般观念，室内雕塑一般总是放在入口大厅正中轴线处，清华一些已建的雕像也是这样处理的，可是我们觉得学院入口门厅正中的空间比较局促，并且是个人流往来十分繁忙的地方，并不理想，相对门厅的南北两个侧厅倒比较宽裕安静，尤其是北厅，墙面的背景正好是汉白玉的中国传统木构件的装饰，侧面有阳光射入，使雕塑的立体感更为强烈，周围环境也比较理想。这样和司徒先生、胡先生一起决定了雕像的基座平面0.4 mX0.4 m，高1.4 m，为整块灰色花岗石，这样雕像安装好后正好比一般人的头部要高出一些，这样也便于人们和雕像合影。当时在地面原有分格上定下了基座的精确位置，并委托清华设计院完成基座的施工图纸。之后还陪着司徒先生去校图书馆看了蒋南翔和梅贻琦二位校长和化学馆张子高副校长的塑像，还征求了清华校友会承宪康先生的意见。司徒先生和大家进行过多次讨论甚至争论，对泥稿比例、面部表情、眼镜的表现等都交换过意见。司徒先生说：“我愿意大家来提意见，意见提得越多越好。”

林洙先生和清华教师与司徒先生讨论梁先生塑像泥稿

梁先生亲属与梁思成先生像

我记得3月13日下午是在中央美院最后定稿的日子，建筑学院的赵炳时、左川、陈志华、胡绍学、林洙等先生和北京院魏大中、马丽、吴亭莉还有同学林峰一起看了泥稿，做了最后的敲定。司徒先生也转入了最后的制作阶段，听他说整个铸铜的过程进行十分顺利。在揭幕的4月30日的前几天，司徒先生去进行了试安装，但他觉得有的地方的表面处理还不理想，于是又拿回加工厂进一步修改，直到取得了较满意的效果。4月30日，司徒先生和梁先生的亲属、众多弟子、我们建五班的同学一起参加了雕像的揭幕仪式，大家都抢着和司徒先生合影，感谢他为创作梁先生雕塑付出的心血。

梁先生纪念像揭幕

司徒先生与王景慧

梁先生雕像的落成是清华已建成的名师们的第13座雕像，梁先生又回到了建筑学院，和大家在一起了。所以有一位老师评论："梁先生好像刚从家里来到系里上班。"但他也认为："他所特有的爱说话、爱议论以及亲切近人、风趣俏皮的神情却没有留下多少。"岂不知司徒先生和我们当时决定采用的是梁先生在20世纪60年代中后期的形象——清癯的面庞上双眉微蹙，隐约露出忧郁和沉思的神情，正是表现了他在晚年时内心的矛盾和困惑，这样也更能突出和强调在梁先生身上的悲剧色彩，这也正是司徒先生创作中的成功和点睛之处。在清华园内已有的许多名人像相比，大家首先追求形似自不待言，但在形似的基础上，设法表现人物在特定条件下的内心世界，却不是那么容易的。

就在雕像工程完成不久，我很快又有了一次与中央美院雕塑系的艺术家们及司徒先生合作的机会。抗日战争是中国人民抵抗帝国主义侵略的第一次完全的胜利，是中华民族面对强敌不怕牺牲、为全民族的光荣而奋斗的伟大民族精神的胜利。1995年是抗日战争胜利50周年，我们接受了在卢沟桥宛平城南规划建设"中国人民抗日战争纪念碑和雕塑园"的任务，预定在2000年抗日战争胜利55周年时竣工开园。

工程的前期工作是要确定雕塑园的总体规划方案，这是以建筑师为主，结合领导和雕塑家的意见形成最后方案的过程。在三角形用地上，与北面宛平城内抗战纪念馆及更北面的抗日战争遗址形成南北向的"抗战轴"，与宛平城自身及卢沟桥的东西向"文物轴"正交，确定雕塑园的中心定位。

根据雕塑园的要求，需要体现：中国共产党领导下的抗日民族统一战线，中国共产党在抗日战争中的主导作用；"工农兵学商，一起来救亡"，海外华侨、国际友人支持抗战的画面，国共两党合作，共同抗战；正规军和游击队作战的场面。雕塑园的主题围绕"起来！不愿做奴隶的人们，把我们的血肉筑成我们新的长城"展开总体规划设计。具体创作上注意纪念性和艺术性相结合，教育性和观赏性结合，英雄行为和揭露暴行结合。

此前国内有关抗战题材的纪念物和雕塑已多有建成，需要突破已有的定势：如单独突出建筑物的造型；集中于一枝独秀的主题雕塑；用数字或表象来传达含义；用具象和变形的物体来明喻或暗喻等。建筑师当时提出的在150 m×150 m见方的空间中，通过不规则的矩阵布置、多组群雕的方式，用38尊不同主题而又互相关联的顾盼，形成了浑然一体的连续性画面，既像中国传统的碑林，又像秦汉兵马俑的布阵。这种大胆的布局方式很快获得了领导和雕塑家们的认可，他们把这种多角度、多空间的布局称为“无中心”的整体布局、“中心式结构被解散成非中心式结构”。

抗日群雕放大现场（798厂）

纪念群雕由中央美院雕塑系的全体教师参与，集体创作。当时的系主任是隋建国教授，他组织了包括司徒先生在内的众多雕塑家来共同完成这一壮举，共21人参与了创作活动。共分日寇侵凌（9尊）、奋起救亡（7尊）、抗战烽火（11尊）、正义必胜（11尊）。而司徒先生完成了“抗战烽火”这一组中的“同仇敌忾”和“巾帼英雄”两尊。

留给雕塑家们的时间并不多，所以在创作过程中，和司徒先生、和雕塑家们的交流较少，因为自己对这种造型艺术终究知之甚少。只记得参加过几次雕塑泥稿、放大稿以及在798的空旷厂房里雕塑的足尺稿的讨论和学习。雕塑家们都身着工作服，十分辛苦地劳作着，除去包括司徒先生等中央美院的老师们外，还有参加评审的雕塑家王克庆、程允贤、叶如璋等人。雕塑园工程完工以后，司徒先生还专门撰文对整个创作加以评价。为了表示对司徒先生的怀念，这里大段引用如下。

司徒先生讨论抗日群雕

“抗战群雕不是单纯的政治口号，而是艺术，它要求与内容相适应的表现形式。这次创作在形式上有新的思考，表现在4个方面。

1.‘无中心’的布局形式。采用雕塑园的设计者马国馨提出的‘无中心’的构想。近现代的一些纪念性雕塑形成了比较固定的历史模式，纪念一个历史事件或人物要有一个中心像或具体的英雄，并由此成主次序列展开。这组群雕没有那种突出的中心形象，对抗日战争这一重大历史事件，采用高度概括的手法，表现全民族同仇敌忾一致对敌，因而不出现具体的战役，不出现具体的人物。

2.碑林式的群像。八年全民抗战，内容极其丰富，单一和中心模式已无法负载其内涵，因而提出柱式碑林的方案，被大多数人认同，认为充分契合国歌‘起来，不愿做奴隶的人们’的深刻内蕴。

3.叙事性。以往的模式强调浓缩的形象，难免简单、直白，这里的叙事性是应抗战内容之需自然生成的。能做到内容丰富是这次创作的一个收获。

4.集体创作的新形式。先前的集体创作，体现集体智慧而模糊个性，这次把38尊塑像具体到几乎全系的所有教员，每人两尊。柱体形式的大构图一致，但具体的处理手法由个人决定，形体的造型特点都十分个性化，远看是碑林，近观每尊雕塑风格各异，耐人寻味。”

在我多年的设计生涯当中，能有机会三次和司徒先生合作，真是我的幸运，也可说是我们的缘分。建筑设计和其他的公共艺术、视觉艺术联姻，在国外已是司空见惯，而国内这种机会却十分难求。司徒先生后来尽管年事已高，晚年听说身体也不好，但他平易近人的谈吐，刚强雄健的手法，精湛高超的艺术，尤其是在艺术作品上精益求精的同时又对内心世界和思想深度的追求，从具象造型出发而达到表现性的艺术效果，广受师生和友人称道。他身兼教师和艺术家的身份，虽然我们之间的私下交流很少，但仍给我留下了深刻的印象。由于疫情，无法和司徒先生做最后的告别，但他的传世作品，他的艺术人生，将在中国雕塑发展史上留下精彩的一页，也将为我们，包括清华建筑学院的众多学子所铭记。司徒兆光先生一路走好！

2020年3月6—25日一稿

31日修改

Exploration of Classical Garden Night Lighting Landscape Construction: A Case Study of Shanghai Guyi Garden

古典园林夜景灯光景观营造路径探索
——以上海古猗园为例

吴 松*（Wu Song）

摘要：江南古典园林多为文人私家园林，古猗园也不例外。随着时代的发展，为进一步丰富人们的感官世界和精神生活，以对传统文化遗产合理利用为出发点，古猗园自2016年就着手景观灯光提升项目，历时三年，终于打造完成。2019年中秋节期间正式推出，取得了良好的效果。本文从该项目实践过程中灯具选用、色彩光运用以及建筑、园林驳岸灯光照明方式等实际做法入手，探究如何利用夜景灯光景观营造再次呈现古典园林的独特意境。

关键词：古典园林；夜景观；营造；上海古猗园

Abstract: Jiangnan classical gardens are mostly private gardens of the literati, and Guyi Garden is no exception. With the development of the times, in order to further enrich people's sensory world and intellectual life and to make appropriate use of traditional cultural heritage, Guyi Garden began to carry out the landscape lighting improvement project in 2016. After a good three years, the project has been finally completed. It was officially launched during the Mid-Autumn Festival in 2019 and achieved good results. This article starts with the actual practice of the selection of lamps and lanterns, the use of colors and lights, and the lighting methods of buildings and gardens during the implementation of the project, and explores how to use the night scene lighting landscape to create a unique world of the classical garden.

Keywords: Classical Garden; Night View; Construction; Shanghai Guyi Garden

早在战国时期，中国就有了自己的灯具，此后连绵不断发展至今。明清两代是中国古灯具发展最为辉煌的时期，表现最为突出的是灯具的质地和种类的丰富多彩。造园家计成在《园冶》中多次提到园林夜景之美，那种时晦时明的景象正所谓：月华连昼色，灯景杂星光，景物之雅致与瑰丽，令人为之向往。造园者将中国传统文化和人生理想等抽象元素融入建筑、植物、山石、水体等实体塑造，营造出了若诗若画的园林意境。夜间需要借助灯光来满足基本活动，并延续日间园林意境主题①。

上海古猗园的灯光系统优化提升工程是根据园林景观特点、务实的照明理念、艺术创新的照明设计，通过严谨规范的施工，采用绿色节能的光源、合理选用灯具、区段模式控制等多种手法完成了亮化提升建设，使古典园林呈现园林景观和灯光景观的有机融合，从而反映城市的经济、环境、习俗及其个性独特的文化内涵。园林照明作为城市灯光工程的重要组成部分，越来越受到人们的关注和重视。

一、古典园林夜景灯光研究的意义

1.以游园安全为主线，体现功能照明的需求并起到串联各景点的作用

① 胡华，刘刚.夜景照明与历史古典园林的保护和发展[J]中国园林，2010，26（12）：54-57.

* 上海古猗园园长。

结合古典样式的照明设施，运用现代科技，使灯光与古典园林相融合。系统化改造公园功能照明系统，不仅能增强公园内夜景空间感，满足照度、亮度的要求，提高园内道路照明，满足游客夜间游园的安全需求；还针对原有照明不足的区域周边，补充照明设施，增设引导性照明，完善导视系统、道路荧光指示牌等夜间导向设施，有效解决园林道路照明欠缺，容易造成安全隐患的问题。因此，系统化改善公园内部功能照明系统，能充分保障和提高游园的安全性。

2.以文化内涵为特色，注重游客游园的氛围

园林照明的意义并非单纯将园林道路照亮,而是利用夜色的朦胧与灯光的变幻,使园林呈现出与白天迥然不同的意趣。增加照明方式，创新设计理念，充分运用人造光的抑扬、明暗、隐现、动静以及控制投光角度和范围，以建立光的构图秩序、节奏，提升夜间光环境，增强文化气息，提高古猗园绿竹猗猗、幽静曲水、明代建筑、花石小路、楹联诗词五大特色景观的观赏价值。游客除了白天游园外，还可以选择相对闲暇的夜间出行，体验古典园林的清淡、洗练、素雅等风格，对于习惯了白天游览园林的人们来说，夜游更有新鲜感，更具魅力和吸引力。

3.以旅游品牌为支撑，提升主题活动的品质

古猗园曾举办过多届元宵灯会，一度被誉为上海“两大灯会”之一。各式彩灯、灯笼、LED灯带与古典园林的亭台楼阁、飞檐翘角相得益彰，近千盏红灯笼和各式宫灯铺就了赏灯游园的“星光大道”，使明代古园顿时化身为一座灯火璀璨的“不夜城”，让市民游客流连忘返。去年以来，古猗园已开始举办夜间戏曲专场，逐渐开始形成园林式戏曲演出特色。游客以灯为引，在花草虫鱼陪伴的自然之声中，品味园林戏曲舞台上的行云流水，感受古典园林中欣赏戏曲的美妙韵味。活动的成功举办离不开与之相得益彰的夜景照明。

4.以节能环保为保障，落实生态绿色的理念

“崇尚自然”“低碳环保”是园林景观规划设计的全新追求。创造性地运用现代灯光照明技术和注重采用环保节能的光源，贯穿于园林景观照明设计全过程，全面体现环境保护的理念。一方面，用不同的灯具及匠心独具的艺术手法，在照明过程中，能最大限度降低灯光对建筑、植物等的伤害，尽力避免光污染；另一方面，节能环保的光源减少了电能消耗，同时高效专业的灯具减少了眩光、光散溢和光污染，降低对整体园林景观的观感破坏和对古建及绿植的影响，切实提高夜间照明质量。

5.以辐射推广为措施，带动地区旅游产业发展

古猗园地处千年古镇银南翔，离4A级旅游景区——南翔老街仅1千米。夜景光环境坚持以人为本，更多地关注环境的和谐。营造古猗园特色，能有效地改变和带动周边区域的夜间形象，提升南翔本地的生活形态及文化氛围，带动周边旅游、餐饮、生活的发展，为展示特色旅游区域风貌注入更新的活力。

逸野堂1

逸野堂2

九曲桥1

别有洞天

伶月廊

南大门1

瘦影碎月轩前荷池

隐香亭

缺角亭

鸢飞鱼跃轩

古猗园进一步给市民群众提供更多的夜间游园场所，丰富居民夜间休闲文化生活，同时满足居民群众的生活需求，增强其对园林美的认识和提高心理满意度，加强当地居民的认同感、归属感和自豪感。

二、主要做法

我国在古代便开始了园林夜景的营造，只是当时由于科技的落后，便只能借助自然光源——月光进行夜景观营造，著名的借月景观有西湖的“三潭映月”、泰山的“长松筛月”等[①]。随着时代的发展，科技在不断进步，人工光源也渐渐成为园林夜景设计的主要光源，并由最初的单纯进行夜间照明逐渐发展为各种艺术性光景的创造[②]。古典园林夜景灯光设计是根据园林的性质和特征，对园林的硬质景观（山石、道路、建筑、水体等）和软质景观（草坪、树木等）的夜景进行了统一规划和精心设计，形成和谐的夜景照明环境。古猗园内的建筑多为砖木结构，建筑形式比较灵活，从结构、造型、空间的处理到建筑的属性和整体布局都十分生动。设计时不仅要重点考虑安全和防火，还需顾及照明灯具必须控制在不伤害建筑本体的质量为宜。对于硬质景观，强调生动和硬朗的立体美，通过灯具在光环境中的位置和角度变化，选用温馨的3000 k色温来表现建筑和景观，使之更古朴典雅，更具亲和力，刻画出内在的质感和描绘其轮廓。对于软质景观，采用显色性高的4000 k色温来表现竹林和树木的天然色彩，强调自然与柔和之美。色温的差异形成了不同的观赏景点区域，也有效降低了游客的视觉疲劳。

① 吴颖.试论中国古典园林中夜景得创作手法[J].山西建筑，2008（30）：346-347.

② 王鹏飞，孔倩倩，张莉萌.城市公共园林夜景观营造[J].中国名城，2019：56.

北大门

藕香榭

夜晚，园林建筑同白天的观感是不一样的，因此园林建筑的夜景照明设计还须考虑满足基本的照明功能，并在晚间形成人们视觉的焦点，形成场所的视觉中心，形成功能区域的主题景观。通过灯光的运用，使夜间古猗园内的每一幢建筑都比白天更加沉静，更加“可阅读”。

逸野堂是园内主厅，是园主接待宾客的场所。根据建筑的属性，设计时充分发挥了LED光源直流低压供电、灯具体积小易隐藏的特点。并运用多种灯具将建筑的外观形态充分展示，还在廊下室内布设了具浓厚中国风的宫灯，从而让光从内向外透出，与建筑外型照明形成呼应，以重点展示其建筑属性的地位。

1.灯具选用

灯具是光源、灯罩、反光器和附件的总称。此次我们选用的灯具主要有庭院灯、草坪灯、埋地灯、宫灯、投光灯、水下灯、瓦楞灯等。各类功能性照明灯具共830套，其中草坪灯181套、高立杆庭院灯128套、户外应急灯157套、室内宫灯362套、室外宫灯2套。户外夜景灯具共8017套，其中水下灯94套、照树灯547套、小功率投光灯260套、激光星空灯5套、RGB动态灯具252套、小功率线性投光灯及骑瓦灯6859套。

2.色彩光的运用

在吸引游客的南大门和东大门及园里中心点九曲桥（湖心亭）采用了彩色动态光。九曲桥围栏栏杆下装灯，在夜晚能打亮桥面和堤岸，并变幻出红、黄、蓝、绿等多种色彩，映照在河面上，犹如一条弯曲的彩龙，又不破坏白天的观感。南大门和东大门的彩色动态光表演只展现在中间门楼，而左右的辅楼则用固定色温的灯光来表现，这样的处理一则是以左右两边衬托中间突出重点，二则体现了中华民族天地人的人文哲理。

3.照明方式

古典园林的夜景灯光不仅体现了基础照明功能，还起到了装饰公园夜环境的效果。因此，灯光的照明方式及色彩应用便是在公园夜景照明中创造灯光艺术的主要手段。采用泛光手法来表现古建筑特有的大屋面、飞檐、斗拱、屋脊、脊吻及柱廊等，用剪影的手法来表现檐口和窗户的回文格，采用彩色动态光的表现手法来体现重点，使局部区域形成夜景的高潮点。同时，光源的光通量、光强、色温和灯具的安装和照射方位是夜景灯光成功与否的决定性元素，运用这些元素，使古建筑展现出明暗、浓淡、远近和轻重的实景影态，从而获得更加立体的光影效果。

4.建筑灯光

园林是一门艺术，园林夜景观的创造也应充满艺术性，用陈从周的话说，“园林之诗情画意即诗与画的境界在实际景物中出现之”[①]。在项目实践中，我们采用中间色温的光源来表现古建的古朴典雅，使之更具亲和力。如屋脊投光，主要强化建筑结构，突出古典建筑的特征，在避免炫光的同时营造三维立体的建筑夜景形态；匾额泛光，主要用泛光的方式打亮建筑匾额，突出古建的历史文化内涵，强化建筑在游客心中的意识形态；墙面泛光方面，充分考虑白墙黛瓦这一江南园林文化符号，泛光打亮建筑的墙体及墙体上的特殊解构，强化建筑夜景空间形态。内光外透方面，利用灯光来表现建筑细部的剪影，同时利用光源不同的色温，让建筑的内部结构自然地透出来，强化建筑的进深感，突显古建的立体美。

5.驳岸园林灯光

植物的不同形态与色彩，既可以满足人们的视觉需求，也可以在心理上发挥美感作用[②]。植物绿化方面，我们选用高色温、高显色的光源来照射竹园和绿植，以还原植物的自然色彩使其更具真实感，展现古典园林的意境美。摒弃了传统的插泥灯投射的照明方式，改用合理的地埋灯照射方式，减少了对白天绿植观感的影响，避免晚间亮灯后的过多眩光溢出。

垂直驳岸：利用点光源来装点园内延绵的驳岸，表现驳岸的斑驳和突兀，并在池塘内设置花型漂浮灯设与水禽产生互动，以增加湖面的趣味性。

桥梁灯光：利用灯具不同的安装部位，显示小桥的不同属性和建筑形态。把灯具安装于桥栏杆下，使

① 王鹏飞 孔倩倩 张莉萌.城市公共园林夜景观营造[j].中国名城，2019：56.
② 连洁，贾长松.基于人群行为的北京市园林夜景观调查研究[J].山西建筑，2010（12）：345.

南大门2

梅花碑廊

光和桥边小道形成光串，意味着这是纯粹用作过河的小桥。而表现桥墩的桥梁则是为了烘托桥上的亭阁，告诉人们这是一座亭桥。

总的来说，我们利用功能照明把园内各个景点有序地串联起来，形成一片极具观赏性的集功能性照明、夜景艺术多元化照明、大场景文化特色的照明于一身的场景模式多样化的景观区域。

我们用光告诉游客建构筑物的属性及他们的故事，用光来阐述古典园林的文化内涵和其独到匠心的美感。

九曲桥2

三、几点思考

古猗园灯光系统优化提升工程目的是造景和营境。项目以艺术与技术相结合，景观与文化相结合，渲染空间的变幻效果，增加整体层次，使灯光与典雅建筑、植物园艺、幽静曲水等达到完美融合，营造虚实结合、美轮美奂的意境，为市民游客营造生态优良、环境优美、特色明显的游园氛围。在进行夜景灯光项目时，不能盲目采用传统的照明方案，具体可以采用以下措施进行亮化提升改造

第一，正确选择照度标准值，结合古典园林清雅之色，从夜间照明的舒适度出发，通过调节灯光的各种色差和对比着力体现重点，保证夜间建筑的节奏感和层次感。

第二，要选用合理的照明手法，尽可能避免使用大功率的投光灯对建筑立面、桥梁和植物进行整体泛光照明。利用人造光有选择性照明的特点，布设重点照明。灯光表现要有烘托，有过渡，有铺垫，有串联。

九曲桥3

第三，分时段照明，节约能源，达到良好的生态效果。从夜晚游人活动的时间段考虑，分段进行夜景的照明。同时结合植物特性进行景观照明。

第四，推广环保、高效、节能的光源和灯具，为老百姓营造一个舒适、温馨、和谐的“光” 环境。提升区域夜间形象和夜间光环境品质，表达区域文化内涵，塑造夜间品牌印象。

参考文献：

[1]胡华，刘刚.夜景照与历史古典园林的保护和发展[J].中国园林,2010.

[2]吴颖.试论中国古典园林中夜景得创作手法[J].山西建筑，2008.

[3]王鹏飞，孔倩倩，张莉萌.城市公共园林夜景观营造[J].中国名城，2019.

[4]连洁，贯长松.基于人群行为的北京市园林夜景观调查研究[J].山西建筑，2010.

[5]白桦林.光影在风景园林中的艺术性表达研究[D].北京：北京林业大学，2013.

[6]谢伟斌，马若诗，徐俊丽.苏州古典园林夜景观意境营造：以网师小筑为例[J].规划园林，2019.

南大门3

Rethinking Authenticity:
Reflections of Heritage-Focused Tourism on the Authenticity Protection

反思原真性
——以文化遗产为核心的旅游对原真性保护的思考

毕尚美[*] 马筑卿[**]（Bi Shangmei，Ma Zhuqing）

摘要：原真性保护与以遗产为中心的旅游业发展之间是一个互动的过程。事实上，纯粹的原真性保护的标准是不存在的，价值和话语权的问题也包括在内。因此，原真性的理解被认为是一个动态的过程。一些学者认为，遗产旅游将促进当地文化的复兴，增强当地居民的文化认同感和民族自豪感，并加快旅游业的发展。为了满足大众旅游的需求或当前的审美观念，一些古建筑的元素被隐藏或被替换，这与对历史遗产的原真保护背道而驰。一方面，研究人员批评旅游业发展导致的过度商业化和世俗化；另一方面，以文化为核心的商业表演吸引游客。与一般物质元素的商业化相比，文化艺术已经商业化，以提高遗产地的知名度并突出遗产地的形象。以遗产为重点的旅游业是动力还是阻碍似乎很难下结论（Olsen，2002）。本文将以威尼斯海关大楼（Punta della Dogana）、乌镇和宏村为例进行讨论和分析。

关键词：以遗产为核心;旅游发展;冲突;促进

Abstract: It is an interactive process between authenticity protection and heritage-centered tourism development, and the standards of authenticity protection do not exist. The issue of values and discourse rights are also included. Thus understanding authenticity is considered to be a dynamic process (Xu, Wan, and Fan, 2012). Some scholars believe that heritage tourism will promote the revival of local culture, enhance local residents sense of cultural identity and national pride, as well as speed tourism development. In order to meet the needs of mass tourism or the current aesthetic concept, some elements of ancient buildings are hidden or replaced, which is contrary to the authentic protection of historical heritage. On the one hand, researchers criticize the excessive commercialization and secularization caused by tourism development; on the other hand, commercial performances organized with culture as the core to attract tourists. Compared with the commercialization of general material elements, cultural arts are commercialized to increase the popularity of heritage sites and highlight the image of heritage sites. Whether heritage-focused tourism is the motive force or obstacle of authenticity protection seems to be difficult to form a conclusion (Olsen, 2002). The essay will use the Punta della Dogana, Wuzhen, and Hongcun village as examples for discussion and analysis.

Keywords: heritage-focused tourism, conflict, enhance

* The University of Sheffield, Master degree。
** 同济大学建筑设计研究院(集团)有限公司。

安徽民居1

一、概念解释

安徽民居2

1.原真性概念

原真性不仅是遗产价值评估的必要因素和前提，还是建筑保护的基本出发点和立足点，包括遗产识别、保护和利用三个层次（Zhang，2008）。遗产原真性概念的产生和发展主要取决于两项重要的保护宪法，即《威尼斯宪章》和《奈良文件》。前者强调一些关键点，包括保持基础条件，不能调整布局和装饰，保护周围环境并确保长期的原真贡献。该宪章充分表达了保护历史建筑和文化遗产的原真性概念的含义（ICOMOS，1964）。《奈良文件》于1994年提出，其中提出了以多种方式评估遗产原真性的先决条件。前提是要在开始和随后的形成过程中认识和理解遗产的特征，以及这些重要特征的信息来源。作为一种特殊的财产，可以根据社会和群体的不同需求来发现、开发、利用、交换和交易遗产。它也被认为是具有生动话语特征的对象，可以将其表示为权力的资本象征。原真性是一个不断发展变化的概念，它经历了不同的理解阶段，包括客观主义、建构主义、后现代主义和存在主义（Wang，1999）。

2.旅游研究的原真性演变

自20世纪60年代以来，原真性作为西方旅游社会学的核心概念，不仅是对以遗产核心式的旅游业“好恶交织”的心理反应，而且还揭示了这种旅游现象的社会现实和问题（Ma，2007）。旅游的原真性来自人类在哲学领域的存在主义研究（Trilling，2009）。社会学家Maccannell（1973）将原真性的概念扩展到了以遗产为中心的旅游研究。随着基于原真性的文化旅游的广泛使用和发展，其不确定性和局限性日益暴露。部分学者质疑它的可用性和正确性，支持者用它来解释旅游现象。在旅游研究领域，它已经成为批评、改进和再批评的热门问题。在遗产核心式的旅游业中，“原真性”通常被视为具有讽刺意味的词（Pearce and Moscardo，1986）。在旅游目的地中一些更接近原始景点的景点被视为“虚假”和“无意义”。而且，一些设计师创建了模拟景点，这已成为越来越远离原真性的游客所寻求的热点。

二、案例讨论

1.威尼斯海关大学

威尼斯海关大学占地面积约2700平方米，位于大运河两岸，圣马可广场正对面。从天空看，这个位于三角洲的博物馆雄伟壮观（Andō，2009）。15世纪初，这里是东方来的船只停靠并向海关缴税的地方，然后经历了多次重建。在21世纪，建筑失去其原有的作用后，政府和开发商决定将海关大楼改建为现代艺术博物馆，这是威尼斯大运河沿线重要的历史建筑翻新项目。可读性和原真性是威尼斯海关大学重建过程中的重要原则。安藤忠雄巧妙地保留了可以使用的原始组件，并修复了历史悠久的砖墙和屋顶桁架。通过此举，公共记忆被唤醒为海关大楼。新元素（清水混凝土）的加入形成了新旧之间的对话，使在其中徘徊的游客可以充分感受到原始建筑的空间氛围和材料质感。改造后的博物馆在功能上呼应了格拉西宫，这两个重要的艺术中心可以通过威尼斯运河上的游船线路连接。现代艺术与威尼斯独特的历史魅力之间的碰撞将带来独特的体验（Andō，2009）。修复完成后，使用现代技术手段干预古建筑，可能会失去其历史原真性。为了创造更大的旅游价值，新旧融合的保护方法在一定程度上破坏了遗产的原真性。但是随着时间的变化，不真实的事物也将发展为真实的存在。总而言之，遗产旅游是保护原真性的催化剂还是反催化剂仍然是个有争议且矛盾的话题。

2.乌镇

乌镇位于中国浙江省桐乡市北端。这是一个有1300年历史的江南古镇。在乌镇，河网密布，港口纵横交错，房屋建在河边，靠近桥梁。该镇保留了历史街区的主要传统，真实地反映了水镇的丰富习俗和深厚的文化底蕴（Zhang et al., 2008)）。在乌镇总体规划中，采用了“以旧修旧，以存其真”的总体观念，保留了千年沉淀的原始味道。Song and Hua（2005）在这个村庄评论说：“乌镇的吸引力不仅是古镇的‘形’，而且是‘神’”。乌镇的古镇魅力和以文物为导向的旅游开发吸引了大量游客，2018年接待的游客数量达到900万（Tao, 2020）。此外，乌镇的成功开发获得了一些荣誉，并成为旅游业的“乌镇

意大利威尼斯圣马可广场

模式”。在历史街区中精心安排了许多“原始”场景，包括传统作坊、民俗家具、餐饮、购物和文化区。政府和研究人员对乌镇的原真性保存有正面评价。从某种意义上说，旅游业的发展加强了对原真性的保护。Hong (2004)说：“我对乌镇的支持更多来自其对历史的专注和奉献”。

3.宏村

宏村位于中国安徽省南部，黄山市西南。它是一个明清时期具有许多历史建筑的古村落，是徽州居民区的典型代表。徽派建筑是其徽文化最重要的组成部分之一，特点是“白墙黑瓦”。村落丰富的文化资源为旅游业的发展奠定了基础（Zhang et al., 2008）。基于遗产的旅游业的日益发展促进了这个村庄的经济活力。文化遗产保护与旅游业发展之间的矛盾在于地方政府的建设和原真性的实现。由于对原真性认识的僵化，过度旅游以及对当地文化背景的侵犯，阻碍了遗产的原真性保护。从目前的古建筑保护、传统文化和旅游业发展之间的冲突中可以看出，政府的原真性被理解为静态和单一的，而不是将遗产地视为可持续发展的历史。旅游业已经扫除了“古老村庄的人文氛围”。该村庄的居住功能已被更改为服务游客的功能区域。频繁的旅游活动对古镇造成物质破坏和文化价值的丧失，这是不容忽视的（Tan，2007）。

三、评价

以文化遗产为重点的旅游是原真性保护的催化剂还是反催化剂，是许多学者争论的问题。Lowenthal（1992，2008，2015）是对此提出质疑的最具影响力的学者之一。他提出用三种类别来表达真实性的争议性。三种类别分别为：①对原始形式与实质的忠实；②对历史背景的忠实；③对目标的忠实。基于这三类讨论真实性的结果与本文中提出的原真性范畴，即材质、历史背景、文化、风格、功能等是相似的。Lowenthal 在“对原始形式和实质的忠诚”章节中，阐述了所有的艺术和材料在衰退和解体后，失去了曾经使其显得真实的身份。他认为那些被剥夺了可识别形式的未修复物品的真正价值完全是学术的。如今看来，古代艺术碎片的神秘性与独特性被策划人视为值得展示的，来庆祝碎片本身的真正存在。就像威尼斯博物馆中存留的碎片化墙体、屋架等构建，规划者将原有的历史记忆存储在这些构架中，从而去延续或加强海关大楼的原真性。在对背景的忠实上，存在的问题是哪种背景是真实的，是某些建筑元素还是文化环境？是时代所留存的特有物品还是某种历史场景？或许这些都很重要。但不可否认的是每一种情况都有可能包括或者排除另一种情况。在美国国家档案与文件署（NARA）文件中说明了对每一种环境的相对价值的保护评估。（Scott，2015）。

尽管基于遗产的旅游业在一定程度上改变了建筑的功能和某些组成部分，但旅游业的展示是保留这些历史记忆的原因。参观者可以通过保留在里面的历史元素（例如裸露的砖墙和原始的木框架结构）来体验建筑的个性特征和时代氛围。当然，这是通过政府和当地居民等不同角色的共同努力实现的。对于乌镇而言，为了向公众展示历史风貌，在保留古代建筑的重要元素（建筑材料、牌匾等）的基础上，将一些具有居住功能的古建筑转化为展览和观光或商业建筑。这些伪造的“原真场景”使游客更容易感受到古代生活的氛围。在物质和精神的双重影响下，旅游业加强了对建筑物原真性的保护，形成了良性循环。反观安徽宏村，旅游业的蓬勃发展使古镇和回族建筑失去了其历史意义。为了满足游客的需求，一些当地居民被迫迁移并将其住房转变为高利润的商业和旅游服务功能。最初的居民夺走了建筑独特的精神生活，只留下了古镇的遗体。某些古老建筑的外观和整体气氛（例如颜色、形状和体积）得到了很好的保护，但内部潮湿且受损。因此，无论是回族建筑的保护还是古村落的文化背景，以文物为导向的旅游业的发展在某种程度上都是无效的，或者加速了文物原真性的破坏。

四、结论

历史遗产是旅游的客观条件，为旅游奠定了基础。另外，它被视为一种在遗产资源上发展起来的人类旅游活动，可以反映人类所继承的物质和现象。它适应了旅游市场需求的变化（Luo，2016）。每种类型的古建筑都代表一种特殊的文化，而建筑中的不同组成部分则代表着相应的文化符号。根据原真性保护原则，保留了一些元素。同时，这些独特的文化符号被视为旅游业发展的基础。游客可以回忆这些历史遗迹，以增强建筑物保护的原真性。从另一个角度看，为了与时俱进并满足公众的需求，建筑物的改建可能会增加现代元素，这在一定程度上削弱了建筑物的原真性。注重遗产的旅游业发展与原真性保护之间的关系是一个动态的过程。在文物利用的早期，管理人员积极推销，希望吸引更多游客。它不仅有助于传播遗产的价值，而且还可以获得一些经济利益。随着旅游业的深化发展，旅游业的负面影响继续显现，旅游业与原真性保护之间的矛盾也加剧了（Zhang，2017）。

遗产强调其价值的展示和再现，但实际上，一些具有重大文化价值的遗产似乎并没有受到游客的追捧。相比之下，旅游业研究更注重根据游客感知需求对遗产价值进行“重构”，以更具接受性的方式解释遗产价值，包括具体化的解释，还包括一些演出。但是，这些方法已被学者批评为“扭曲”“庸俗化”。社会经济的发展和后现代社会的影响，使更多类型的游客参与了旅游，包括“公共文化游客”“大众文化游客”。以文物为导向的游客的多样性在增加，这也意味着在历史要素的展示和解释中“复制”与“重建”之间矛盾的持续存在。简而言之，现实世界中遗产旅游产品开发的对抗实际上是对理论世界二元结构的原真反映。如何解决现实中的冲突以及如何在保护原真性和注重遗产的旅游业发展之间取得平衡，取决于更多研究者从动态和互动反馈的角度不断分析和研究旅游业发展和原真性保护问题。

（图片提供：CAH 金磊　李沉）

参考文献

[1] Andō, T., Tadao ando: museums. Skira-Berenice, 2009.

[2] HONGZ. From Zhouzhuang to Wuzhen. youth Literature, 2004(7): 77-80.

[3] ICOMOS. International Charter for the conservation and Restoration of Monuments and Sites: The Venice Charter, ICOMOS. [Accessed 20 May 2020], Available from: https://preview.tinyurl.com/ydg23tje.

[4] L D. Counterfeit art: authentic fakes?. Internatíonal journal of cultural property, pp1(1): 79-104.

[5] L D. Authenticities past and present. CRM-WASHINGTON-, 1992, 5(1): 6.

[6] L D. The past is a foreign country-revisited. Cambridge University Press, 2005.

[7] L Q. A study on the authenticity experience of cultural heritage tourism in Beijing Forbidden City. M. A. Dissertation, Capital University of Economics and Business.

[8] M L. The application of authenticity theory in tourism research. Tourism Tribune, 2007: 22(10): 76-80.

[9] M D. Staged authenticity: arrangements of social space in tourist settings. American Journal of Sociology, 1973, 79(3), PP.589 - 603.

[10] O K. Authenticity as a concept in tourism research: The social organization of the experience of authenticity. Tourist studies, 2002, 2(2): 159-182.

[11] P P L, M G M. The concept of authenticity in tourist experiences. The Australian and New Zealand Journal of Sociology, 1986, 22(1), pp.121-132.

[12] S D A. Conservation and authenticity: Interactions and enquiries. Studies in Conservation, 2015: 60(5): 291-305.

[13] Song L H F. Features and protection of the ancient town of Jiangnan Water Town-Wuzhen. Anhui Architecture, 2005, 31(14): 12-13.

[14] T J. Analysis of the dynamic protection models of historic and cultural blocks in China. Journal of Anhui Institute of Architecture & Industry, 2007, 15(5): 69-73.

[15] T N. The Pengpai News [digital image]. [Viewed 6 May 2020]. Available from: https://preview.tinyurl.com/ydav7szl.

[16] T L. Sincerity and authenticity. Harvard University Press, 2009.

[17] W N. Rethinking authenticity in tourism experience. Annals of tourism research, 1999: 26(2): 349-370.

[18] X H, W X, F X. Rethinking the implementation of authenticity in china's heritage conservation: a case study of Hongcun village. Human geography, 2012, 27: 107-112.

[19] Z C. Understanding of authenticity: evolution and differences in the perspective of tourism and heritage protection. Tourism Science, 2008, 22(1).

[20] Z C. Cultural heritage and sustainable tourism: mutual tolerance, mutual fusion, mutual prosperous: summary and reflection from the “Cultural Heritage and Sustainable Tourism Summit Forum”. Research on Heritages and Preservation, 2017, 2(3), pp.54-60.

[21] Z C, et al. Symbolic “original” and commercialization of heritage sites. Tourism Science, 2008, 22 (5): 59-65.

The Relics of the Qi Family's in Lingnan Deserve Attention: A Visit to Guyuan Village in Yunfu, Jiancun Village and Baigang Village in Conghua, Guangdong Province

值得重视的几处岭南戚氏村落

——广东省云浮古院村、从化枧村和白岗村踏访纪略

殷力欣* 戚霞**（Yin Lixin，Qi Xia）

提要：广东省现存民居类建筑遗产，大致可分为客家民居、粤中民居和潮汕民居三种类型。本文记述的几处戚姓古村落属于粤中民居类型，但与一些建筑装饰过于华丽的实例（如广州陈家祠堂等）不同，这几处民居建筑保持着典雅大方的适度分寸。尤其值得称道的是，这里对古村落的保护，不是自上而下的文物普查，而是广大村民的自觉自愿的自发行动。

关键词：古村落；岭南民居；文化传承；自发性文化遗产保护行动

Abstract: The several Qis' ancient villages mentioned in this article belong to the Central Guangdong dwellings. Different from some dwellings with over-gorgeous architectural decorations like the Chen Family's Ancestral Hall in Guangzhou, these dwellings are moderately decorated and look decent. It is especially commendable that the protection of ancient villages here is not a top-down survey of cultural relics, but the self-motivated actions of the broad masses of villagers.

Keywords: Ancient Villages; Lingnan Dwellings; Cultural Heritage; Self-motivated Actions for Cultural Heritage Protection

一、引言

近年来，随着我国经济文化的发展，各地的古镇古村类文化遗产逐渐得到公众的认知，这正契合了2013年12月《中央城镇化工作会议公报》有关城镇建设应“让城市融入大自然，让居民望得见山、看得见水、记得住乡愁”的倡议。与以往自上而下的文物普查不同，如今时常会有民间自发性的建筑遗产保护行动。

提起戚姓，国人几乎无人不知明代民族英雄戚继光之威名，其“封侯非我意，但愿海波平”的襟怀，更是在五百年来感动了无数中华儿女。其实，戚氏人家具有如此家国情怀者，远不止一个戚继光。宋末元初之际，即有广西平乐府同知戚玉成（字龙佑）“义不忘君，不畏元兵锋刃”的历史记载。此戚玉成系江西赣州乡贡赐进士及第，与后世的戚继光，本系同宗，后戚玉成一枝迁居岭南，而戚继光先祖所属的一支则迁居山东登州。

自戚玉成氏迁居岭南，其后裔多聚居在广东江门、云浮、从化、清远、廉江、开平、佛山等地，今云浮市新兴县古院村和广州市从化区之枧村、白岗村等均留有重要遗迹。2017年1月3日至6日，笔者应邀对这三处遗迹作短期踏访。

*《中国建筑文化遗产》副主编。
** 自由撰稿人。

古院村全景

古院村东南角鸟瞰局部

二、新兴县古院村

古院村位于广东省云浮市新兴县东成镇北面，距镇政府约1公里，居民460户，约1400人，耕地面积3810亩，地处主要为山地丘陵的粤西（粤西地区包括湛江、茂名、阳江、云浮等四个地级市）而毗邻粤中，故其传统民居建筑风格兼取粤西、粤中之长。该村依山傍水，南部为较大的池塘，居民所建房屋自池塘北岸依次向北部、西北部山坡延伸，形成今天所见的数百个独立院落呈扇形自下而上分布的局面。其村落整体格局显然符合传统的风水堪舆学的原理，对当今而言，也是将人居环境与自然环境相容共济的典范。古院村于2017年入选“新兴县不可移动文物名录”，但其历史文化价值尚未得到较详细的阐述。

古院村地处地形以山地丘陵为主的粤西南，毗邻粤中，其村落建筑风格大致属粤中民居范畴。此村中以戚姓居民为多，同时还有黎姓等另外九个姓氏人家，各姓各自建宅立院，故称“九院”。因新兴方言之“九”与“古”同音，后定村名为“古院”。其中戚姓人家居多数，戚氏宗祠自然应为村中最重要的建筑，但令人惊奇的是，此村落并存了三座宗祠建筑，戚氏宗祠只是其中之一，另两处为分支祠堂性质的鲤山宗祠，更有戚姓人家之外的黎氏祠堂。

1.古院村戚氏宗祠与鲤山宗祠

此二祠毗邻而建，均为戚姓族人祭祀祖先的建筑，前者为总祠，后者则为兄弟分家而治后的旁系所建分祠。总祠与分祠并联一处，这在其他地方殊不多见。此二祠与岭南其他地方所见的建筑规制大体相同，为“三堂式”布局。单体建筑大多采用晚清以来中国民居常见的砖木混合结构——山墙承重，隔间沿用抬梁式或穿逗式木构架（外檐柱也常见石柱）。

总祠性质的戚氏宗祠比鲤山宗祠的建筑规模略大，一是面阔略宽，二是木材尺度也略大一些。因此，总祠给人的感觉更雄伟一些，而分祠则偏重精巧，可以说各有所长。以各自的第一进院落——祠堂祭祀之正堂相比，总祠戚氏宗祠布局疏朗，门楼于正堂之间，两侧为廊庑，不置一物，强调的是祭祀功能；分祠鲤山宗祠的东西廊庑，则可置放杂物和灶台，突出的是使用功能，这也是分祠承担较小规模祭祀所允许的。

再以建筑装饰看，同为门楼，同有质量上乘的雕刻与壁画，而各自的趣味却有所差异。总祠的梁枋雕饰与屋脊雕饰近似，采用图案化的博古纹雕饰，使得建筑氛围比较端庄肃穆，而分祠则更多采用造型活泼生动的花鸟鱼虫、吉祥花卉等，壁画也多以传统戏曲、明清话本小说如三国故事等为题材，具有更浓郁的生活气息，其中一些画作甚至带有岭南文人画的风格特点，表现了此地浓郁的文化气息和较高的艺术水准。就历史上的两宗祠使用情况而言，除祭祀先祖这一主要功能外，两宗祠还是村塾、赈济、节庆、婚丧嫁娶等社会文化活动中心。

2.古院村黎氏宗祠

村内非戚姓人家的黎氏祠堂也堪称重要——形成了多姓氏团结共融的和谐社会图景。此村正南

古院村正南鸟瞰局部，居中者为戚氏宗祠（左）与鲤山宗祠（右）

戚氏宗祠正门

戚氏宗祠正门前廊局部

戚氏宗祠正门前廊局部

古院村戚氏宗祠正门前廊

戚氏宗祠正门前廊雕饰

戚氏宗祠正堂

戚氏宗祠前院与东廊屋

戚氏宗祠正堂屋顶

戚氏宗祠正门壁画

鲤山祖祠正门

鲤山祖祠侧面

鲤山祖祠正门前廊雕饰及壁画

鲤山祖祠前院及正堂

居中位置为戚氏宗祠（宗祠）和一座分祠性质的鲤山宗祠，而黎氏宗祠则位于村东南角，现仅存门楼，原门楼后的庭院、主堂等则于20世纪五六十年代被夷平，并在原址建造一座人民公社时代的大食堂（今为仓库）。据现场勘查和村民回忆，原建筑格局、体量与鲤山宗祠相近。从现存门楼看，其构架更为简洁，而建造工艺则与鲤山宗祠同样精湛，其装饰构件和彩画等，也有同样的审美趣味——传统吉祥花卉题材的木雕和不乏文人书画趣味的彩画。

黎氏宗祠虽仅存门楼，但无意中保存下这样一处人民公社时代的建筑遗存，对我们回顾完整的历史演进，倒也不无裨益，而当地村民也有意识地对这类遗址加强了保护。

古院村黎氏宗祠全景鸟瞰

3.古院村普通民居

古院村全村建筑总布局，大体上由池塘北岸依次向山坡蔓延，有总体规划质控，又因地形变化而不失自由灵活之局面，建筑风格基本上为岭南民居样式。具体各家宅院，则视自家财力，或一进院落，或多进院落，墙体或砌青砖，或沿用土坯版筑之古法，屋顶或硬山素瓦，或加粤式马鞍形风火墙。但无论财力多寡，各宅院均不乏或简或繁的砖木雕饰、粉墙壁画等。

古院村黎氏宗祠正门

因行色匆匆，笔者未及细查存世资料，仅从村民口述而知，1949年之前，全村住宅约300座，自成院落者约占一半（一进院落至三进院落不等）。今完整保存下来的，约200个单体建筑，基本是分布在原村落的中心区域至村北山坡之间，被拆除者多为中心区域以外的零散户民，故原格局基本完整。

受经济发展形势影响，这里户籍登记的人口总数远低于实际居住数量——有众多人口外出务工，而仍在此居住者中，也有相当一部分选择在此村落的南部（宗祠前池塘的南岸）另建住宅小区。因此，目前古建筑区的半数以上为空闲房屋。仍居住旧房的居民，也有自觉的保护意识，基本上不对旧房作新式改造，基本上做到每年对老屋作简单的检查、护养。

据村民反映，改革开放以来，一些先行致富的人家，因拆迁费用、交通便利等问题宁愿闲置原住房，而在村外另行建造居室。近年来，村民致富者越来越多，但也选择在村外另建房屋，其原因则变当初的经济核算为如今的自觉保护先祖遗存了。

简单回顾一下全国范围内的戚姓历史。戚姓发源于河南濮阳，战

古院村黎氏宗祠正门前廊雕饰

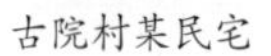
古院村某民宅

古院村某民宅之装饰细部

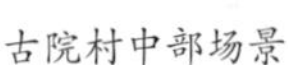
古院村中部场景

古院村戚姓民宅己-南部

古院村戚姓民宅己-南部

国时卫国灭亡，戚姓子孙多避居于今山东、江苏间地。汉初，汉高祖刘邦有宠姬戚夫人为济阴定陶人，可见在秦汉之际，已有戚姓落籍于鲁西南。汉代戚姓中有名戚鳃者，以中尉封临辕侯，其子孙袭爵，荣耀非常，传至七世孙戚少时改封为关内侯（秦汉时的第十九级贵族爵位，有名号而无封地），居京畿，其子孙遂落籍长安（今陕西西安）。东汉至魏晋时，戚姓繁衍于江苏、山东交界的东海郡，戚姓人丁兴旺，族大人众，昌盛为戚姓东海郡望，并为此为中心，在魏晋南北朝时分衍至安徽、江苏南部、浙江等地。隋唐两代，戚姓已广布黄河中下游各省，今山西、河北均有戚姓人落籍。唐末五代的动乱，导致北方戚姓再次徙奔江南，今江苏、浙江成为戚姓人的首选之地，湖北、湖南、四川、江西也有戚姓人散居。两宋时，戚姓繁衍之中心移至今浙江金华和江苏常州一带，其名人辈出，世代书香，为后世所敬仰。元代以后，戚姓散居于华东、华南各省，连西南之广西、云南等地也有戚姓人入居。明初，山西戚姓作为洪洞大槐树迁民姓氏之一，被分迁于河南、河北、山东、陕西、湖北等地。也正是在明代，戚继光之先祖仕宦山东，遂由祖籍濠州定远（今属安徽）定居东牟县（今山东莱芜），之后，即有了民族英雄戚继光名垂青史的光辉一页。明末，戚姓有渡海赴台者；张献忠屠川后，有湖北、湖南之戚姓入迁今四川、重庆；清康熙年间及其以后，有山东半岛之戚姓渡海经旅顺岛入迁东北三省；民国至今，戚姓分布之地愈广。如今，戚姓在全国分布较广，尤以山东、浙江、江苏等省多此姓，上述三省之戚姓约占全国汉族戚姓人口的65%。

以新兴县古院村戚氏宗祠为代表的历史遗迹，不仅说明广东省也是戚姓人家的重要聚集地，而且创造出了辉煌的历史文化，值得后人珍视。更为重要的是，早在明代戚继光抗倭之前的数百年前，即有一支与其同宗的戚姓人家，留下了一段忠君爱国、共御外侮的动人事迹。

据古院村民现存《戚氏家谱》记载，此戚姓一支的始祖称“龙佑公”。戚玉成，“字龙佑，南宋时由乡贡赐进士第，授广西平乐府同知，祥兴二年（1279年），元帝扩侵北边，驱宋岳军而灭金后，大举侵宋，蚁屯蜂聚，熊罴百万，围都临安，逐逼宋帝昺奔于我粤新会崖山，我祖义不忘君，不畏元兵锋刃，赤心运粟来粤，义援崖山”。

自北山鸟瞰古院村

古院村西南隅鸟瞰——当今的村民选择在原中心区域以外另辟新居

“宋亡后，我祖隐居草场。不久，元代定鼎中原，至元至元十九年（1282年），再遣迁新城州背坊，父子家室熙然乐其风土。元贞二年（1296年）祖卒，卜葬于城南义冢岗，坐巽向乾兼辰戌三分之原……”戚玉成有四子：仲豪、仲贤、仲宽、仲杰，后分别迁居新兴古院村、开平高园和新兴扶桂。

在古建筑艺术方面，古院村地处粤西而临近粤中，其民居与宗祠的建筑风格仍属于粤中民居（流行于广州、东莞、中山等粤中地区），常见一种“三间两廊式”的多进院落民宅：第一进为正房三间、左右设廊屋的三合院，之后沿南北纵轴串联若干院落。这种样式如稍作简化处理——省略廊庑、减少建筑装饰，即成最基本的三堂式院落，而这种简朴的院落也无妨作简洁的庭园布置。古院村宗祠既有粤中民居的格局特征，又不似一些广州同类民居所存在的装饰过于繁复的弊病，其庄重的整体、适度的装饰，无疑是这类文化遗产中的上品。

这里的博古纹饰是值得一提的装饰细节。此地民居屋顶的正脊、垂脊为岭南地区流行的博古纹装饰，但较之广州陈家祠堂等，古院村几处宗祠的博古纹饰较为简洁，而不似广州陈家祠堂等过于琐碎、繁复。应该说，固然陈家祠堂所采用的装饰工艺表现了高超的民间工艺水平，但失之于喧宾夺主，而古院村之所见，则简繁得当，整体效果更佳。正是这种较简洁的粤中民居博古纹饰，启发了民国初期吕彦直先生设计建造南京中山陵与广州中山纪念堂。

戚氏宗祠正堂屋顶

三、枧村戚氏宗祠

枧村位于广州市从化区东北隅之良口镇，明代中期戚氏由神岗石潭迁此，为纪念之前曾居此地的简姓人家，取其谐音定村名为“枧村”，而实际上戚姓人家反而后来居上成为村中的第一大姓。此地的戚氏宗祠亦为粤中民居“三堂式庭院”格局，虽经近年修葺，古风犹存，而门楼梁枋间的补间斗拱有明代建筑遗风，装饰性雕饰甚为精美，更为可贵的是墙壁间保留了多幅设色壁画，画风淡雅，似出自文人画派的高手手笔。屋顶的正脊、垂脊为岭南地区流行的博古纹装饰。

广州陈家祠堂首进山墙及正脊

枧村除戚氏宗祠及周边旧民居外，还有相距不远的渤海里、仁厚里两处民居建筑聚集地，似为“里坊”制的孑遗，但残损较重，所存完整的建筑已存数有限，但整体上古风犹存、面貌完整，装饰细部也屡见佳作。

此地的经济发展似乎较古院村起步为早，故村落的整体保存远逊于前者。近年村民逐渐意识到了传统建筑的意义，故除祠堂得到完整保护和适当利用（祠堂后堂辟为老年活动中心），对渤海里、仁厚里两处民居，也商议在今后加以修缮保护。

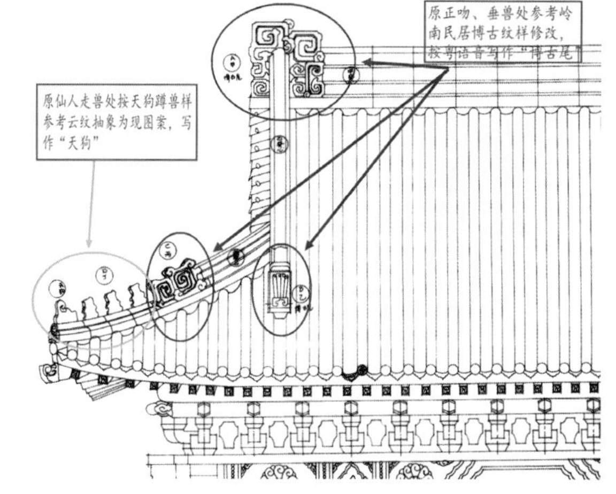

1927年8月吕彦直设计图稿——中山陵陵门正立面局部

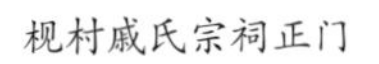
枧村戚氏宗祠正门

枧村戚氏宗祠正门局部

枧村戚氏宗祠鸟瞰——屋脊博古纹装饰

枧村戚氏宗祠前院与正堂

枧村戚氏宗祠正门局部

枧村戚氏宗祠正门局部

枧村戚氏宗祠正门局部

枧村戚氏宗祠后堂室内（现为村老年活动中心）

枧村渤海里正门里面

枧村渤海里民宅之漏窗

白岗村戚氏宗祠正面及侧面

四、白岗村戚氏宗祠

白岗村戚氏宗祠侧面–第二进院落

位于广州市从化区城郊街西北的白岗村，也曾是戚姓人家较集中之地，今整体性的传统村落已无从寻觅，但留有一座完整的戚氏宗祠。

白岗村戚氏宗祠整体布局也为三堂式二进院落。门楼保存较为完整，中堂称“绍衣堂”（典出《尚书》“绍闻衣德言”），似经近年修缮，其简约的木构架与承重的山墙结合，构成舒朗的室内格局，而正堂却较中堂更为简朴，结构上已全为砖墙承重。这似乎说明晚清民初之际，此地的木材也已匮乏，不得不作此等变化。

从化地区是广东乡村经济起步较早的地区之一，而白岗村所在位置又较本区枧村、云浮古院村等更为接近经济开发的中心区域，因此，此村所遗留的民国之前的建筑更为稀少。也正因如此，幸存下来的白岗村戚氏宗祠就越发得到村民的珍惜。

五、结语

由明代登州戚继光之“封侯非我意，但愿海波平”，上溯至宋末元初的岭南戚玉成之“义不忘君，不畏元兵锋刃”，由此回望岭南古院村、枧村等所遗留下的古村落重要遗存……戚姓人家的耕读为本的家风与历史故事、历史文化遗产合为一体，无疑是值得后人珍视的。

就本文所述三处传统村落而言，随着时代的演进，文化遗产的保护与合理的适度的利用，已悄然成为村民的自觉行动。笔者以为，这是一个值得称道的社会文化现象。

白岗村戚氏宗祠中堂

白岗村戚氏宗祠中堂壁画

白岗村戚氏宗祠后院与正堂

The Series of Books Marking the BIAD's 70th Founding Anniversary: *Beijing Institute of Architectural Design(Gruop)Co., Ltd Monumental Form: Major Events over the Past Seventy Years, Eight Presidents of BIAD in the 1950s, "Urban • People and City"* Come Out

纪念BIAD成立70周年系列丛书：《纪念集 七十年纪事与述往》《五十年代“八大总”》《都·城 我们与这座城市》正式出版

CAH编委会（CAH Editorial Board）

2019年，值新中国成立70周年之际，与新中国同龄的北京建院委托《中国建筑文化遗产》编委会以及《建筑评论》编辑部策划出版BIAD70周年系列丛书之：马国馨院士编《都·城 我们与这座城市》、北京市建筑设计研究院有限公司编《五十年代“八大总”》《北京市建筑设计研究院有限公司 纪念集 七十年纪事与述往》，它们都通过遴选建筑师、工程师的作品、事件、人物的理念，传承出可凝聚、可升华的价值观。“三书”无疑是读哪卷都有真挚与激情，都有多维度的思辨，都是在讲述无愧于时代的中国建筑界的“故事”。继2019年12月，《都·城 我们与这座城市》《北京市建筑设计研究院有限公司 纪念集 七十年纪事与述往》相继推出后，2020年10月《五十年代“八大总”》也正式出版。有人云，凡是过往，皆以诗记之，但我们通过对“三书”的认真研读编撰及往事探寻，力求使设计院“史记”类纪念集（无论是人、是事）都唯精致、唯真实且优雅，体现创作与建筑人心灵的真实。

《北京市建筑设计研究院有限公司 纪念集 七十年纪事与述往》封面

1.《北京市建筑设计研究院有限公司 纪念集 七十年纪事与述往》乃一部“设计机构史”

本纪念集以《北京市建筑设计研究院有限公司 纪念集 七十年纪事与述往》命名，“纪事”篇，不仅有设计院的机构组织脉络，更体现设计院整体的技术发展脚步，让读者能读到北京建院人何以把握住开放于自主创造的辩证法，更深地理解北京建院是一个用作品诠释北京乃至国家，用建筑需求满足经济命题、社会命题、民生命题，这里包括丰富的建筑师“集体史”，不仅还原历史，更观照当下与未来，虽写出不少技术发展进步“点”，但它又不是某专业的学术文集；“述往”篇，是用写作留住渐趋湮没的时代，并讴歌北京建院人对创造城市的感情，建筑与城市发展需要更新与重构，它离不开建院人抒发对建筑师伟大职业、创造伟大价值的再认知。

《五十年代“八大总”》封面

2.《五十年代“八大总”》乃生动的“设计大师志”

中外古今，先贤纪念都是与国家、行业的历史文脉相关联的。先贤，一般指已故的有才德之人。人类出于对生命的追问和对自身了解的需要，自然就产生慎终追远的传统，尽管对先贤的纪念方式不统一，但如果说他们的名单串联起来，就成为一个地域或一个行业、机构特有的历史文脉，属于文化遗产事件。正因为先贤纪念是历史研究的一部分，它一定在城市乃至行业史中有凸显地位。“八大总”是指20世纪50年代北京建院创始级“大师”人物，他们因学识才华出众，成为今人怀念学习的对象。《五十年代“八大总”》一书从一定意义上看讲述的是新中国初期北京建院设计大师的“故事”，它从设计地理与建筑文化地理上定位于“南礼士路62号”，它是那个年代一大批中国第一代第二代建筑家奉献祖国建设智慧的集大成者，是以我们熟知的北京建院的“八大总”表现出来，一个故事接一个故事，从中可感到都有支撑其价值的特征，反映了敬畏以致远的关系。翻阅该书的读者会领略到他们在用自己不同的方式留下宝贵的研究线索，无论是硬性的设计技法，还是软性的思与诗的“设计理念”，都在呈现给行业发展一个活生生的建筑思想发展缩影。

3.《都·城 我们与这座城市——北京建院首都建筑作品展》乃大国首都的“表情”

《都·城 我们与这座城市——北京建院首都建筑作品展》封面

由马国馨院士为总策展人的大型展览“都·城 我们与这座城市”，表现了自1949年至2018年，北京建院69年的设计发展历程，它事实上是通过一个个设计院的作品与建筑师的生动场景展示的演变史，凸显建筑师的贡献何以与首都、北京城市的密不可分之关系。北京就是北京，其建筑与城市魅力无法抗拒。巴黎马尔盖国家建筑大学教授艾礼庠认为，无论是建筑特色，还是城市精神塑造、城市地图与表意书写都很重要，如巴黎的城市研究将事例及城市图案予以检验，彰显出大量历史沉积的见证与错综的地理、技术及象征意义的信息，城市形态仅仅作为破裂的景观的多样性，事实上拼合了不可拆分的城市生活及建筑外表，也对城市与建筑发展阐释了一个个关联性追问。如果北京中轴线是京城历史轴与文化轴的空间展示，那么长安街及其延长线乃综合轴（政治、文化、科技、经济等），是中华民族走向复兴的见证。与许多国家首都的著名街道如巴黎的香榭丽舍大街、华盛顿的宾夕法尼亚大道、莫斯科的阿尔巴特大街等相仿，长安街不仅地标建筑集中，更以其多元的“符号”成为闻名世界的“国家窗口”。

通过对BIAD70周年系列“三书”的阅读，读者将发现“文化的最后成果是人格”，建筑师的学习除了物质、制度层面的“技法”外，文化自知与文化馈赠的内容必须学习。这是面向21世纪20年代迈步向前的底气，因为这里有对中国建筑文化的“文化自知”与“文化馈赠”，更有面向世界建筑舞台的中国建筑师的话语与行动。

The Home Event of 2020 Liaoning "Cultural and Natural Heritage Day" Grandly Held in Fengguo Temple, Yixian County, Jinzhou

2020辽宁"文化和自然遗产日"主场活动在锦州义县奉国寺隆重举办

CAH编委会（CAH Editorial Board）

6月13日，由辽宁省文化和旅游厅（辽宁省文物局）、锦州市人民政府主办，中共义县县委、义县人民政府、锦州市文化旅游和广播电视局承办的"相约文化遗产地　守望中华大家园"2020年辽宁省"文化和自然遗产日"主会场活动在千年文化遗产义县奉国寺隆重举行。开幕式当天，北京故宫博物院原院长、现故宫学院院长、中国文物学会会长、建筑学博士单霁翔遥寄致辞，祝贺辽宁省在义县奉国寺举办的"文化和自然遗产日"主会场活动。

今年国家"文化和自然遗产日"的主题是"文物赋彩　全面小康""非遗传承　健康生活"，辽宁主会场的宣传口号为"相约文化遗产地　守望中华大家园"，旨在展示宣传辽宁深厚的历史文化底蕴和地域特色文化遗产，让社会大众认知辽宁深厚的历史文化底蕴，提高辽宁省文化遗产的价值地位和社会知名度，营造保护传承文化遗产的良好氛围，动员和鼓励全社会共同参与、关注和保护文化遗产，提升全社会文化遗产保护意识，促进辽宁省文化遗产保护传承和利用工作。遗产日四大板块活动精彩呈现，全省各地"文化和自然遗产日"遗产项目展示展演、预约参观、线上线下展览展示及宣传教育等惠民服务活动同时展开。

一是开展文化遗产保护互动宣传。编印了《壮美辽宁——辽宁文化遗产集锦画册》，以及《中华人民共和国文物保护法》《中华人民共和国非物质遗产法》等法规宣传册向社会各界免费发放。通过文化遗产保护志愿者与游客群众进行现场互动有奖问答，开展志愿服务活动。

二是开展非物质文化遗产展演展示活动。邀请非遗传承项目，在舞台和现场展演、展示，展现文物赋彩、全面小康工作成就。设置临时展棚，遴选各级各类非遗代表性项目、"抗疫"主题非遗作品、传统美食非遗代表性项目以及传统医药非遗代表性项目进行现场展示。

三是参观考察文化遗产项目。近距离感受已列为"中国世界文化遗产预备名单"的辽代奉国寺、义县大凌河国家湿地公园和中国东北地区地上建筑历史最久远的北魏时期万佛堂石窟。

四是开展线上线下新闻宣传。邀请新华社、人民网、环球网等主流媒体，推出视频宣传片《壮美辽宁》，利用5G技术及网络媒体进行直播宣传，实施线上APP客户端网络直播和自媒体互联的方式，面向社会大众，形成舆论宣传声势。

单霁翔院长发表"云致辞"，祝贺辽宁省在义县奉国寺举办的"文化和自然遗产日"主会场活动

2020 Annual Conference of the Architectural Society of China to Be Held in Shenzhen in October

2020中国建筑学会学术年会10月在深圳召开

中国建筑学会（The Architectural Society of China）

由中国建筑学会和深圳市人民政府联合主办的2020中国建筑学会学术年会于2020年10月27—31日在深圳举行，学术年会采用线下+线上形式，在线报名系统9月上旬开通。

本次年会的主题为“好设计・好营造——推动城乡建筑高质量发展”，旨在贯彻“创新、协调、绿色、开放、共享”发展理念，坚持“适用、经济、绿色、美观”的建筑方针，聚焦建筑创作与建筑设计在工程建设全过程的引导作用，促进行业创新发展、绿色发展、高质量发展。围绕美好环境与幸福生活共同缔造活动，推进美丽城市和美丽乡村建设。结合深圳特区成立40周年以及建设中国特色社会主义先行示范区，探索打造国际化中心城市的创作理念与实践。

主要内容包括开幕式、主旨报告会、专题论坛、同期展览、学术沙龙等，以及中国建筑学会理事会会议，各省区市建筑（土木）学会工作会议等。

主旨报告会、专题论坛将有200余位嘉宾进行学术演讲，其中既有院士、大师、知名专家学者，也有锋芒初显的青年才俊。一天的主旨报告会和两天30场专题论坛，将是中国建筑界的年度学术盛筵。

（中国建筑学会）

2020中国建筑学会学术年会主题海报

Chinese Society of Cultural Relics Holds the Third Meeting of the Eighth Executive Council

中国文物学会召开第八届常务理事会第三次会议

《中国文物报》（*China Cultural Relics News*）

参会部分嘉宾

2020年8月3日，中国文物学会召开第八届理事会第三次会议。为适应新冠肺炎疫情常态化防控要求，会议采用互联网线上形式召开，主会场设在中国文物报社。中国文物学会会长单霁翔同在京部分副会长在主会场参加会议。学会全体理事、各分支机构负责人80余人通过电脑、手机等在线上、云端参加会议。

年初以来，中国文物学会坚决拥护以习近平同志为核心的党中央的坚强领导，以高度的大局意识和责任意识，积极参与抗击新冠肺炎疫情的人民战争，适时调整创新工作方式和内容，应对疫情形势的发展变化。

单霁翔在会议上讲话，通报了学会围绕疫情防控开展的活动与工作，从思想政治建设、业务建设、组织建设等方面总结了学会2019年的工作，并对新冠肺炎疫情防控常态化新形势下学会的工作进行了部署。

他说，今年是我国全面建成小康社会之年，2021年是中国共产党成立100周年，学会工作要着重把握好四个方面。第一，围绕全面建成小康社会，围绕脱贫攻坚，围绕文旅融合拓展文物保护利用的视野，开展学术活动，注重把“中国优秀古村镇宣传推介”等主题活动做新做强。第二，紧密围绕文物事业发展大局和经济社会热点问题开展学术活动，注重把长城、大运河文化带、长征国家文化公园建设等课题做大做准。第三，在文物保护科研中，既要深入研究、弘扬传统保护技术，也要加强现代科学技术的应用研究，使传统保护技术和现代科学技术相结合，注重把科研做精做细。第四，面对当前疫情防控常态化所带来的新情况新问题，要努力克服困难，创新思路，在危机中抓住新机，在变局中开创新局，注重把防控做严做实。

他强调，要认真学习贯彻习近平总书记在敦煌研究院座谈和考察云冈石窟时的重要讲话精神，大力弘扬莫高精神，“始终把保护放在第一位”，并体现、落实到学会的各项工作中，融入文物保护学术研究和科学实践中，促进文物保护理论和实践的进步，多出学术成果，讲好中国故事。要以问题为导向，进一步加强自身建设，加强意识形态责任制，严格执行各项规章制度，并把制度的执行转化为管理的效能。

会议听取了副会长、秘书长黄元关于学会工作的汇报并研究组织建设等重要问题。

（执笔：郭桂香）

Exploring Cultural Tourism IP to Build a Cultural Center City: *CAH Editorial* Board Went to Jinzhou, Liaoning Province for Study and Exchange

探索“文旅IP”打造“文化中心城市”
——《中国建筑文化遗产》编委会赴辽宁锦州考察交流

CAH编委会（CAH Editorial Board）

2020年5月20—22日，由金磊主编领衔的《中国建筑文化遗产》编委会一行，应锦州市人民政府之邀赴辽宁锦州考察并与锦州市文化旅游广电局局长蒋立新等领导就打造锦州“文旅IP”，建设“文化中心城市”等议题进行了深入交流。在文化旅游广电局艺术发展科科长王硕、科员潘静等陪同下，编委会一行考察了锦州市及周边颇具代表性的文化项目，包括丰富的20世纪建筑遗产，如和平路的“铁路印迹主题特色街路”，发现了20世纪30—50年代日伪与新中国不同时期建筑特点的铁路建筑；还发现了与“山海”相融“笔架山岛”的“三清阁”“五母宫”等建筑组群文化，这种建筑文化与生态自然融为一体的“奇观”在全国也罕见；参观了中国科学院院士戴念慈总建筑师作品辽沈战役纪念馆等项目。

在与蒋局长的交流中，双方聚焦在锦州市“文化城市”建设议题上。锦州市政府希望锦州市不仅能建成“文化城市”，更要在全省，至少应成为辽西五市的“文化中心城市”。对此，金磊主编表示锦州市有着悠久的历史文化，人杰地灵，历史上有“锦绣之州”的美誉，拥有多处独具特色的景观。从中国文化与自然遗产的综合视角看，锦州市不仅有文化遗产还有丰富的自然遗产，可称作全遗产的代表。通过对锦州市全域的文化、文博、旅游的规律性发展前景梳理，给出可行的“行动路线图”。在此基础上，通过对比“辽西五市”的城市文化特点，一定可深入挖掘出锦州市独具“排他性”的文化建设特质，从而论证锦州市建成辽西五市“文化中心城市”的可行性。《中国建筑文化遗产》编委会将在单霁翔院长领衔的专家团队指导下，帮助锦州市丰富 “十四五”规划的“文化旅游篇”的顶层设计，推出锦州市成为辽西五市“文化中心城市”的研究报告，暨《锦州市“文化城市”创意建设三年行动计划报告（2020—2022）》（暂定名），通过研究论证找到最适宜锦州市文化建设的路径，在服务锦州市公众时，用文化点亮整座锦州城，不仅发掘并传播这里的稀世瑰宝，更重要的是用创意设计与艺术给锦州呈现新姿（城市IP的系统化打造与文旅文创的新品研发等），让锦州市从容展现属于辽西独特的文化自信。

考察组一行与锦州市文旅局领导交流后合影

此外，抓住“文化锦州”建设的薄弱点，开辟有创新意义的“引爆”项目。通过考察，我们发现锦州市对外尚缺少文化影响力，游客整体数量不足，文旅品牌传播能力不强。如我们在考察“笔架山岛”时，看不到与“笔架山岛”项目相称的宣传手册，只有简单折页，其中也缺少对游人有吸引力的宣介文图，更不要说营销的旅游产品的千篇一律。对“笔架山岛”而言，应先期做好两件事：其一，要为“笔架山岛”围绕颇具特点的民国建筑群（省保）做一本“图说”或称“绘本”，让这本精彩的“小册子”能够成为游人将“笔架山岛”带回家的图书；其二，要以“笔架山岛”的文化旅游推广为契机，不仅绘制“笔架山岛文旅地图”，开展针对锦州市文化IP的试点研究，还要借此机会打造有“笔架山岛”特色的文创系列产品。

交流中，双方一致认同对于锦州市的建设与发展，不能盲从且生硬地走“功能城市”建设之路，而应打造由“功能城市”向“文化城市”的发展之径。

Building Dreams over the Past Six Decades: Chief Architect Li Gongchen's Book *Building Dreams over Time: Notes on Doing Architectural Work for 60 Years* Comes Out

筑梦六十载
——李拱辰总建筑师著作《时光筑梦——六十载从业建筑札记》出版

CAH编委会（CAH Editorial Board）

李拱辰总建筑师

李拱辰总与郭卫兵董事长（中间）、金磊主编讨论书稿内容

每一块富有浪漫色彩与人文脉络的土地背后，都可以找到建筑师辛勤劳作的身影。而对于燕赵大地来说，那个频繁穿梭于60年过往城市营建中的沧桑背影，就是原河北省建筑设计研究院总建筑师李拱辰。如今已耄耋之年的李拱辰总建筑师用自己60年的奋斗为河北带来了无数出色的建筑作品。他60年如一日的朴实无华与卓越业绩，为河北省院在整个建筑设计行业赢得了极高的荣誉和地位。正所谓“桃李不言，下自成蹊”，正是李拱辰总建筑师这样兢兢业业、勤勉忠诚的工作态度，影响着身边一代又一代年轻的建筑师们。

受到这样一种精神的感召，《中国建筑文化遗产》编委会应河北省建筑设计研究院有限公司董事长郭卫兵先生之邀，着手帮助李拱辰总建筑师编写一本建筑作品及思想书籍。编委会团队先后6次往返石家庄与李总会面，详细沟通书籍中前至项目遴选、文章修改，后至书籍版式及装帧工艺等细节。李总渊博的学识、谦逊儒雅的做派每每令编委会团队如沐春风，收获满满。

经过长达8个月的努力《时光筑梦——六十载从业建筑札记》一书终于付梓。该书分为“作品篇”和“回忆篇”两部分。其中“作品篇”收录了具有代表性的设计作品15项以及与设计作品相关联的思想感悟、情感升华文章17篇，另有早期设计作品及中标方案作品10项。“回忆篇”收录了从童年往事、中学时代、高考抉择、投身建筑以及乡愁与期盼等回忆文章共10篇。

正如本书序言中崔愷院士所解读的那样：“其实处于时代转型之中的这一代人的历史作用是很大的，他们的思想和作品彰显了这个转型期的时代特征。而这些作品都将融入这个快速发展起来的城市中，成为其记载着时代烙印的有机组成部分，有着长久的文化价值。”《中国建筑文化遗产》编委会之所以持续关注老一辈建筑师在中华大地上的耕耘，不仅仅是为了记录他们匠心独运的不朽杰作和思想集成，更希望通过一次次的挖掘与抢救，铸就伟大而又默默无闻的转型一代人不可磨灭的文化年轮与共同记忆。

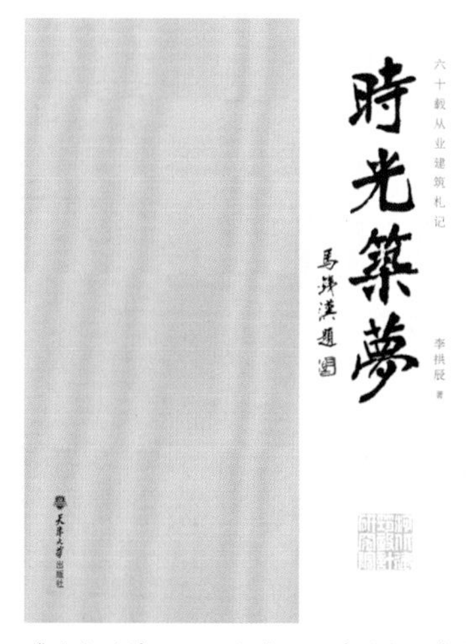

《时光筑梦——六十载从业建筑札记》封面

Longnan Hakka Enclosed Houses on the International Art Stage—The 17th Venice Architecture Biennale Preparatory Exhibition "Changes in Enclosed Houses: Individualistic Art, Life Together" Opened at Shenzhen Guofeng Art Museum

龙南客家围屋登上国际艺术舞台
——第17届威尼斯建筑双年展准备展"围屋之变：各自为艺　共同生活"在深圳国风艺术馆开幕

深圳国风艺术馆（Shenzhen Guofeng Art Museum）

经过紧张筹备，2021年第17届威尼斯建筑双年展准备展"围屋之变：各自为艺　共同生活——参展艺术家联合个展"于2020年8月18日上午在深圳星河国风艺术馆开幕，并于同期举办新闻发布会与艺术创作对话会。

江西龙南市委市政府的相关主要领导，安徽黄山市黟县的相关领导，深圳市文化宣传部门的相关领导和参展艺术家、批评家、众多媒体出席了展览开幕式。中共江西省龙南市委常委吴昊先生，中共江西龙南市委常委、宣传部部长罗晶女士，深圳大学教授、本次展览艺术总监应天齐先生，四川美术学院教授、本次展览策展人王林先生分别在开幕式上致辞，介绍了展览相关情况。

一、第17届威尼斯国际建筑双年展平行展"围屋之变——关于中国传统移民建筑的对话"的参展特点

因新冠疫情的影响，组委会于2020年5月19日宣布第17届意大利威尼斯建筑双年展推迟到下一年度2021年5月23日至11月21日（为期6个月）在意大利威尼斯举办，本次展览具有以下特点。

1.展览级别高

威尼斯建筑双年展是国际最负盛名的当代建筑与艺术展会。双年展平行展的评审机制是由双年展组委会组织国际专家评审委员会，从全世界各个国家的申请材料中经过严格筛选，精选出既有当代艺术特色又有民族文化深度的创作计划入展。

中国艺术家以龙南客家围屋建筑，以及由此形成的聚居生活方式作为背景提交的参展方案，高度契合本届威尼斯建筑双年展展览主题："我们将如何共同生活？"，因此从全世界众多平行展申报材料中脱颖而出入选该展，并计划于2021年5月23日与全世界86个参展国家集体亮相意大利威尼斯，进行为期半年的展览。

2.创作班底强

四川美院教授、西安美院客座教授、博士生导师、著名批评家王林，威尼斯大学博士生导师Angelo Maggi教授为本次威尼斯建筑双年展策展人。深圳大学教授、西安美术学院客座教授、著名艺术家应天齐为本次威尼斯建筑双年展艺术总监。

另外还邀请到何多苓、傅中望、焦兴涛、师进滇、顾雄等十余位国内外著名艺术家以及人类学家、社会学家、建筑学家围绕客家围屋建筑为母题，创作作品参加展览并开展文化交流活动。为了迎接这次艺术展，这些具有国际影响力的中国当代艺术家及文化学者，于今年1月12—14日齐聚龙南，考察客家围屋建

龙南围屋掠影——关西新围外景

展览开幕式嘉宾留影

展览策展人王林发言

展览艺术总监应天齐发言

参展艺术家朱成发言

参展艺术家李枪发言

参展艺术家李向明发言

龙南市委宣传部长罗晶致辞

筑及举办“客家围屋建筑与中外移民文化”主题研讨对话会，并于今天在深圳国风艺术馆举办“围屋之变：各自为艺 共同生活——参展艺术家联合个展”，形成深远的文化影响力，对龙南市的文化发展做出了贡献。

3.客家文化元素多

本次艺术展以中国龙南著名客家围屋先民聚族而居的传统生活方式作为背景，通过艺术家对中国历史遗存的客家建筑营造、社区介入、空间重组及文化传承等方面的发掘，进行创造性发挥，呼应本届建筑双年展的主题，寻找族群共同生活转换成为当代不同文化群体中人与人相互沟通的可能性，让在地性的传统习俗与现代化生存接轨。届时将以图片、影像、建筑模型、雕塑、装置、绘画等多种当代艺术形式呈现从历史到当下的社会意识、观念的变化以及艺术家对这些问题的思考。

二、“围屋之变——关于中国传统移民建筑的对话”入选第十七届威尼斯建筑双年展的意义

近年来，龙南市委、市政府以成功列入第二批国家全域旅游示范区创建单位为契机，依托独特的376座客家围屋资源和浓郁的客家文化风情，在注重客家围屋建筑保护修缮和合理开发的前提下，全力打造“世界围屋之都”名片，树立了特色鲜明的客家围屋文化旅游目的地形象，并成功获得2023年“世界客属第32届恳亲大会”举办权。

客家围屋作为客家文化的重要载体入选第十七届威尼斯建筑双年展，使得龙南客家围屋得以走向世界，对龙南在全国和国际范围内产生重要影响，起到了不可估量的作用。各位参展艺术家努力克服新冠疫情带来的影响和重重困难，以龙南传统客家围屋为创作载体，对其进行深入发掘和创作，形成“围屋之变——关于中国传统移民建筑的对话”当代艺术展作品，将

龙南围屋掠影——燕翼围庭院

应天齐参展作品——装置“消失的故事”

应天齐参展作品——鱼与渔装置

参展艺术家朱成及参展作品

龙南客家围屋建筑模型

围屋之变 各自为艺 共同生活开幕式暨新闻发布会现场

传统的客家建筑文化与当代艺术相融合，努力创新探索打造艺术精品，提高客家文化的精神高度，激发客家文化的创新活力。

龙南将以“2021年第17届威尼斯国际建筑双年展”的举办作为契机，隆重推出龙南客家围屋登上世界舞台，向世界展示龙南客家围屋的文化风情、历史沿革、人文深度，进一步提升龙南市客家围屋群建筑的知名度，提升龙南市客家文化城市形象品牌美誉度，唱响“世界围屋之都”旅游品牌。

龙南市计划在2023年举办“世界客属第32届恳亲大会”之前专门建成“第17届威尼斯建筑双年展”的相关专题展馆，隆重接纳由艺术家们捐赠，为表现龙南客家围屋辛勤创作完成，参加国际著名展事享誉世界的作品，将其完整地保存下来，与龙南客家围屋共存。此一创举将成为本次活动最具特色的亮点。

2020年初在世界蔓延的新冠疫情不但使展览出现不少不可测因素，也为艺术家的创作和展览筹备带来诸多不便。策展团队与艺术家们面对新冠疫情的影响，攻坚克难，付出数倍于平常的精力和努力，使得双年展各项筹备工作进展顺利。作为阶段性成果的展现，12位艺术家又专门联合起来举办这一次准备展，展览内容包括为第17届威尼斯建筑双年展创作的草图方案、客家围屋建筑模型，以及艺术家各自艺术生涯中的最新代表作品，为深圳的文化艺术界和广大观众带来视觉上的饕餮盛宴。本次展览和未来在威尼斯举办的第17届建筑双年展将共同为龙南市文化的发展迎来一个美好的开始。